JN171548

統計思考の世界
曼荼羅で読み解くデータ解析の基礎

Statistical Mandala:

An Introduction to Data Analysis and Abductive Inference

三中信宏
Nobuhiro Minaka

まえがき — 高座の出囃子が聞こえてくる前に

　読者のみなさんがいま手にしている本書は，私のこれまで約30年間にわたる統計学高座をふまえた"講義録"です．大学はもちろん国や都道府県の農林水産試験研究機関そして民間企業など全国各地のお座敷に呼ばれるたびに，さまざまなお客さんを前にして統計噺をする経験を私は積んできました．その内容については，講義資料を受講者に配布したり，YouTubeで動画公開したことはありますが，一冊の本としてまとめて公開するのは本書が初めてです．

　高座の幕が上がるまでにはまだ時間があるようなので，少しばかりお付き合いください．私が統計学の本を書いたのは本書『統計思考の世界：曼荼羅で読み解くデータ解析の基礎』が2冊目です．統計データ解析を本務とする私にとっては，こういう統計学本を書くことは"オモテ"の仕事の一環として何となく期待されているのかもしれません．しかし，「オモテの人生」だけがすべてではけっしてないでしょう．誰しも多かれ少なかれ「ウラの人生」をひそかに生きるときもあるにちがいありません．少なくとも私は"オモテ"と"ウラ"の両面の研究者人生を長く続けてきました．

　出版時期はこの『統計思考の世界』と相前後しますが，本書と内容的に深く関連する"ウラの姉妹本"たちとの関係についてこの場を借りて紹介しましょう．ちょうど1年前に出版した『思考の体系学：分類と系統から見たダイアグラム論』（三中 2017）では，知識の体系化に関わる「分類」と「系統」という相補的な思考法について考察しました．生物の体系学（systematics）という研究分野は私にとっての"ウラ"の仕事場です．体系学における「分類」と「系統」というふたつの対立する相補的思考法とそのダイアグラムによる可視化は，現代的なインフォグラフィクスに直結する話題を提供しています．それと同時に，情報可視化とデータ視覚化は，本書の前半で強調するように，統計学におけるもっとも重要な論点でもあります．『思考の体系学』で言及されている統計グラフィクスの歴史的事例のいくつかは，本書『統計思考の世界』の内容とも密接につながっています．

　もう1冊の姉妹書である『系統体系学の世界：生物学の哲学とたどった道のり』（三中 2018）は，本書とほぼ同時に出版されました．『系統体系学の世界』では，上述の生物体系学の過去1世紀におよぶ歴史を振り返ることにより，この研究分野がどのような変遷をたどって現在にまで到達したかを論じました．

体系学を構成する系統学（phylogenetics）では，半世紀前の1960年代以降，統計学的アプローチを用いた系統樹の推定法の開発が大きな課題となってきました．現在ではDNAの塩基配列データなどゲノム情報をふまえた分子系統学が興隆していますが，そこで用いられる統計学のさまざまな手法 —— 本書『統計思考の世界』の後半で説明する最尤法やベイズ法に基づく統計モデリング —— について『系統体系学の世界』では科学史・科学哲学の観点から議論します．『統計思考の世界』で説明した一般論としての統計学的手法が，生物体系学という個別の研究分野でどのように用いられてきたかを知る手がかりとして『系統体系学の世界』を参照していただければ幸いです．

　このように，本書『統計思考の世界』と2冊の姉妹書『思考の体系学』と『系統体系学の世界』はひとつの“単系統群”を構成しています．これら3冊をあわせて見わたすことにより，統計学的思考の一般論と各論についてより深く理解することができるでしょう．

　あ，出囃子が聞こえてきました．みなさんとはきっと何かの縁があったにちがいありません．ぜひこの機会に統計学の世界を存分に堪能していただければ噺家冥利に尽きます．それでは，失礼して高座に上がらせていただきます．

三中信宏 2017. 思考の体系学：分類と系統から見たダイアグラム論. 春秋社.
三中信宏 2018. 系統体系学の世界：生物学の哲学とたどった道のり. 勁草書房.

目 次
Contents

統計曼荼羅の拝み方
─ 統計学の世界を鳥瞰するために

めくるめく統計学の世界へようこそ

　私たちの周囲を見回せば，魑魅魍魎のごとき "ビッグ・データ" が昼夜を問わず出没し，"データ・サイエンティスト" と名乗る錬金術士どもが跳梁跋扈しています．本書をたまたま手にされたみなさんは，憂き世のデータ至上主義に疲れ果てつつも，数字の海を日々懸命に泳ぎ，どこかにあるだろう「**至高の統計分析**」なる蜘蛛の糸にすがりつこうとしているのではないでしょうか．苦しくはないですか？　つらくはないですか？　そういうみなさんに，私は次の引導を渡した上で悩ましい憑きものを落としてさしあげたいと思います．

　データの荒海を泳ぎきってもどこにも「究極の真実」などありはしないのだ．
　統計学はそのときその場かぎりでの「最良の結論」を導く便法にすぎないのだ．

　現世を生き続ける私たち人間にとって天上の極楽浄土を説くことは何の意味もありません．みなさんがこれから取り組もうとしている統計学は，表面的には数学と数式のヨロイに包まれ，その大魔神のごときいかつい形相はこの一世紀あまりにわたって多くの初心者を震え上がらせてきました．しかし，実をいえば，統計学とは永遠なるイデア界のお花畑を散策するための道案内ではありません．むしろ，地上の荒野を切り拓いてゆかねばならない**生身の人間が手にする武器**と呼ぶのがふさわしいでしょう．

統計学とともに生きる道

　生物としてのヒトは，太古の昔から現在にいたるまで，さまざまな環境のもとで生き続け，その進化の過程で多くの特性を獲得してきました．不確定な状況のもとでの**推論能力**もそのひとつです．あやふやな状況のもとで，あるいはさまざまな情報が錯綜するとき，いかにして妥当な結論を導き出し次なる行動への意思決定を行なうか．ヒトの祖先が生きた先史時代にはそのような知的能力の有無は生死を分けることになったかもしれません．現代人にとってもあふ

れかえるデータや情報をいかに使いこなしてベストの選択肢を選び取るかは，ビジネスの現場や科学研究の最前線のみならず，日常生活をしていく上でも必要な資質でしょう.

統計学とはヒトがもともともっていたそのような推論能力を強力に補佐する**武器である**と私は考えてきました. つまり，われわれ人間が日常的に行なっている推論行為の延長線上にある自然な位置に，統計学のさまざまなツールが占めるべき場所があるという考えです.

統計学の**厳密な数学的理論**は確かに重要です. 後述する**パラメトリック統計学**では数学的形式化は顕著な傾向です. 演繹体系としての数学があるからこそ，私たちはさまざまな統計ツールの確固たる論理的基盤をお守り袋の中に入れておくことができるからです. しかし，多くの統計ユーザーにとっては**数学よりももっと大切なこと**があるはずです. それは個々の統計手法を用いることにより，目の前の問題に関する人間の認識がどれくらい深まるのかという点です. 身体的に納得できてこそデータ解析の御利益を実感できるでしょう. やみくもに統計ツールに振り回されたり，統計数学に挫折したりというよくある悲劇は「**武器として役立つ統計学**」という立場からいえば残念の一言に尽きます.

私がたどってきた四半世紀を振り返りつつ

私の本職（オモテの仕事）は生物統計学です. だからこそ本書を書く機会をいただいたのですが，世の中に出回っているおびただしい数の統計学本を前にして，あえて「**統計曼荼羅**」というコンセプトを打ち出した理由をお話ししておきたいと思います.

話は今から30年ほど昔にさかのぼります. 農学系の大学院で博士号を首尾よく取ったものの，すぐに就職口のないオーバードクターとして数年間過ごしたのち，私は運よくつくばにある農林水産省農業環境技術研究所（当時）という国立研究所に常勤職を得ることができました. 最初に配属されたのは「調査計画研究室」という統計分析を専門とする研究室でした. 着任してまもなく上司である室長から「毎年開催される数理統計研修での講師をすることが室員の義務である」と言い渡されました. 統計研究という本務のほかに，農水省あるいは都道府県の農林水産系研究員をつくばに集めて毎年2週間にわたって開催される研修会で統計について講義をせよということでした.

こうして，つくばでの数理統計研修の講師を引き受けるようになってはや30年近くが過ぎました. その間，研修生から受けた質問のうち，最も多かったのが「教わった統計手法がバラバラで相互の関連づけができない」というものでした. 本来ならば，「統計学総論」のような講義があるべきなのでしょう.

しかし，データ解析が必須であるはずの農学分野でも，統計学者の個体数は顕著に低下していました．それだけの資質をもった講師を調達することが難しかったということです．

　苦肉の策として1993年の数理統計研修最終日の質疑時間にふと思い付いたのが，「統計学の世界」を一枚の絵に描いてしまうという「統計曼荼羅」のアイデアでした．講義室のその場で質問用紙の裏側に「曼荼羅」を鉛筆で描き，コピーして研修員に配ったのが統計曼荼羅の「初版」でした．意外にも大きな反響があったので，おおいに気をよくして修正加筆しながらその後の統計研修でも配布し続けています．

　さいわい，翌年の統計研修からはこの「統計学概論」という科目が設けられ，短い時間ですが，「統計」という広大な世界について鳥瞰的な話ができる機会に恵まれました．1994年12月の動物行動学会において初めて公衆の面前で「統計曼荼羅」を発表して以来（三中 1995），密教（タントラ）とその曼荼羅の描き方についてしばらく勉強してもみたのですが（田中 1987, Jinpa 2000），結局最初の鉛筆書き初版の修正版をそのまま掲載することに決めました．余分な書き込みを削ったり，新たな相互関係を記入したところもあります．しかし，統計曼荼羅の骨格はまったく変わりありません．いまでは私が開設する**統計ウェブサイト〈租界〈R〉の門前にて〉**（URL：http://leeswijzer.org/R/R-top.html）でも画像ファイルとして公開していますが，ときどきダウンロードされているようです．

統計曼荼羅というチャートを手に

　いまもチベットに残るタントラの教えでは，本来の曼荼羅は彩色した砂で描かれ，タントラ修法の終了とともにその曼荼羅は壊されるべきものなのだそうです．私の「統計曼荼羅」もまた同じ運命をたどるべきであると考えます．それは，私自身，この「統計曼荼羅」を改良していく意志を私がもっているという意味です．しかし，できることなら，読者のみなさんが**自分だけの"統計曼荼羅"を描く**のが修行の上ではベストだろうと思います．

　本書をひもとかれたみなさんとは何かしらの御導きがあったのでしょう．今から始まる統計修業の間に，自分自身の手によって"統計曼荼羅"を描かれることを私は願っています．

　これからの修行中，みなさんはいたるところで**「統計数学」**なるものに必ず遭遇します．場合によっては狼藉の限りを尽くす確率分布軍団に圧倒されたり，強烈な微積分アッパーカットを食らうこともあるでしょう．では，数学を「とうの昔に忘れてしまった」と思い込んでいる（きっと）多くの読者は，統計

修行から無慈悲にも見離されてしまうのでしょうか？　確かに，「統計イコール数学」あるいは「数学は統計の基礎である」という風説が巷間に流れています．しかし，修行の道を踏み出されたみなさんは，そのような誤った雑念にとらわれてはいけないのです．

　　1．統計学の本質は眼前の問題状況への取り組みである
　　2．統計学にまつわる数学と数式はぜんぜんこわくない

という人生の真理をぜひ会得していただきたいと心から願っています．

　「どうせ私なんか，数学オンチなんだから，わかんなくってもしかたない」

　なんて諦めるのは10万年早いです．数学はただの言葉です．言葉がわからなければ，ボディランゲージで意志疎通を図ればいいのです．えっ，統計学のボディランゲージって何って？　**図表と想像力**ですよ．おそらくほとんどすべての統計手法は，適切な図を用いれば数式ゼロで説明でき，想像力をちょっとだけ働かせれば涙なしに理解できるはずです．**数式いらずの統計学**は絵空言ではないのです．受講生のみなさんは“数式樹海”に迷い込んで遭難しそうになったら，すかさず「要するにこの数式は何が言いたいのか．それはことばできっと説明できるはずだ」とつぶやいてください．きっと，道が見えてくるでしょう．いったいいつから数学はにくいにくい仇役になってしまったのでしょうね．数学はちょっと無愛想な友達なのです．統計修行を通じて「**愛せる数学，頼れる統計学**」を少しでも実感してみてください．

　自分のデータを統計解析するとき，あるいは他人に頼まれて統計コンサルティングをするとき，ユーザーがあらゆる統計理論に通暁することは現在では不可能です．おそらくほとんどの統計ユーザーは，自らの限られた統計学の知識を酷使して問題解決にあたっているという方がむしろ事実に近いでしょう．事態をさらに悪くしているのは，**統計学の世界があまりに広すぎる**ため，数理統計学に一生を捧げている専門の統計学者以外，この世界のどこにどのような統計手法があるのか，それらの手法の間の相互関係はどうなっているのかについて**まったく闇の中**という現実です．

　とりわけ，統計学をはじめて学ぶ者にとって，いま学んでいる手法が統計界の中のどこに位置しているのかをまったく知らされないまま，数式やソフトをいじらされるというのは，教育上のみならず精神衛生上もよいはずがありません．この点で本書を手にする統計学ユーザーに望みたいのは，統計学の世界の鳥瞰です．

　できるだけ広く遠く統計学の裾野を見渡してみよう

ということです．自分の抱えている問題解決にとって，いま使っている統計手法ははたして適切なのか，ほかにももっといい方法があるのではないか—— この素朴な知的好奇心こそ，蔓延する無思考症候群を予防し，主体的かつ積極的な統計学ユーザーへの道を拓くのです．

みなさんの日々の統計修行のために

三年前に，私は『みなか先生といっしょに 統計学の王国を歩いてみよう：情報の海と推論の山を越える翼をアナタに！』（三中 2015）という，これから統計学を学ぼうとする初心者を読者に想定したヴィジュアルな本を出版しました．みなさんが手にしている本書もまた数多くの図表とグラフを用いながら，前書よりももっと広くそしてもっと深く内容を掘り下げて，統計データ解析のさまざまな"顔"をお見せしようと思います．そのとき統計曼荼羅は統計学界の**インフォグラフィックなチャート**としてすぐに役立つことがきっとわかっていただけるでしょう．

曼荼羅という描画スタイルが昔も今も変わらずインフォグラフィック・ツールとして役立ってきたことは注目してほしい点です（三中・杉山 2012, リマ 2015, 2018）．本書が出版される前に，私はもう1冊の本『思考の体系学：分類と系統から見たダイアグラム論』（三中 2017）を出しました．この『思考の体系学』では大量のデータや複雑な情報は効果的に**可視化**（ヴィジュアリゼーション）することにより，はじめて私たちの理解の射程に入ると論じています．グラフや図版のもつダイアグラムとしての汎用的実用性は，そのまま統計データ解析における統計グラフィクスすなわちインフォグラフィクスの有用性を強力に支えているということです．数学や数式とまったく互角に**視覚的ダイアグラムは私たちの道具箱の中にある**ことを，これから本書をひもとくみなさんは知ることになるでしょう．

では，みなさんの統計修業の成功を祈りつつ，本論に入っていきましょう．

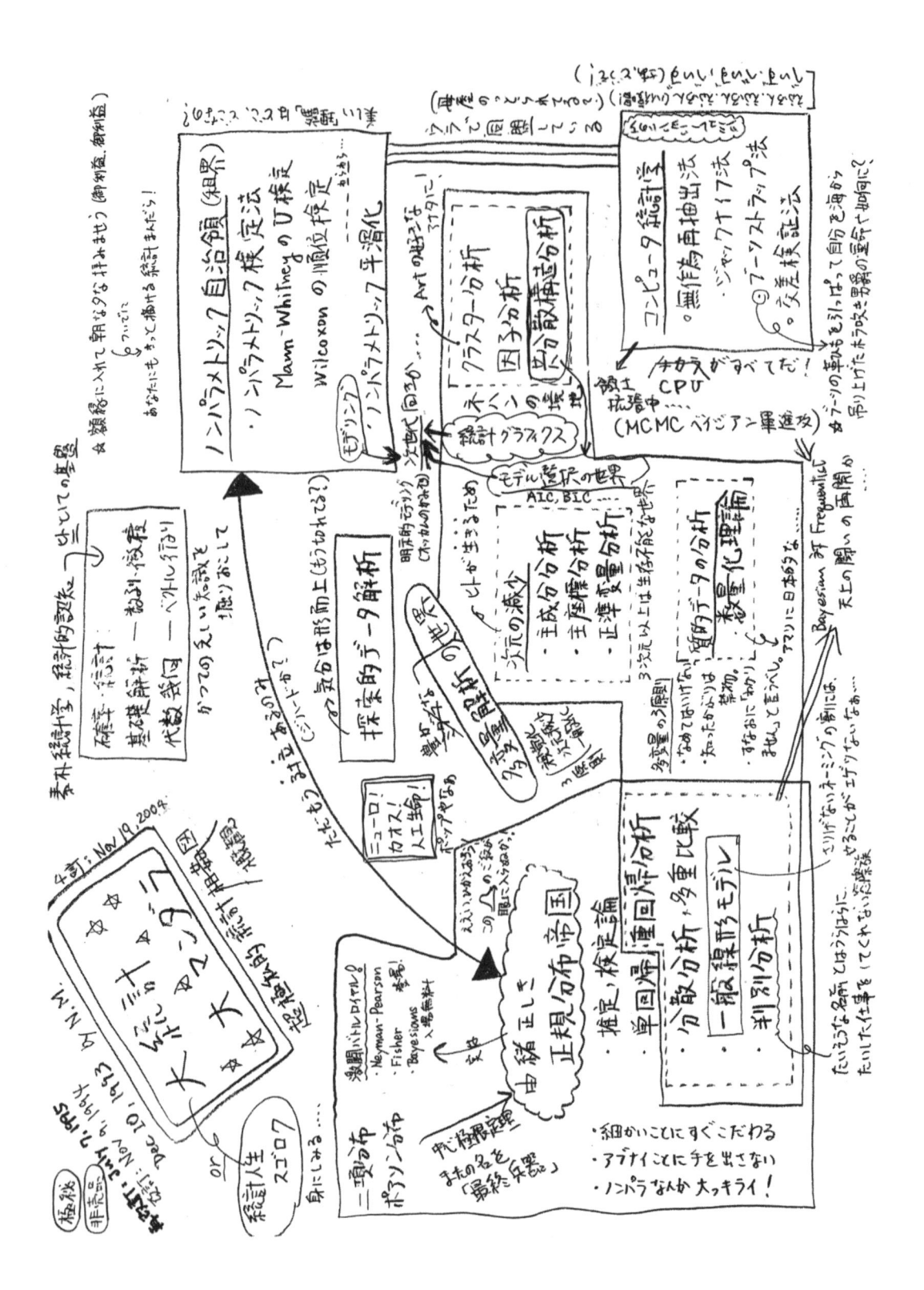

素朴統計学：
涙なしの統計ユーザーへの道

　統計学的な「ものの考え方」を身につけるには，そもそも私たち人間がどのような思考法を生得的にもって生まれてきたのかについて知っておく必要があるでしょう．ヒト（*Homo sapiens*）は，人類進化の過程でさまざまな特徴を自然淘汰によって付与されてきた生きものです．したがって，機械やロボットとはちがって，私たちはまったく何も書かれていないまっさらな"白板（tabula rasa）"ではなく，形態・行動・心理に関わるさまざまな**生得的属性**とともに生まれてきたことを知るべきでしょう．人間はバイアスのない完全無欠な存在ではなく，現代社会の中ではさまざまな判断ミスやまちがいを犯すリスクがつねにあるという前提が出発点です．

統計学のロジックとフィーリング：ある思考実験

　　　たとえ**確率論**や**統計学**についてまったく知らなくても，私たちはふだんの生活の中で直感的ではあれ，必ず**確率や統計を踏まえた行動**をしています．確率論や統計学ということばからは，つい難解な数学を連想してしまいがちです．しかし，この分野の歴史をさかのぼってみると（Hacking 2006, Salsburg 2001），確率論や統計学はもともと**賭け事**の数理を探るというきわめて俗的なルーツをもち，その後も現在にいたるまで産業・農業・医療など，**実社会に直結**する具体的な個別問題を解くための学問として発展してきたことがわかります．したがって，あくまでも現実に私たちが関心を寄せている**課題**あるいは**問題**が第一義的に重要であり，それらを解くための**道具**として確率論や統計学のいろいろな"道具"があるのだと考えるのが自然でしょう．数学的なりくつに振り回されるようでは本末転倒です．自分が抱えているテーマを主に考えたとき，どんな"道具"が用意されていて，それらをどのように使い分ければいいのかを知ることが，統計ユーザーに求められる心がけであると私は考えます．

　　　以下では，統計学に関わる理論や数式を出される前の私たちのだれもが"**統計学的センス**"とでも呼べる**直感的判断能力**をもっていることをある思考実験を通して体験していただきましょう．

　ヒトという生きものは，不確定性を伴う状況のもとでは，直感的な統計学的判断を下す認知能力を万人がもちあわせていることがわかるでしょう．まず，【図1−1】に示す仮想実験を見てください．

　この【図1−1】の思考実験では，円形の架空生物5個体に対してある薬剤を投与して一週間後の効果を調べました．この実験結果を見せられた多くの読者は，実験の前後で架空生物の形状が「円」から「楕円」に「**形状が変化した**」と即答するでしょう．

　ところが，まったく同じ実験をしたとしても【図1−2】のような結果が得られれば結論は変わってくる可能性が高いでしょう．

　この【図1−2】の結果を示されたみなさんは，上の【図1−1】と比較したとき，やはり「形状が変化した」と即答するでしょうか．おそらく大半の読者はその結論をくだすことをためらうのではないかと私は推測します．

　まったく同じ実験であるにもかかわらず，一方では「形状が変化した」と即答できるのに，他方ではその結論に躊躇するのはなぜでしょうか．もちろん，科学としての統計学から言えば，この思考実験に示された状況は，集団間の平均に関する検定（たとえば後述の「t検定」）という統計解析の対象です．しかし，そのような統計学に関する知識をまったくもたない一般人であったとしても，上の思考実験の結果を呈示すればまちがいなく同様の直感的判断をするにちがいありません．

　人間ならばだれでももっているこの**直感的な統計学的センス**のことを，認知心理学では「**素朴統計学 (naïve statistics)**」と呼んでいます．それでは，上の思考実験にみられる素朴統計学的な直感の作用とは何なのでしょうか．それは，現象的なばらつきの評価方法に関わっています．まずはじめに，実験前後のふたつの集団内では個体間で**形状のばらつき**が見られます．この群内のばらつきの直感的な大きさを「**群内変動**」と呼びましょう．一方，ふたつの集団（個体）間で形状を比較すると，ここでも形状のばらつき（すなわち差異）が認識されます．この群間のばらつきの直感的な大きさを「**群間変動**」と名づけることにしましょう．

　いま，群内変動と群間変動の「比」すなわち「群間変動／群内変動」を考えると，この（数字としては表現されない）比の大きさが，形状に関する群間の「差異」の直感的認知に大きく関わっていることがわかります．多くのヒトが「差がある」と判定する【図1−1】を見ると，実験前後の群内変動（分母）に対して実験処理効果の反映である群間変動（分子）**比の値が大きい**です．一方，「差がない」とみなされる【図1−2】ではこの**比の値が小さい**ことが明白です．群内のばらつきと群間のばらつきを相対化することにより，ある実験処理のもたらす効果の有無を認知する素朴統計学的な判定にとって，数値化されない直感的な"計算"であっても十分過ぎる根拠だと言えるでしょう．

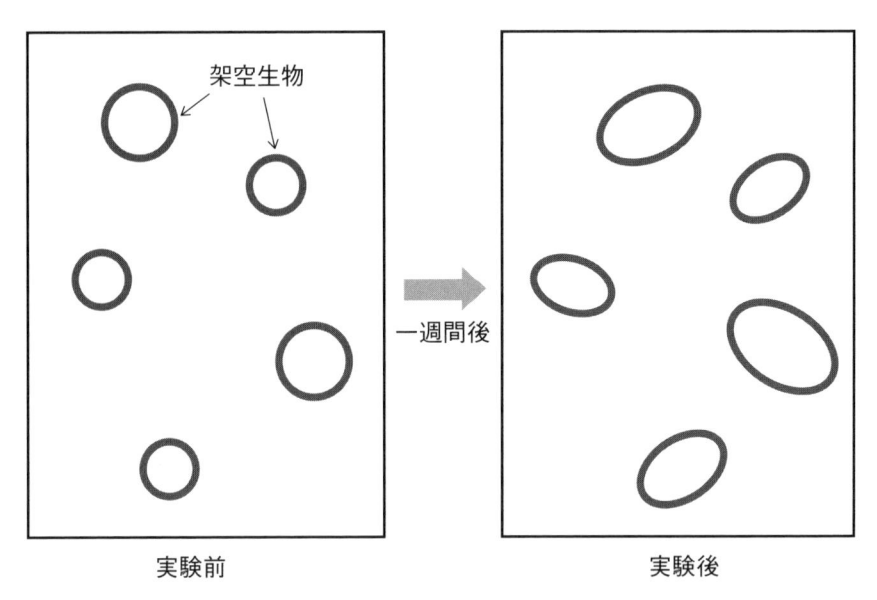

【図1−1】架空生物を用いた思考実験 (1)：ある架空生物5個体の集団（左）に，ある薬剤を投与したところ，一週間後には右の集団のようになった

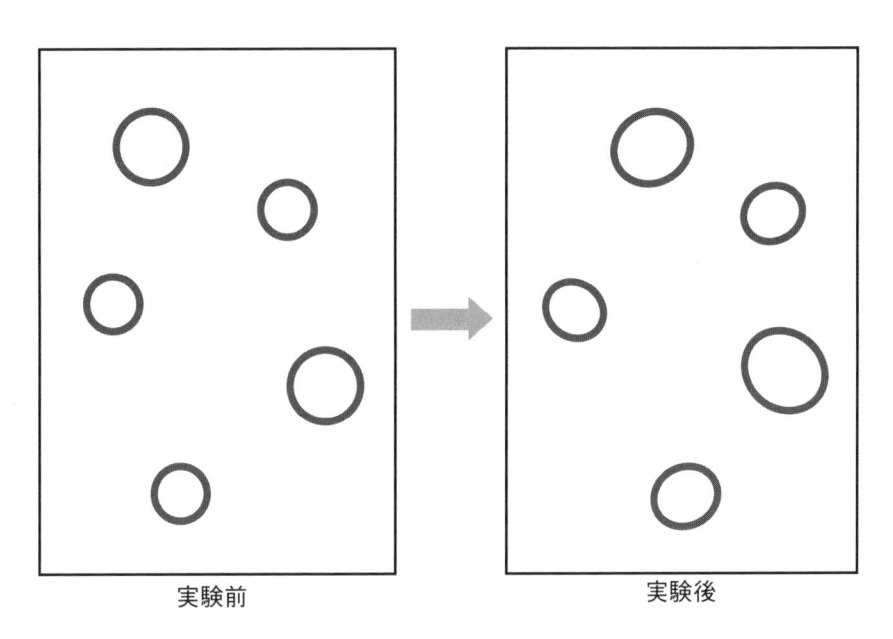

【図1−2】架空生物を用いた思考実験 (2)：【図1−1】と同じ実験処理をしたときの別の結果

統計思考の認知心理的ルーツを探る

　　前節の思考実験で見たように，対象物の属性が変動する（“ばらつく”）状況に直面したとき，差異の有無を**直感的に検出する能力**をだれもが有しています．科学としての統計学は，観測されたデータを読み，それに基づいて要約や推論をすることを目指します．その点に関するかぎり素朴統計学に基づく直感的判断が目指す目標も同じです．むしろ，素朴統計学との整合性が保持されていることが，科学としての統計学の一般への説得力を支えているとさえ言えるでしょう．確かに，統計学の**難解な数学や数式**は，多くの初学者にとって（あるいは熟練ユーザーにとっても）高いハードルを課すことがあるでしょう．しかし，その試練は，**論理と心理**が足並みをそろえているかぎり，むだな努力ではけっしてないことを知ってほしいと私は思います．

普遍的な統計的センス：素朴統計学の観点から

　　ヒトがいかにして素朴統計学的な判断能力をもつにいたったかについては**認知心理学**と**進化心理学**にとっての格好の研究テーマです（たとえば，Tversky and Kahneman 1974, Kahneman and Tversky 1982, Gigerenzer 1991, Cosmides and Tooby 1996 参照）．たとえば，進化心理学の立場から**レダ・コスミデス**と**ジョン・トゥービー**は，ヒトのもつ統計学的直感と科学としての統計学との関係について次のような結論を述べます．

　　　「われわれの直感を下支えするメカニズムは，きわめて多様でしかも複雑な環境のもとで，何百万年にも及ぶ生物進化の野外検証を経てきた．われわれが経験したわずか数百万年間の規範的理論化では見逃されてしまった現実世界の統計的問題があるかもしれない．もちろん，自然条件のもとであっても完全無欠なシステムはありえないだろう．しかし，直感と確率論が衝突するように見えるとき，直感には進化によって磨き上げられてきた論理があることを少なくとも考慮に入れることが論理的かつ慎重な態度だと思われる．けっきょく人間とは良き直感的統計学者であることをわれわれは見出すのだ」

（Cosmides and Tooby 1996: 69）

宿命としての認知バイアスと心理的本質主義

　　前節では，万人がもっているはずの素朴統計学的な認知能力について述べました．このように論じると，ひょっとして「ヒトがすぐれた直感的統計判断が

できるのだったら，小難しい統計学の理論を勉強しなくてもいいのではない
か」と誤解する読者がいても不思議ではないでしょう．確かに，われわれは進
化心理学的に洗練された内在的な統計学的直感をもっています．しかし，同時
にヒトの判断能力には看過できない「**認知バイアス**（cognitive biases）」がいく
つもあると指摘されています（Tversky and Kahneman 1974）．そのひとつが
「**心理的本質主義**（psychological essentialism）」と呼ばれる生得的傾向です．

本質（essence）とは事物の集合（類）の必要十分条件となる性質です．「存在
の学」たる形而上学（metaphysics）における本質主義（essentialism）とは，か
つて中世において実在論（realism）対唯名論（nominalism）の間で何世紀にも
わたって戦わされた「普遍論争」にも連なる伝統的な思潮でした．**発達心理学**
において「心理的本質主義」と呼ばれる認知傾向は，

1)世界は "離散的" な類に分割され，
2)それぞれの類は心理的本質によって定義された事物から構成され，
3)現象世界の背後で心理的本質が因果的メカニズムを担っている

という性格を帯びています（Lakoff 1987, 三中 1997, 2009）．

心理的本質主義は，人間の**日常生活のいたるところ**で発現します．統計的
判断能力とは別に，この心理的本質主義が作動するとき，われわれヒトは「な
い」はずのものを「ある」と**誤って判定する危険性**が高まります．たとえば，
生物分類学では種（species）に関わる心理的本質主義の問題が論議されてきま
した（三中 2009）．同様のことは統計学とも無縁ではありません．データの変
動（ばらつき）の背後にある規則性や一般性を探ることが，素朴統計学ならび
に科学統計学の目標であるとするならば，心理的本質主義が**忍び入るすき**はい
たるところにあります．単なる相関を因果と解釈してしまったり，どこにもな
いはずの群（クラスター）をあると思ってしまったりする過誤は，人類進化の
過程で私たちが獲得してきた認知システムが現代社会というまだ適応しきれて
いない環境のもとでうっかり "**誤作動**" した結果であると考えれば納得がいく
ことが多いでしょう．

たとえば，前節の思考実験で用いた薬剤の形状に対する効果が「ある」のか
「ない」のかという状況でも，心理的本質主義は容易に発現するでしょう．「あ
る」ものを「ある」あるいは「ない」ものを「ない」と正しく判断できるならいい
のですが，えてして私たちは「**ない**」のに「**ある**」というまちがい（統計学では
「**第一種過誤**」と呼ばれる）を犯しがちです，逆に，「**ある**」ものを「**ない**」と錯覚
するまちがい（「**第二種過誤**」と呼ばれる）は，それほど深刻に考える必要はない
かもしれません．なぜなら，過誤（まちがい）という点では同じであっても，そ
こに「ある」ものはとうぜん「ある」と認知されるだろうからです．このように，

第一種過誤と第二種過誤は，論理的には確かに "対称的" な誤りに見えますが，心理的には明らかに "非対称的" です．言いかえれば，第一種過誤と第二種過誤の間には，ヒトとしての犯しやすさに明瞭なちがいがあるということです．

認知と論理のはざまを進む

ともすれば，確率論や統計学は**数学的な論理体系**として私たちの眼前にそびえ立っているように見えますが（実際その通りなのですが），ヒトをとりまく現実世界のなかで，「生きるすべ」として私たちとともに育ってきた「**素朴な確率思考**」あるいは「**野生の統計思考**」という側面はもっと強調されていいと私は考えます．ばらつきや不確定性をともなうさまざまな現象を前にして，わたしたちがどのように考察し，それらの現象の背後に潜むかもしれない一般性や規則性に関していかなる推測を組み立ててきたかを思いやるとき，**素朴統計学**や**心理的本質主義**に導かれた原初的な推論メカニズムの重要性は無視することができません．つまり，現代社会の中で統計学を学ぼうとする私たちにとって人類進化の心的産物は避けては通れないということです．私たちはヒトという生きものにほかならないことをもう一度再認識しましょう．

アブダクションという推論様式の進化的起源

データを説明するために立てられる統計モデルの認知心理的背景を考えるとき，モデルに基づく「**説明**」や「**推論**」とはいかなるものかについて目を向ける必要があります．確率論や統計学の研究者はもともと科学哲学にはほとんど関心を示さない悪しき傾向が以前からあり，データと仮説との関係をもっぱら**数学の枠組み**の中でのみ捉えようとしてきました．しかし，データに基づく「説明」の意味についてはいったん立ち止まって考えるべきでしょう．そうすることにより，統計学における仮説やモデルのもつ**本性**についての理解がより深まるにちがいありません．

統計学的推論：ネイマン-ピアソン vs. パース

第5講でくわしく説明するように，かつて1930年代に確立された**推測統計学**でネイマン-ピアソンが提唱したパラダイムは，**帰無仮説**と**対立仮説**をまずはじめに設定し，データに基づく厳格な**仮説検定**（hypothesis testing）の枠組みを据えることにより，仮説の棄却あるいは受容という「**意思決定**（decision making）」の基準設定を統計学に求めました．しかし，仮説の**二者択一的な選**

択を強制するネイマン‐ピアソン的パラダイムは，必ずしも今日の統計データ解析において使いやすいツールとは言えません．

　本書では，ネイマン‐ピアソン的パラダイムの代わりに，仮説やモデルによるデータの説明は，哲学者**チャールズ・サンダース・パース**（Charles Sanders Peirce: 1839〜1914）の「**アブダクション（abduction）**」という推論形式にしたがっているとの立場を取ります．ここでいうアブダクションとは，仮説やモデルの真偽を問題にせず，同一のデータを説明しようと競合する複数の対立仮説や対立モデルの間での**相対的ランキング**を考えた上で，ある時点でもっともよい仮説やモデルを選び出すことです（三中 2006）．

　既知から未知への推論は統計的思考の根幹です．科学研究の世界にかぎらず，私たちが日々生きていく上で，すでにある情報に基づいて未知の現象や過程に関する推論を行うことはつねに必要になります．獲得できる知識や経験がごく限られていたとしても，それを手がかりにして未知の不確定な問題状況を解決する能力を，人類の祖先は進化の中で生死を賭けて身につけてきました．

痕跡解読型パラダイムと推論の起源

　歴史学者**カルロ・ギンズブルグ**（Carlo Ginzburg 1939-）の論文「**徴候．痕跡解読型パラダイムのルーツ**（Spie. Radici di un paradigma indiziario）」（Ginzburg 1979）は，私たち人間がかつて経験した採集狩猟生活のなかでこの既知から未知への推論能力を獲得してきたと示唆します．

> 「何千年もの間，人間は猟師であった．数限りなく追跡を繰り返す中で，彼は姿の見えない獲物の形姿と動きを，泥土に残された足跡，折れた木の枝，糞の玉，一房の頭の毛，引っかかって落ちた羽根，消えずに漂っている匂いなどから復元するすべを学び取ってきた．よだれの線条のようなごく微小の痕跡を嗅ぎとり，記憶に留め，解釈し，分類するすべを学び取ってきた．密林の奥や落とし穴だらけの林間の草地にあって，複雑な知的操作を瞬時にして成し遂げるすべを学び取ってきたのであった．（中略）この〔狩猟型の〕知を特色づけているものは，一見したところ何の意味もないように見える実地の経験にもとづくデータから直接には経験しえない或るひとつの総体的な現実にまで遡ってゆける能力である」
>
> （Ginzburg 1979 [1986], p.166: 訳文は上村 1986, pp. 361-362 による）

　ギンズブルグは，かつての祖先人類が経験した自然環境の中で生き抜くための手段として，痕跡や断片を手がかりに「直接には経験しえない或るひとつの

総体的な現実」にまでさかのぼる推論能力を獲得したと示唆します．かつての私たちが生きた採集狩猟社会のなかで，断片的な"痕跡"の情報から未知の全体を復元しようとする思考法を，ギンズブルグは「**痕跡解読型パラダイム**（un paradigma indiziario）」と呼びます．この痕跡解読型パラダイムが**メタファー**ではなく**メトニミー**にほかならないという彼の指摘（Ginzburg 1979 [1986], pp.166-167）は，部分からの全体のシステム構築がメトニミーであって未知から既知への推論を伴っているという点で興味深いことです．

　この「痕跡解読型パラダイム」を生み出した昔の猟師たちは，必ずしも真実を言い当ててばかりいたわけではなかったでしょう．しかし，たとえその推論が真実ではなかったとしても，あえて既知から未知への一歩を踏み出さなければならない状況に彼らは置かれていたのです．なぜなら，その推論能力はかつての人類が**生き延びるための必須**だったからです．ギンズブルグはいにしえの人類が身につけていたこの推論様式は上述のアブダクションと関係があると述べています（Ginzburg 1979 [1986], p.198, 脚注38）．**非演繹的推論**であるアブダクションは必ずしも無謬ではありませんが，ある時点で得られた情報に基いて対立仮説群の中から最良の推論をしたり意思決定を行なう上でとても役立つことは確かです．

　仮説や命題の真偽をはっきり判定できる**演繹**（deduction）や**帰納**（induction）に比べれば，アブダクションはいかにも頼りない推論様式に思えるかもしれません．しかし，アブダクションを既知のかぎられた情報のみを頼りにして**未知の問題を解決する手段**と考えるならば，私たち人類の系譜を進化の途中での絶滅から免れ，現在にまで生き残らせてくれたことに感謝しなければならないでしょう．

　本書の中心テーマである統計的思考はこのアブダクションと一心同体とみなしてもまったくかまいません．素朴統計学とアブダクションは私たちにとっての「等身大の科学」だからです．

第2講

グラフィック統計学：
数と図のリテラシー

　第1講では，統計学に関する知識をもたない，一般社会に生きるごくふつうの人間であっても，直感的な**素朴統計学**の判断能力を生まれながらにもちあわせているという話をしました．もちろん，現代の統計学の基礎理論は高度な数学を使いまわし，その実践には高速なコンピューターを駆使した計算が求められています．しかし，そもそもそのような統計的思考のルーツは何かを問いかけるとき，私たちはヒトがたどってきた進化的過去に目を向けるべきではないでしょうか．それは単なる懐古趣味ではありません．むしろ，ヒトという生きものが曖昧模糊とした不確実な状況に置かれたときに，どのようにものを考え，推論し，判断を下すのか．そして，そこで生じるかもしれない認知バイアスや過誤にはどのような性質なり傾向があるのか —— 一言でいえば私たち統計ユーザーのだれもがもっている「**内なるヒト**」とつねに語り合いつつ，統計学の修行の道を歩んでいこうということです．数字や数式はあとから付いてきます．その前に私たち人間は**"見る"ことの重要性**に気づくべきでしょう．

統計学は「見る」ことから始まる

　　統計学が扱うデータは，場合によっては，大量かつ複雑になることがあります．しかし，そのような情報を手にしたとき，私たちはまずはじめに何をすべきでしょうか．とにかくそのまま適当な統計ツールに"食わせて"その出力を"排泄"させてみることは，今のコンピューター・ソフトウェアの快適なユーザー・インターフェイスをもってすれば，けっしてできない話ではありません．しかし，それは私が本書をもって全力で阻止したい"愚行"です．もし，それが許されるのであれば，私たちは統計ユーザーとして何一つものを考えていないことになってしまうからです．

　　一昔前であれば，統計データ解析の「計算」そのものが仕事になった時代があります．それこそ，コンピューターどころか電卓すらなかった半世紀前は，計算尺や手回し計算機を使って統計計算に励んでいました．一方，現在の統計ユーザーはそのような「計算」の苦行からは幸いにも解放されましたが，他方

では「計算」に先行する段階で頭を使うことが求められるようになりました．いま手にしているデータがもつ特徴や傾向を考えたとき，いくつかの選択肢の中でどの統計ツールを用いればいいのだろうか —— すなわち「**計算**」の前に「**方針**」を**決定する**ことがユーザーに委ねられています．

データ可視化と統計グラフィクス

　もちろん，複雑かつ大量のデータをそのまま突きつけられても，私たちはどうしようもありません．多変量かつ高次元の情報はほとんどすべての人間の理解限度を超えているからです．私は以前から統計学では計算やモデリングをする前に**"生"のデータ**をよく見るようにとしつこく言っています（三中 2015）．統計解析の前段階としての「**データ可視化**（data visualization）」は私たちにとって必須のリテラシーであり，その目的を達成するためにはいろいろなタイプの統計グラフィクスを利用するのがもっともつごうがいいでしょう（Tufte 1990, 1997, 2001, 2006 参照）．

　グラフや**ダイアグラム**などの視覚的な図形言語に関しては別にくわしく論じました（三中 2017）．以下では，一般的な図形言語を通じての「**ヴィジュアル・コミュニケーション**（visual communication）」のひとつとして，**統計グラフィクス**の役割を考えてみましょう．認知心理学者**シーモア・エプスタイン**（Seymore Epstein）によれば，私たち人間はふたつの思考スタイルをつねに併用しています（Epstein 1994）．第一の思考スタイルは「**経験的システム**（experimental system）」と呼ばれ，各人がひとりひとり経験してきたことがらをもとに構築される**個人的な世界観**です．経験的システムが呈示する世界観は，人間が普遍的に共有する生得的な認知基盤に立ちつつも，きわめて私的な観念あるいは具体的な叙述をもとに語られます．第二の思考スタイルは「**合理的システム**（rational system）」と呼ばれ，この世界のすべてを抽象的な記号や術語や数字によって，論理的に表現する**分析的な世界観**です．合理的システムはその論理性のおかげで，個人を超えた客観性をもつと期待される世界観です．

　統計学という言葉から私たちがすぐ連想するのは，おそらく後者の合理的システムではないでしょうか．確かに，不確実でばらつきのある現象を調べようとするとき，そこから得られた知見に基いて何らかの結論を導き出そうとするならば，合理的システムによる意思決定はとても頼りになるでしょう．しかし，エプスタインは，**直感**を重視する経験的システムと**数字**を信用する合理的システムのいずれかを二者択一的に選ぶべきだとは言いません．むしろ，このふたつの思考スタイルを**うまく併用**することが重要だと彼は主張します．伝統的な統計学の理論体系がある種の合理的システムを一貫して目指してきたとす

れば，その潮流は個人的にのみ構築される経験的システムとはどこかで衝突してしまうと考えるのも無理はありません．個人が得た知見や直感に基づく経験的システムと，数値的・定量的な情報を踏まえた合理的システムが，世界観のレベルで対立してしまうからです．残念なことに，私たちはこの両者をうまく併用するやり方をまだ会得できていないのです．

経験的システムと合理的システムは車の両輪

膨大なデータがもたらす多様な情報を合理的システムによって理解しようとしても，多変量・高次元を“見る”能力をもたない私たちにとってなすすべがない状況はいつでもどこでも生じ得るでしょう．そのとき，**グラフィクス**という可視化ツールをうまく利用できればその困難を回避できる道が拓けるかもしれません．データを可視化することにより，私たちが生得的にあるいは後天的に獲得した直感的な理解力やイメージ力に支えられた経験的システムを用いることが期待されるからです．**データの定量化**と**情報の視覚化**をめぐる認知心理の問題を論じた Slovic and Slovic (2015) は次のように述べています．

> 「数値は本質的に“全体像”を記述するための手段である．そして，われわれは，数量的情報だけでは捉えることができない大きく複雑な問題群を物語とイメージの助けを借りて理解することができるのだ」
>
> (Slovic and Slovic 2015: 21)

数値データと個人的直感のバランスをうまく取る —— この観点は私たちが統計学のものの考え方を学ぶ上でとても啓発的です．合理的システムとしての統計学の理論体系と経験的システムとしての素朴統計学は**統計グラフィクスという可視化**を通して手を結ぶことができるからです．難解な数学や数式に取り憑かれて悩む前に，いろいろなグラフを自分で描くことにより，だれもがもっている統計的直感を積極的に動員しましょう．

百聞は一見にしかず：グラフを用いた可視化の事例

前講で説明したように，私たち人間はある“認知バイアス”を生得的にもっていて，その認知の“癖”が外界の現象を解釈するときにある歪みをもたらします．生物としてのヒトがその進化の過程で獲得してきたそのような“認知的特性”は，かつては生存上どうしても必要だったからこそ，自然淘汰されて生き残ってきたのでしょう．しかし，現代人にも受け継がれているこれらの過去の進化的遺

産は，場合によっては，現代社会や現代科学の中で“誤作動”を引き起こすことがあります．たとえば，前講で言及した「**心理的本質主義**」は，進化的思考と根本的に矛盾するにもかかわらず，私たちの“心”のなかでなお根強く生き続けています (Lakoff 1987)．

だれもがもっているこの“**生得的認知**”の役割をまるごと否定してしまうと，観察者である私たちは客観的に現象やデータを見ることはもはや不可能であるという結論にもつながりかねません．しかし，完璧な客観性は統計学がめざす究極の目標ではありません．統計学は真実を見抜く“水晶玉”ではないのです．むしろ，限られたデータからいかにして妥当な結論を導き出すかというアブダクションの観点から言えば，たとえ完全無謬ではない“歪み”のある認知システムであったとしても，それをうまく利用してデータを読み取りそこから**意味のある情報**を抽出できるかどうかが，道具主義的にはより重要な問題とみなされるでしょう．

得られたデータをしっかり「**読む**」ことはデータ解析の出発点です．統計分析といえば，つい数式を用いて複雑な「**計算**」をすることばかりに目が向きがちですが，それは根本的にまちがっています．あらゆる「計算」をする前に，私たちはデータを「**見る**」そして「**読む**」必要があります．データを「見る・読む」という観点からいえば，わたしたちがもっている“生得的認知”の能力は積極的に役に立つ武器になりえます．以下では，そのような直感的方法の重要性についてお話ししましょう．

インデックス・プロット：データをそのまま並べる

まずはじめに，次のような実験データ【**表2−1**】を例に取りましょう (Dobson 1983)．この実験は，**対照群**（「ctrl」）・**処理1**（「trt1」）・**処理2**（「trt2」）という3つの条件のもとで栽培した植物の乾燥重量を測定しました．それぞれの生育条件ごとに10個体ずつ計30標本に関してデータが得られました．

おそらく統計学の素養がすでにある読者ならば，このような**数値データ**を見れば，反射的に生育条件ごとの「平均」や「分散」などの統計量を計算したり，あるいは生育条件の間で何かしら“有意”なちがいがあるのではないかと統計モデルを立てて計算するでしょう．しかし，本書ではそういう“**計算**”はまだまだ先の話です．

私たちが上のようなデータを手にしたとき，最初にすべきことはこのデータを「**見る**」ことです．いっさいの「計算」に先立ってデータを「見る」と言われると，なんだか頼りないような気がするかもしれません．しかし，生の数値を読み取る能力に比べれば，データを「**視覚化**」した方がはるかに容易でしょう．それは観

標本番号	収量	生育条件	標本番号	収量	生育条件
01	4.17	ctrl	16	3.83	trt1
02	5.58	ctrl	17	6.03	trt1
03	5.18	ctrl	18	4.89	trt1
04	6.11	ctrl	19	4.32	trt1
05	4.50	ctrl	20	4.69	trt1
06	4.61	ctrl	21	6.31	trt2
07	5.17	ctrl	22	5.12	trt2
08	4.53	ctrl	23	5.54	trt2
09	5.33	ctrl	24	5.50	trt2
10	5.14	ctrl	25	5.37	trt2
11	4.81	trt1	26	5.29	trt2
12	4.17	trt1	27	4.92	trt2
13	4.41	trt1	28	6.15	trt2
14	3.59	trt1	29	5.80	trt2
15	5.87	trt1	30	5.26	trt2

【表2−1】ある植物栽培実験のデータ．出典：Dobson 1983（統計言語Rのテストデータ「PlantGrowth」として公開されている）

察者である私たち人間の "認知的特性" にアピールするからです．

　たとえば，【表2−1】の数値データを標本番号に沿ってシンプルに並べただけの「インデックス・プロット」を示します（【図2−1】）．このインデックス・プロットの横軸は標本番号，縦軸は収量データです．計算はまったくせず，データをそのまま図示化しただけですが，データ点の "挙動" は数値そのものよりはるかに理解しやすくなります．データは可視化することによって，私たちに歩み寄ってきます．

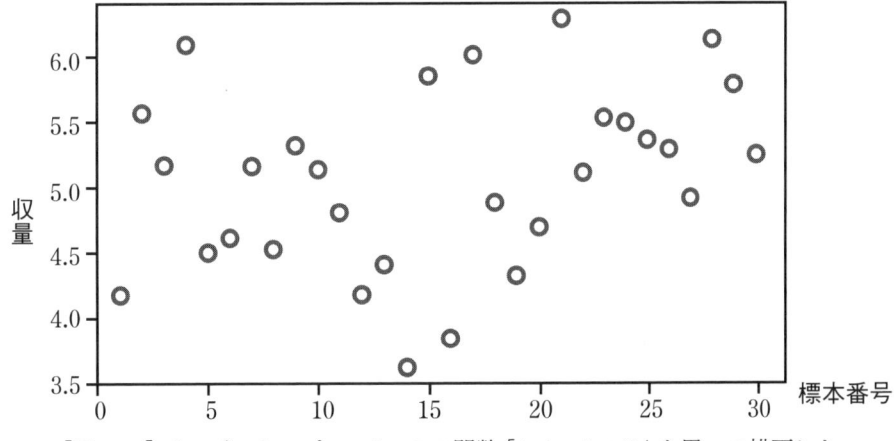

【図2−1】インデックスプロット．Rの関数「indexplot()」を用いて描画した

ドット・プロット：大小順にソートする

　「データを並べただけではあまりに芸がなさすぎる」とご不満ならば，生育条件ごとに別のグラフとして描画した「ドットプロット」を描いてみましょう（【図2-2】）．このドットプロットは対照群・処理1・処理2のそれぞれについて数直線上にデータを丸で示すことで，群内と群間のデータのばらつきをグラフ化します．

　最初のインデックスプロットは単に標本番号順に並べただけですが，ドットプロットは条件別かつ大小順にデータ点を配置するので，**実験データのもつ特徴**を各生育条件ごとにより明確に把握することができます．

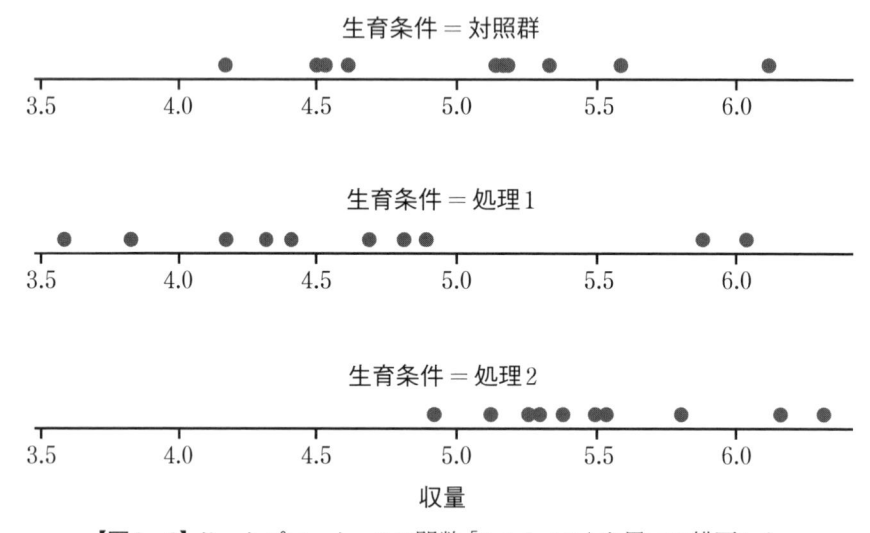

【図2-2】ドットプロット．Rの関数「Dotplot()」を用いて描画した

ドット・チャート：実験ごとにグループ化する

　ここでいうデータの特徴とはいったい何でしょうか．私たちが複数のデータからなるデータセットを手にしたとき，最初に気になるのは「**真ん中の値は？**」という疑問であり，さらに「**どれくらいばらつくのか？**」という疑問が続きます．これらの疑問に答えるために，【図2-2】の3つのドットプロットを単一の図にまとめた「**ドットチャート**」を次に示しましょう（【図2-3】）．このドットチャートは，縦軸はインデックスプロットと同じく収量ですが，横軸は各生育条件の10標本をまとめて一列に並べています．生育条件ごとにデータ点をまとめることにより，それぞれの条件についてどれくらい成長量の"ばらつき"があるのかが視覚化できます．

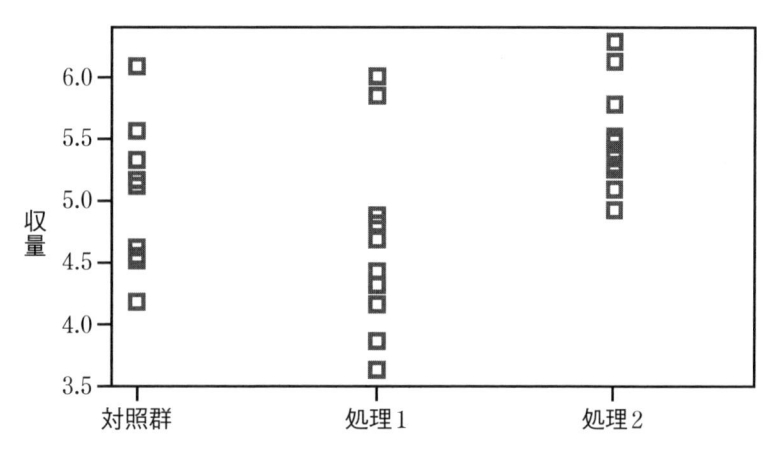

【図2−3】ドットチャート．Rの関数「stripchart()」を用いて描画した

箱ひげ図：データセットの中央値とばらつきの表示

このドットチャートから，生育条件ごとの「真ん中の値」と「ばらつき」をさらに抽出する「**箱ひげ図**」というとても役に立つグラフを描くことができます（【**図2−4**】）．箱ひげ図の詳細は**三中（2015）第1章**でくわしく説明しましたが，それぞれの生育条件ごとに10個のデータ点を収量にしたがって大小順に並べたときの「**中央値（メディアン）**」の位置を太線で示します．そして，この中央値を基準として上下に25％ずつ範囲をとって「**箱**」を描きます．つまり，中央値をはさむ箱の上辺と下辺にはさまれる区間には全データ点の半分（50％）が含まれることになります．さらに，箱の縦の長さの1.5倍の「ひげ」を上辺と下辺から伸ばすことにより，データの"ばらつき"の広がりを示します．

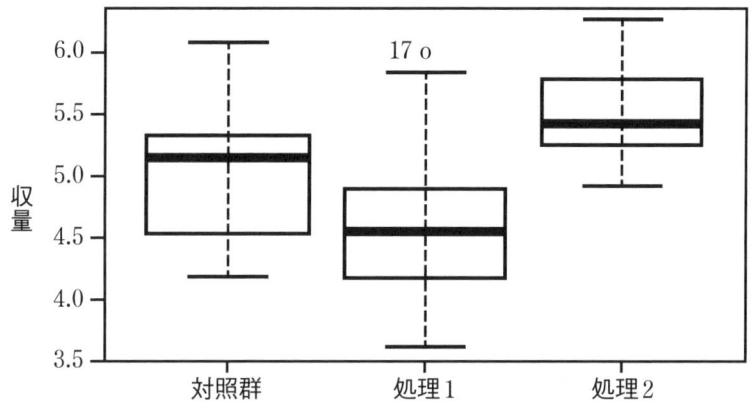

【図2−4】箱ひげ図．Rの関数「Boxplot()」を用いて描画した．標本番号17は「はずれ値」とみなされる

　この箱ひげ図は，複数のデータ点の "挙動"（すなわち中央値とばらつき）を単一の図によって視覚化しているという点で画期的なグラフです．しかし，その作図にはいっさいの「計算」は含まれていません．生のデータをそのままグラフ化しているだけだからです．

　上に示したインデックスプロット，ドットプロット，ドットチャート，そして箱ひげ図の4つは，**生の数値データを視覚化する**意義を私たちに教えてくれます．数値をグラフ化するという行為は，私たち人間が共有している "認知能力" を積極的に利用して，データを「**見る／読む**」ことにほかなりません．もちろん，すでに述べたように，私たちの直感が誤作動してしまって "認知バイアス" も同時に生じている可能性があります．たとえば，上の【図2−4】の箱ひげ図を生育条件ごとに見比べたとき，条件がちがえば成長量には「差がある」とつい心理的本質主義を働かせてしまって，結果的に**第一種過誤**を犯してしまうことだってあるでしょう．しかし，そういう認知的な "誤作動" のリスクを上回る利得がデータ視覚化にはあるということです．

二次元散布図：二変量間の共変動を見る

　次に，もう少し複雑なデータ【表2−2】をお見せしましょう．これは，アヤメ属（*Iris*）ある花の形状を調べる目的で，*Iris versicolor* という種の50標本についてそれぞれ「内花弁長（petal length）」と「内花弁幅（petal width）」および「外花弁長（sepal length）」の3つの形態形質の計測データ（cm 単位）です．

　それぞれの変量データに関しては，すでに上で説明したインデックスプロット，ドットプロット，ドットチャート，あるいは箱ひげ図を描くことができるでしょう．しかし，ここでは2つの変数間の「**関連性**」を視覚化するために，【図2−5】のような「**散布図**」を作成しました．

　この散布図の横軸は内花弁長，縦軸は内花弁幅を表しています．この二変量データの対に関する散布図から直感的にわかることは，内花弁長と内花弁幅の間には "**正の共変動**" の存在，すなわち一方の軸での増減が他方の軸での増減と同調し，データ点全体が "**正の比例関係**" を示す傾向です．もちろん，後述する「**共分散**」や「**相関係数**」のようなしかるべき統計量を計算すれば，数値的にはもっと正確な結論が出せるでしょう．しかし，そういう「計算」以前に，この平面的な散布図を見るだけでも二変量データの "挙動" を**直感的に認知で****きる**ことがわかります．

標本番号	内花弁長	内花弁幅	外花弁長	標本番号	内花弁長	内花弁幅	外花弁長
51	7.0	3.2	4.7	76	6.6	3.0	4.4
52	6.4	3.2	4.5	77	6.8	2.8	4.8
53	6.9	3.1	4.9	78	6.7	3.0	5.0
54	5.5	2.3	4.0	79	6.0	2.9	4.5
55	6.5	2.8	4.6	80	5.7	2.6	3.5
56	5.7	2.8	4.5	81	5.5	2.4	3.8
57	6.3	3.3	4.7	82	5.5	2.4	3.7
58	4.9	2.4	3.3	83	5.8	2.7	3.9
59	6.6	2.9	4.6	84	6.0	2.7	5.1
60	5.2	2.7	3.9	85	5.4	3.0	4.5
61	5.0	2.0	3.5	86	6.0	3.4	4.5
62	5.9	3.0	4.2	87	6.7	3.1	4.7
63	6.0	2.2	4.0	88	6.3	2.3	4.4
64	6.1	2.9	4.7	89	5.6	3.0	4.1
65	5.6	2.9	3.6	90	5.5	2.5	4.0
66	6.7	3.1	4.4	91	5.5	2.6	4.4
67	5.6	3.0	4.5	92	6.1	3.0	4.6
68	5.8	2.7	4.1	93	5.8	2.6	4.0
69	6.2	2.2	4.5	94	5.0	2.3	3.3
70	5.6	2.5	3.9	95	5.6	2.7	4.2
71	5.9	3.2	4.8	96	5.7	3.0	4.2
72	6.1	2.8	4.0	97	5.7	2.9	4.2
73	6.3	2.5	4.9	98	6.2	2.9	4.3
74	6.1	2.8	4.7	99	5.1	2.5	3.0
75	6.4	2.9	4.3	100	5.7	2.8	4.1

【表2−2】アヤメ *Iris versicolor* 50標本の内花弁長・内花弁幅・外花弁長のデータ.
出典：Fisher 1936 のデータセットの一部分（統計言語Rのテストデータ「iris」として公開されている）

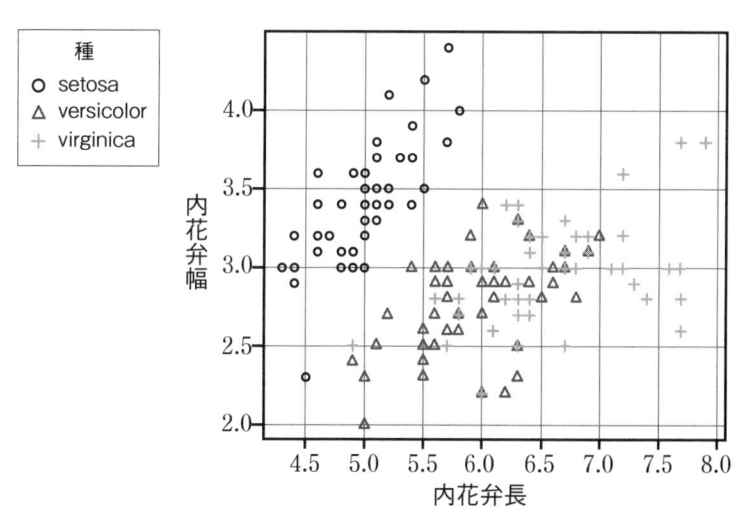

【図2−5】内花弁長と内花弁幅の散布図．Rの関数「scatterplot()」を用いて描画した

三次元散布図：三変量間の共変動を見る

　次元をさらにもうひとつ増やして，内花弁長・内花弁幅・外花弁幅の三変量データの関係性を空間内に**三次元散布図**として表示することができます．

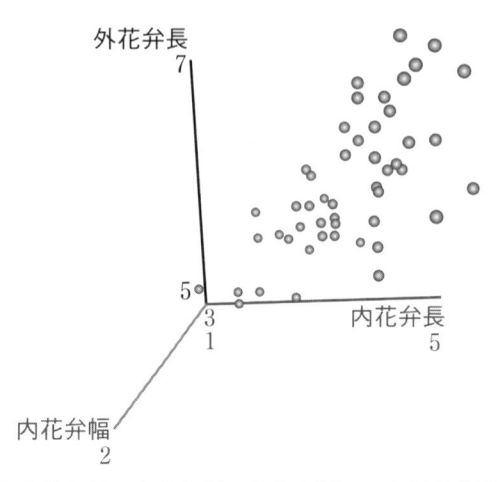

【図2−6】内花弁長・内花弁幅・外花弁幅の三次元散布図．Rの
関数「scatter3d()」を用いて描画した

　データのもつ根本的意味を日常的に深く考える機会はそれほど多くはありません．しかし，実験や観察によって得られたデータをそのまま鵜呑みにできないことは事実です．データに含まれているかもしれないさまざまなまちがいやノイズ，ばらつきや偏りの存在を考えるならば，データを通してその向こうに"真実"が透けて見えるという素朴な実証主義（「統計学は"水晶玉"である」）とはまったく受け入れられません．他方，データがどれほどたくさんあっても，そこから導き出される結論には何の影響も及ぼさないという過激な相対主義的懐疑論に対しても「ノー」と私たちは声を上げます．歴史学者**カルロ・ギンズブルク**（2001, 2003, 2008）は，歴史資料に関する実証主義と相対主義のはざまで，データは「**逆撫で**」することにより批判的に評価されなければならないと一貫して主張してきました．彼の主張は統計データ解析とも無縁ではありません．データを十分に「逆撫で」した上で最良の仮説へのアブダクションをすることが統計学の最終目標だからです．そのためには，何の熟慮もなく単に「計算」するのではなく，前もって**データをよく「見る」**心構えが私たちには求められています．データ視覚化と情報グラフィクスは，私たちが普遍的にもっている認知能力に訴えかける点で大きな威力があります．数値そのものをいくら

見てもわからないことが，さまざまなグラフを用いることにより，だれにでも理解できるようになります．生データの挙動が"見える"ようなさまざまなグラフを描き，それらを併用して視点を変えながらデータを"見つめる"ことは私たちの直感的な"統計センス"と生得的な"認知的能力"のもつ利点を積極的に活用したデータ解析の第一歩となります．

ポアソン・クランピングの陥穽：統計的直感の"誤作動"の例として

既知から未知への跳躍をもくろむアブダクションは「心理的本質主義」の発動を求めます（その可否は別として）．観察データをじっと見つめる私たちは，既知の情報断片を何とかうまくつなぎあわせて**未知の説明原理や法則性**を導出しようとします．運よくデータを"きれいに"説明できるモデルが構築できる見込みがあるならば，そのとき私たちは現実世界での観察データを支配する不可視の**"本質"**をつかむことができたという信念を抱くでしょう．この意味で，統計モデルは人間のもつ心理的本質主義を映す鏡だということができます．

しかし，この心理的本質主義を含めて，私たちがだれでももっている生得的な認知的傾向は統計的思考にとってプラスの面とマイナスの面をあわせもっています．観察データを見たり，統計モデルをつくるときに私たちの"心（直感）"が正しく作動すれば問題はありません．しかし，第1講で説明した「**第一種過誤**」という判断ミスを犯すリスクが私たちにはつねにあります．それはいわば私たちの心の意図しない"誤作動"によるまちがいです．

これから統計モデルをつくろうとする私たちもまた，同様の認知的バイアスの危険性がついてまわることを理解する必要があります．そのリスクを疑似体験していただく事例をいくつかお見せしましょう．【図2−7】は0以上1以下の実数10個を等確率で無作為に抽出し（「**一様乱数**」と呼ばれます），それを「□」印で図示しました．横軸は抽出された乱数値を表します．

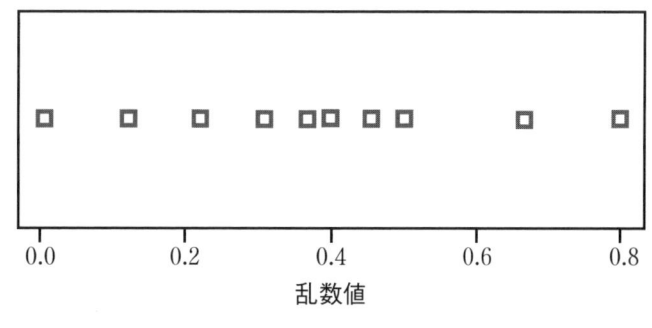

乱数値

【図2−7】10個の一様乱数（1）

　このように一様乱数を10個抽出する試行は毎回異なる結果を生み出します．たとえば，次の【図2−8】も一様乱数抽出のある試行の結果です．

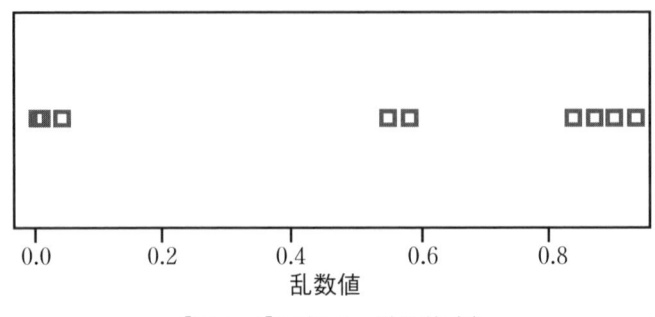

【図2−8】10個の一様乱数（2）

　この【図2−7】や【図2−8】を見た読者は，抽出されたそれぞれ10個の数値データの背後に何かしら一般的な "規則性" を感じ取ることができたでしょうか．【図2−7】については，0.4あたりは高密度な "中心" があり，周辺に離れるほど分布密度が低くなる規則性があると感じるかもしれません．【図2−8】を見た多くの読者は，数直線上の3箇所 (0, 0.6, 0.9) あたりにデータ点が集中していることから，その背後に何か原因があるのではないかときっと推論するでしょう．

　しかし，これらの一様乱数データから私たちが直感する規則性や因果性はすべて実体のない "まぼろし" にすぎません．それらのデータの背後にある母集団は，0から1の範囲で等確率に存在する実数の集合であると前提しているからです．したがって，無作為抽出された10個の実数間にはまったく何の関連性もありません．それにもかかわらず，私たちは目の前にある有限個の観察データだけを見ていると，その背後には「何かあるにちがいない」という心理的本質主義を "誤作動" させ，実在しないはずの規則性や因果性が「ある」と誤判断する可能性があります．この例を通して第一種過誤をうっかり犯してしまうリスクがわかっていただけるでしょう．

　次に，数直線の一次元データではなく，平面の二次元データの例をお見せしましょう．【図2−9】は2組の一様乱数を20個抽出し，それぞれの乱数の数直線（横軸と縦軸）がつくる平面上に図示したものです．

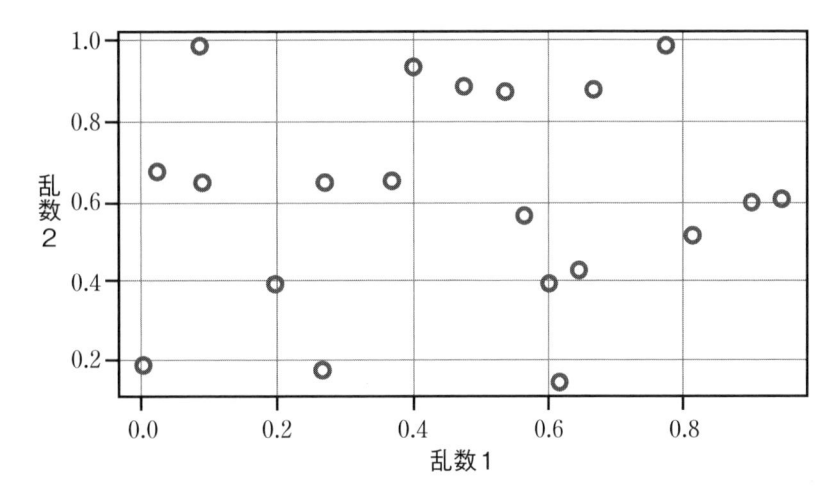

【図2−9】20個の二次元一様乱数（1）

この【図2−9】を見てもとくに際立つ "パターン" は検出できないかもしれません．しかし，この抽出試行を繰り返すと，たとえば次の【図2−10】のようなケースが出現することがあります．

【図2−10】を見た読者はこの図の中にある種の "パターン" を認知するのではないでしょうか．そのパターンとは第一乱数（横軸）が比較的まんべんなく分布しているのに対して，第二乱数（縦軸）は0.5と0.9あたりに集中分布しているために生じる "水平線" の線形関係パターンです．

しかし，【図2−9】と【図2−10】もまた母集団は一様乱数ですから，たとえ見かけ上の "パターン" が認知できたとしても，それは**単なる誤解**にすぎません．

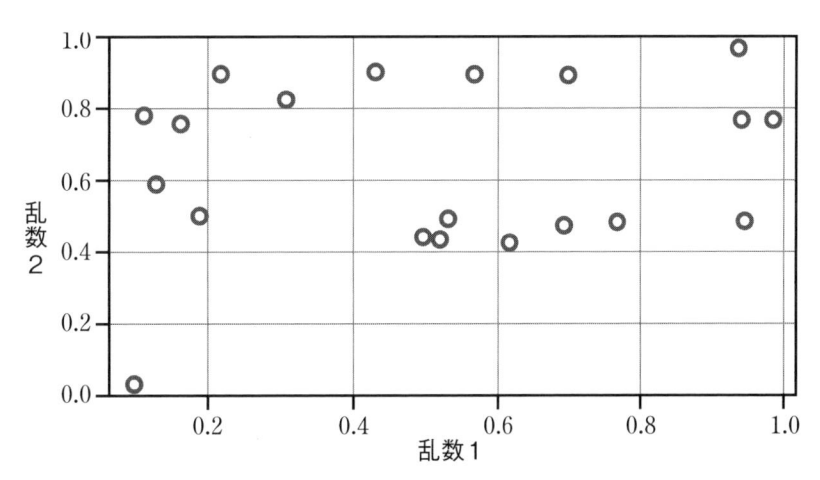

【図2−10】20個の二次元一様乱数（2）

ないものが見えてしまう認知リスクへの対処

　以上，【図2-7】〜【図2-10】でお見せした例は，一般に「ポアソン・クランピング（Poisson clumping）」と呼ばれ（Aldous 1988），人間の認知心理的性向がどのように "誤作動" するかの格好の例を与えています．ポアソン・クランピングとは，確率的に生じる無作為現象のなかに何らかの "非確率的必然" の存在を誤って読み取ってしまう人間の心理現象を指す用語です．類似の現象は私たちの日常生活の中にも広く見られ，たとえば壁の染みや岩のかたちが人間の顔や姿に見えてしまう錯視や錯覚のように，無意味なものに意味を見出してしまう心理は「アポフェニア（apophenia）」とか「パレイドリア（pareidolia）」と名づけられてきました．第一種過誤を犯しやすい心理的本質主義者であるヒトは，容易にこれらの心理現象の餌食になってしまいます．

　このような認知バイアスによるまちがいの事例を列挙してしまうと，人間のもつ直感的能力は使いものにならないと悲観してしまう読者がいるかもしれません．しかし，たとえまちがうリスクはあったとしても，人間の生得的認知能力がなかったならば，既知から未知への推論そのものができないこともまた事実であることをここであらためて強調しておきましょう．

　夜空にまたたくおびただしい数の星たちを私たちは「星座」という視覚的パターンとして認知してきました．もちろん，宇宙空間のなかでの実際の星の分布を考えるならば，地上から見上げた星座がそのまま空間的に隣接して並んでいるわけではありません．たとえば，夜空に柄杓の形を描く北斗七星を構成する星のうち六つは50〜80光年の距離に分布していますが，もっとも遠いエータ（柄の先端の星）は170光年のかなたにあります．このように星座はあくまでも人間の目に映るみかけだけの "パターン" にほかなりません．しかし，たとえみかけだけのパターンであったとしても，この星座の体系があればこそ，古代の天文学が発展し，近世の地理学や探検博物学が可能になったのです．

　既知から未知へのアブダクションとしての統計モデリングに安全な王道はありません．私たちはいつもデータと対話しつつ試行錯誤を繰り返しながら "よりよい" 統計モデルをつくる地道な積み重ねが必要になるでしょう．それでもなお "完全無欠" の統計モデルがいつかはつくれるという楽観主義は禁物です．たとえ，よりよいモデルが構築できても "真実" のモデルはどこにもないのですから．**推論の科学**である統計学は真理を求めるタイプの科学ではけっしてありません．はてしない推論の連鎖をたどることにより，よりよい説明仮説へと改良し続けることが統計的データ解析の目標です．

　それでは，**データの視覚化**に続く次なる一歩とは何か．次講ではその話題に移ることにしましょう．

第3講

観察データから
統計モデルへ

観察データと統計モデルとの関係

統計的データ解析といわれれば，観察されたデータを統計学的な手法を用いて「**説明**」することが本務であるとみなされるのがふつうでしょう．では，ここでいう「説明」とはいかなることなのか．それについてまずはじめに考えてみましょう．たとえば，次の【図3−1】のような仮想例を見てください．

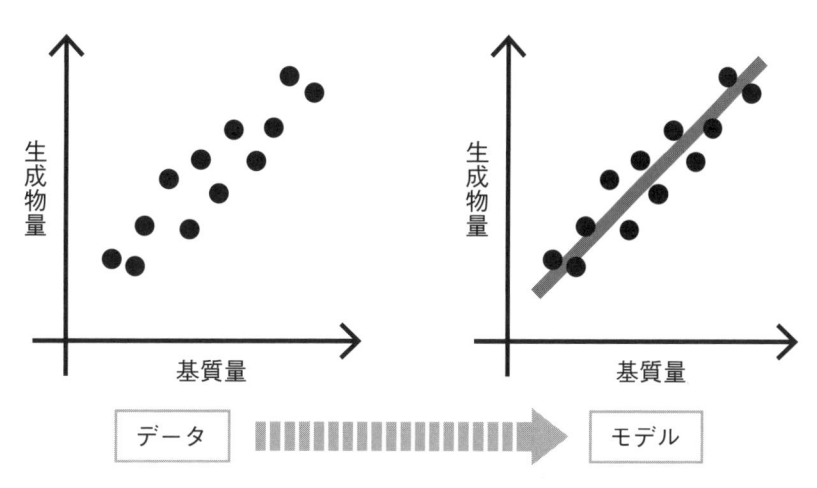

【図3−1】ある仮想上の化学実験での反応基質量と生成物量の観察データ（左）とモデルによる説明（右）

この図は，ある仮想的な化学実験で，反応材料である基質量を変化させたときに反応後の生成物量がどのように変化するかを考えます．複数回の実験を繰り返した結果，左図のような観察データ（●で表示）が得られました（【図3−1左】）．

この観察データのようなばらつき方をするデータがあるとき，私たちは直感

的に基質量と生成物量との間には "**比例関係**" すなわち，基質量が増えれば生成物量も増えるという直線状の相関性をイメージします．それが「モデル」の**認知的起源**です．観察されたデータをどのように説明できれば納得できるのか．統計的なリクツをもちだす前に私たちは**データとの「対話」**を心のなかで繰り返します．生のデータをまずはじめにさまざまなグラフを用いて視覚化するのは，データと「対話」をするためであると言っても過言ではありません．

　【図3−1】の状況を統計学の立場から見直しましょう．私たちは基質量と生成物量というふたつの変数（すぐ後で登場する確率変数あるいは変量）の間に「**直線的関係**」があることを想定し，その関係をある直線で数式表現します．具体的には，基質量(X)と生成物量(Y)に対して，$Y = aX + b$ (aとbは定数)という回帰直線モデルを当てはめます（**【図3−1右】**).このような式は「**線形統計モデル** (linear statistical model)」と呼ばれ，統計モデリングのなかではもっともよく用いられるタイプのモデルです．この線形モデルの係数パラメーターaとbをデータから数値的に推定することにより，私たちは**最適なパラメーター**の値を計算できます．観察データに基づいてもっともよく適合した直線を計算できるわけです．

　では，データに対して上の線形モデルを当てはめることにより，私たちはいったい何を「説明」しようとするのでしょうか？　観察されたデータ点は有限個です．しかし，直線的なモデルを仮定するとき，私たちはある直感的な信念を発動しています．それは，観察データの背後には不可視の一般的な**関係性・規則性**（本質）が潜んでいて，それが現実世界に可視化された結果，すなわち観察データの生起を支配しているという信念です．

　この例でいえば，直線によって表現された線形モデルは，基質量と生成物量との間には比例関係があるという "本質的" な規則性があって，個々の観察データ点はこの本質によって生み出されたという信念を支持しています．もちろん，図を見ればすぐにわかるように，ある基質量のもとでモデルから期待される生成物量と実際に観察された生成物量との間にはちがいがあります．しかし，そのちがいはモデルがまちがっていることを含意するのではなく，むしろ現実のデータは**ばらつき（誤差）**をともなって出現しているからだと解釈されます．「実現値＝期待値＋誤差」という統計学的思考の根源はここにあります．

統計モデルと心理的本質主義

　可視的なデータの背後には不可視の「**本質** (essence)」があるという信念は前講で説明した**心理学的本質主義**です．統計モデルがその心理的本質を明示化しているとみなすならば，心理的本質主義の観点から統計学における「**説明**」

の意味がすっきりと理解できます．私たちはもともとばらつきをもったデータ点を別々に理解することはありません．むしろ，データの集まり（データセット）の全体を一挙に説明できる**共通要因（心理的本質）**を仮定し，それによってより単純な「説明」を試みるわけです．統計モデルとはまさにヒトのこの要求に応えているといえるでしょう．複雑な現実を単純なモデルによって「説明」するのはヒト側の事情であって，現実世界がそうであるからとは必ずしもいえません．むしろ，ヒトの認知的特性と整合的なタイプのモデルによる「説明」を私たちは妥当なものとして受け入れていると考えるべきでしょう．

　一変量・多変量のいかんを問わず，そこで用いられる数学は「言葉」です．統計学者が数式を多用するのは，それが便利な言葉であるからにほかならなりません．しかし，統計エンドユーザーはその学問的慣習に必ずしもなじむ必要はありません．統計学の科学哲学的ルーツは**経験主義**であり，その認知的ルーツは私たち自身がもっている素朴確率論あるいは素朴統計学を踏まえた**思考と推論**です．したがって，現在利用されている統計理論の根幹はすべて直感的に理解できるはずだし，それをまず目指すべきでしょう．

　統計学とは，生身のヒトならばだれもがもって生まれてきた「**内なる科学**」であり，天上のイデアの世界から降臨してくる「数学的体系」は後知恵にすぎません．内在的な認知心理に整合しないような統計手法があるとしたら，それは単にヒトにとって「説得的ではない」がゆえに顧みられることはないでしょう．上で論じてきたように，ヒトがもって生まれてきた認知的属性（心理的本質主義とアブダクション）は，科学としての確率論と統計学に先行するものと考えられます．統計学を学ぶとき，つねにヒトとしての「**内なる思考**」をふりかえりつつ自らと対話する状況が繰り返しあらわれます．その対話を大事にしていただきたいと思います．

　身の丈サイズの統計学はそこからはじまります．

数学と現実の架け橋：カール・ピアソンの先駆的業績

　前節の要点は，私たちが"アブダクション"によって観察されたデータについての最良の説明を発見するとき，「**統計モデル**」はそのよりどころになるということでした．統計モデルというと，つい反射的に複雑な数式で表現された数理モデルを連想してしまいます．しかし，「モデル」そのものはデータを見たときに直感的に仮定される説明シナリオのひな形です．したがって，前講で言及した「**ポアソン・クランピング**」のような"ひっかけ"に足をすくわれてまちがったモデルを想定するリスクはつねにあります．しかし，そういう過誤を犯すマイナスの可能性に悩むよりは，私たちだれもにモデルをつくる内的能力

があるのだというプラスの面を積極的に評価しましょう.

　さて,　過去一世紀にわたる統計学史を振り返ると,　統計学の主流を形成してきたのは数学に基づく厳密な**理論統計学**でした.　**数理統計学**あるいは**パラメトリック統計学**と呼ばれてきたこの主流派は,　現実に得られる実験や観察のデータを数学的体系の枠組みのなかで取り扱うさまざまなツールを提供してきました.　同時に,　統計学を学ぶ必要がある多くの学習者(エンドユーザー)にとって,　パラメトリック統計学のそびえ立つ数学の「壁」はときに挫折の憂き目の体験という苦い思い出を伴うものでした.

カール・ピアソン(1894)の論文を読む

　19世紀イギリスの進化学者**チャールズ・ダーウィン**(Charles R. Darwin: 1809〜1882)の家系をさかのぼると,　二世代前の祖父エラズマス・ダーウィン(Erasmus Darwin: 1731〜1802)にいたります.　このエラズマスの娘フランセスの息子が近代統計学の祖となった**フランシス・ゴルトン**(Francis Galton: 1822〜1911)でした.　数というものに尋常ならざる興味をもっていたゴルトンは19世紀後半に早くも正規分布や標準偏差などの基礎概念に関する研究や回帰分析など統計分析法を開発しただけでなく,　優生学におけるヒトの形質遺伝の解析法や人体測定学および指紋分析法における形状定量化法など数多くの応用分野における**定量的方法を開発**したことでも知られています(Gillham 2001).

　ゴルトンがユニヴァーシティ・カレッジ・ロンドンに開設したゴルトン研究室を継承したのは,　彼の弟子である統計学者**カール・ピアソン**(Karl Pearson: 1857〜1936)でした.　**生物測定学派**(biometrics)の領袖として20世紀初頭の**メンデル遺伝学派**に対抗して生物進化のメカニズムをめぐる大論争を戦わせたピアソンは論争好きな科学者として有名です(Porter 2004).　彼は,　現実の生物界に統計学理論がどれくらいうまくあてはまるのかに強い関心をもち,　同じくゴルトンに学んだ**ウォルター・F・R・ウェルドン**(Walter F. R. Weldon: 1860〜1906)とともに,　さまざまなデータへの生物統計学の適用を試みました.

　以下では,　だれもがもっている内的な統計的思考が数学の理論体系とどのように結びついていったのかについて,　1894年,　ロンドン王立協会理学紀要に出版されたピアソンの論文「**進化の数学理論への貢献**」(Pearson 1894)を参照しながら見ることにしましょう.　この論文はその後長く書き続けられることになる連作論文の第一作で,　自然界の生物に関する観察データに対して,　数理統計学のアプローチがいかに効果的にあてはまるかを具体的かつ詳細に論じている点では,　120年後の現在もなおその内容は賞味期限を過ぎていません.

　次に示す**【図3−2】**は,　ピアソンのこの論文の末尾に添付された「図版Ⅲ」

です．ピアソンは，ウェルドンがイタリアのナポリに生息するあるカニの個体群からサンプリングした999個体のデータを用いて解析を進めました．横軸はカニの甲羅の計測値データ，縦軸はその頻度をあらわしています．実線の折れ線で表示されているのは観察されたデータの**頻度図（ヒストグラム）**です．このヒストグラムと重なるように破線の曲線が描かれています．この曲線は観察データから計算された理論上の頻度分布曲線すなわち後述する「**正規分布（normal distribution）**」と呼ばれる関数です．

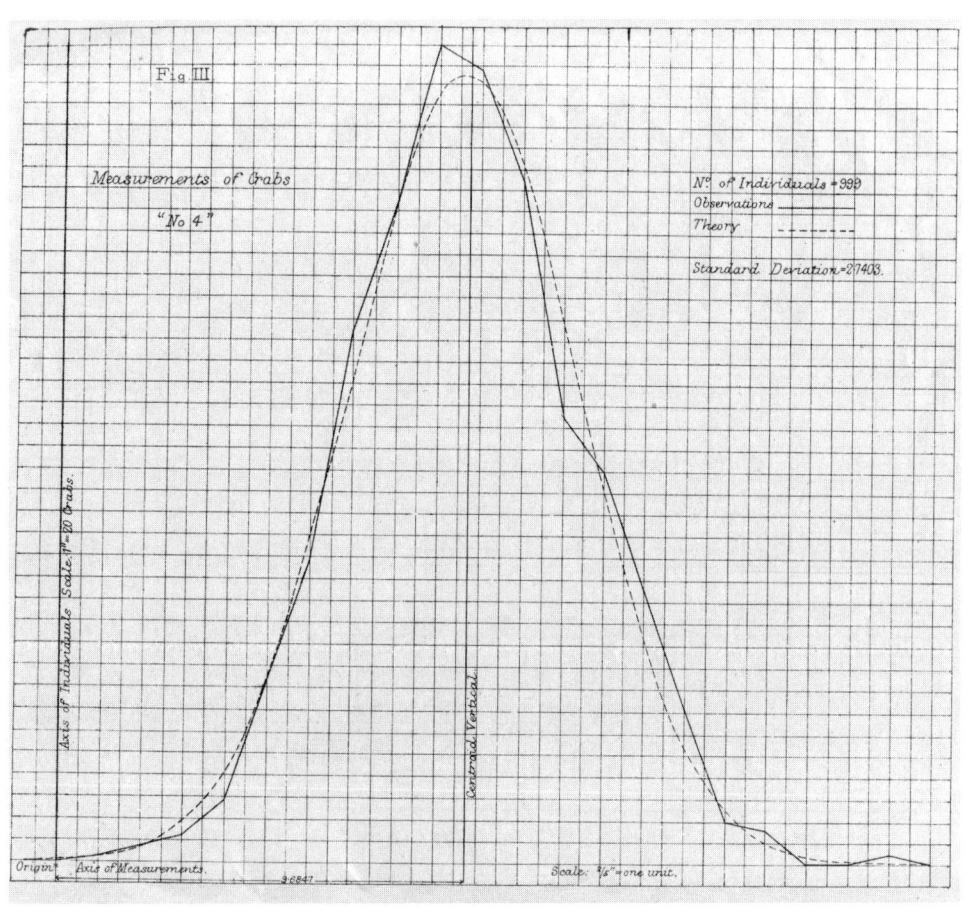

【図3−2】ウェルドンのデータにピアソンが正規分布曲線をあてはめた例
（1）．出典：Pearson（1894）

正規分布を現実世界にあてはめる

　　ピアソンが【図3−2】においてデータの近似式として用いた「正規分布」ある
いは「正規曲線 (normal curve)」は，次の**確率密度関数**によって定義されます.

$$f(x) = \frac{1}{\sigma\sqrt{2\pi}} \exp\left[-\frac{(x-\mu)^2}{2\sigma^2}\right]$$

【図3−3】正規分布の確率密度関数

　　この式の変数「x」は【図3−2】の例ではカニの甲羅の計測値です. 実測デー
タのヒストグラムが示すように，平均値付近には多くの個体が分布するため縦
軸の頻度が高くなって「山」の頂点を形成します. 一方，極端に大きかったり
小さかったりする個体はヒストグラムの左右の端に位置し，その頻度は著しく
低くなります. このようにある実数xが出現頻度の大小をともなって確率的に
出現するとき，変数xを「**確率変数**（あるいは変量）」と呼び，確率変数xの出
現確率を規定する関数 $f(x)$ を「**確率密度関数**」と呼びます. ピアソンが示した
のは，ウェルドンのカニのデータは，とくに正規分布という確率分布をきれい
に当てはめることができるという点でした.

　　正規分布の確率密度関数をいきなり示されてめんくらうかもしれません. も
う少し説明することにより，違和感をいくらかでも和らげましょう. 正規分
布は「$N(\mu, \sigma^2)$」と表示されますが，その確率密度関数は自然対数の底「e」に
関する指数関数から構成されています. この密度関数には「**平均 (mean)** μ」と
「**分散 (variance)** σ^2」というふたつの「パラメーター」があります. 分散の平
方根「σ」は「**標準偏差 (standard deviation)**」と呼ばれます. ここでいう「パラ
メーター」とは確率分布の形を決める**定数**という意味です. **平均**「μ」は分布の
「位置」を決定し，**分散**「σ^2」あるいは**標準偏差**「σ」は分布の「広がり」を決め
ています.

　　確率分布の平均とは，確率変数がどれくらいの値を取るかの「**期待値**」と定
義され，確率変数の値xにその確率密度 $f(x)$ を乗じて全定義域にわたって積
分した値です. また，分散σ^2は確率変数のもつ**偏差平方**$(x-\mu)^2$の期待値とし
て定義され，平均と同じく偏差平方を全定義域にわたって積分した値です. 平
均と分散の意味については三中 (2015) 第5〜6章でくわしく説明しました.

　　もちろん，現実世界に対して正規分布のような理論的モデルがいつもそれほ
どきれいに適用できるわけではありません.【図3−2】の事例はたまたま現実
に観察されたデータのヒストグラムが左右対称だったからこそ，ある正規分布

の密度関数を用いてうまく近似することができました．ピアソンはそれができないような場合もあることを示すために別の例を提示しています（【図3−4】）．

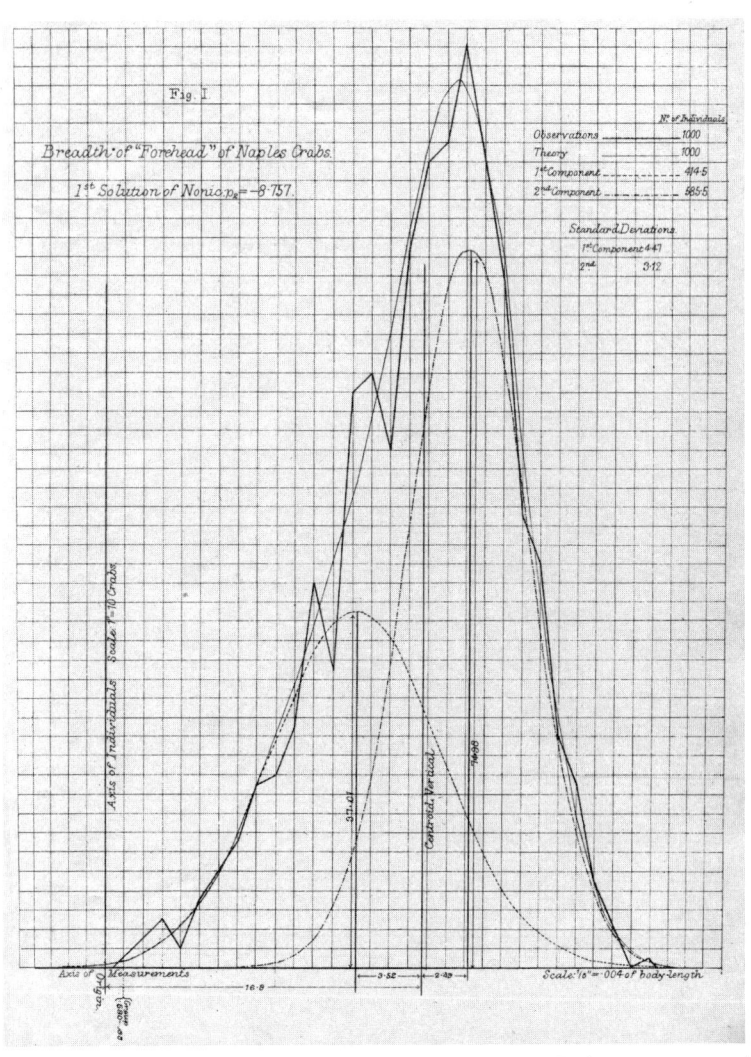

【図3−4】ウェルドンのデータにピアソンが正規分布曲線をあてはめた例
（2）．出典：Pearson（1894）

　この【図3−4】は，ウェルドンの収集した別のカニのデータセット（1000個体）に対するピアソンの**正規分布曲線**の当てはめです．太い実線は実測値のヒストグラムを表していますが，明らかに左右対称ではありません．つまり，単一の正規分布曲線ではこのデータのばらつきの様相を近似することは困難で

す．そこでピアソンはふたつの正規分布を仮定し，その線形結合として近似するという新たな方法を編み出しました．おそらく異質なふたつの集団が混在していたことが原因として考えられるかもしれません．図には破線で示されたふたつの正規分布曲線とその重み付き足し算としての**混合正規分布曲線**が細い実線で書き込まれています．ピアソンはあくまでも正規分布を前提にして，現実のデータをモデル化する基本方針を堅持したのです．

以上述べてきたように，確率変数や確率分布に関する数学理論は，**現実世界のデータをいかにきちんと近似できるか**，観察されたデータのふるまいをどれほど正確にモデル化できるかを念頭に置いて発展してきました．もちろん，数学としてのパラメトリック統計学に内在する必然的傾向として（過度の）一般化と（排他的な）形式化は否定できません．統計エンドユーザーはときにそれが苦痛になることもあるでしょう．

のちにあらためて説明しますが，パラメトリック統計学をいろどる数々の確率分布の理論（正規分布はそのひとつに過ぎません）はイデア世界に君臨しています．しかし，私たちは**現実世界のデータ**とそれを生み出した**問題状況**に足場を置き続けるべきです．パラメトリック統計学が差し出すツールをいつどのように使うべきかあるいは使わざるべきかはユーザーの賢明な判断に委ねられています．そのためにも，パラメトリック統計学の深奥部を一度は探検し，それがもたらす功徳と災厄を知っておくことはけっして損にはならないでしょう．

統計学の誤解と誤用：農業試験研究の場合

私は仕事柄，長年にわたって国や都道府県の農業試験研究機関の研究員を相手に，実験計画法（experimental design）についての講義や演習，場合によっては個別コンサルティングを行なってきました．この実験計画法の基本的な理念と技法は，カール・ピアソンに続く世代の理論統計学を築いた**ロナルド・A・フィッシャー**（Ronald A. Fisher: 1890〜1962）がイギリスのロザムステッド農業試験場に在籍していたときに開発したものです（Fisher 1925, 1926, 1935, 1956，参照: Box 1978; 芝村 2004; Giuditta 2015a, b）．農業実験の現場ではいまでも実験区の配置をする際にフィッシャーの実験計画法の原理は必須のものとして叩き込まれるのがふつうです（三輪 2015，三中 2015, 2016）．

正規分布にしたがう母集団からのサンプリングを前提とする**フィッシャー流の実験計画法**は，本書後半で解説するようなもっと洗練された線形モデリングが幅を利かせている現代にあっては，いささか時代遅れの"レガシー"な統計分析とみなされてもしかたがないかもしれません．現場の統計エンドユーザーにとっては，広がり始めている"新しい統計学"について知る機会がないだけ

のことが多いので，いったんその味を体験すれば次の一歩を踏み出す動機づけとなるでしょう．その後押しをするのはもちろん私の仕事のひとつです．

　その一方で，過去に実施された研究の系譜を伝承しなければならない現場のニーズを考えるなら（農業試験研究の実施には概してとても時間がかかる），たとえ"レガシー"な統計手法であっても適切な使用法と誤用の回避を知ることには意味があります．母集団からの少数の標本であっても，適切な実験計画を組めば，正確な統計的推論を行なうことが可能であることを示したフィッシャーの理念は現代でもなお通用するからです．その点からいえば，不必要に大量のサンプルを抽出して決着をつけようとするいま流行の風潮は，むしろフィッシャーに先行するピアソンの時代への"祖先返り"と言ってもかまわないかもしれません（Porter 2004; 芝村 2004）．

　次の第4講でくわしく説明しますが，**推測統計学**の基盤を築いたフィッシャーは，**帰無仮説**を明示することにより有意水準のもとでの検定を実行するという方針を据えました．フィッシャーの理論を批判的に継承して発展させ，対立仮説と対比することで意思決定手段としての統計的検定の枠組みを完成したのが**イェルジー・ネイマン**（Jerzy Neyman: 1894～1981）とカール・ピアソンの息子である**エゴン・S・ピアソン**（Egon S. Pearson: 1895～1980）でした（Neyman and Pearson 1933）．現在のユーザーが基礎知識としてもっている（はずの）"レガシー"な統計分析はさかのぼれば一世紀近く前にすでにその理論的基盤が確立されていたということです．

　フィッシャーが目指した実験計画法をネイマン‐ピアソンによる推測統計学の理論に沿って述べるならば，その根幹は実験や観察を始める「前」に実験区の割り付けを完了し，帰無仮説と対立仮説を設定し，仮説検定のための有意水準を決めることにあります．Fisher（1926）が提示した**実験計画法**の三原則は次の通りでした．

1) 「**反復実施**」：同一実験処理を複数回実施することにより，その処理にともなうばらつきを評価する．
2) 「**無作為化**」：実験処理区のランダムな配置をすることにより，背景要因によるデータへの体系的な影響を偶然誤差化する．
3) 「**局所管理**」：実験場所を適切にブロック分割することにより，ブロック内の実験環境の均一化をはかる．

　いったん実験や観察が開始されたならば，それらの初期設定を変えてはならないし，事後の統計解析は事前の実験計画に忠実に沿わなければなりません．フィッシャーはイギリス王立統計学会の会長就任講演で，「実験終了後に統計学者に相談をもちかけるのは，統計学者に，単に死後診察を行って下さいと頼

むようなものである．統計学者はおそらく何が原因で実験が失敗したかという実験の死因について意見を述べてくれるだけであろう」(Fisher 1953: Rao 1997 から引用) と述べたほど，事前の実験計画を重視しました．この点は，第7〜9講で説明する実験計画法のケーススタディーの際にも，読者のみなさんに再度強調することになります．

　ところが，私が見てきた農業試験研究の現場では必ずしもフィッシャーの理想がそのまま実現されたわけではありません．たとえば，本来ならば「**反復** (replicate)」は別々の実験区から複数回抽出しなければならないにもかかわらず，同一の実験区から複数個のサンプルを抽出したもので代用するという「**擬似反復** (pseudoreplicate)」の誤用がきわめて多く見られると指摘されています (Hurlbert, 1984)．擬似反復を使えばたくさんの実験区を用意する必要がないからです．これはもちろんフィッシャーの「**反復実施**」の原則に反します．さらに，「**無作為化**」の原則に反して，無作為化すべき実験区をちゃんと無作為化しなかったという初歩的なミスも，いまなおあります．また，乱塊法のブロックの切り方があやふやな事例も少なからず見受けられます．まちがったブロック設置の実施は「**局所管理**」の原則に抵触する危険があります．

　このような実験計画法上の "誤用" を生む背景には，実験者がもともと実験区配置の理論を知らなかったとか，(農業試験場ではよくあることですが) 前任者が実施した試験設計をそのまま継承せざるを得ないという情状酌量の余地がある場合もあるでしょう．しかし，その一方で，得られたデータから何とか "有意" な検定結果を導き出すために故意に行われる "不正" の手口もいろいろ見聞きしました．外れ値を除外するとか上述の「擬似反復」はひとつの例ですが，多要因実験で高次の交互作用項を恣意的に誤差とみなすことで，自由度を "荒稼ぎ" して，検定結果を有意にもちこむというような "裏ワザ" が農業試験ではときどきあります．あるいは，実験前に仮定した統計モデルとは異なる分散分析を事後的に犯してしまうという事例もあります．得られたデータを前にしてモデルそのものを操作するというこの意図的な "誤用" の背後には検定結果を何とか有意にしたいという思惑があったのでしょう．こういう，いささかうしろぐらい統計的 "操作" は，農業試験研究では相当前からあったものと推測されます．

　統計学にまつわる，さまざまな誤用や悪用の数々は，現在でもなお尽きることはありません．

　　注) 本章の一部は2016年刊行の『心理学評論』第59巻第2号特集〈心理学の再現可能性〉の所収論文 (三中 2016) に含まれている．

第4講

統計学をめぐる論争は
いまなおやまず

　前講では，19世紀末にはじまる現代統計学の黎明期を振り返り，いまも使われ続けている概念・理論・手法の基礎となる考え方について説明しました．そして，統計データ解析をめぐるさまざまな誤解や誤用が農業試験では見られるという私的な経験を話しました．しかし，それは農業試験だけにとどまることではありません．本講では，最近波紋を広げたある事例を取り上げることにしましょう．

「p値」をめぐるせめぎあい ─ ある統計学論争

　実験・観察データから何らかの結論を導き出すとき，得られたデータからある仮説がどれくらい強く支持されているかを示す数値尺度が求められます．前講で説明したネイマン‐ピアソンによる仮説検定の枠組みでは，**帰無仮説**と**対立仮説**を事前に設定した上で，帰無仮説のもとでデータから計算される**検定統計量**（test statistics）がどのような確率分布に従うかを考えます．具体的な数値例は第7〜9講で示しますが，ここでは単純な仮想例を挙げましょう．

　ある農薬の作物収量に対する効果を調べるために，その農薬を撒布する／しないという2水準の実験計画を組むとします．このとき，帰無仮説は「その農薬は収量に影響しない」となり，対立仮説は「その農薬は収量に影響する」と設定できます．実験を実施して得られたデータに基づいて，第6講で解説する分散の「**不偏推定値**」を計算することができます．この実験ではその農薬を撒布する／しないという実験処理に起因する分散とともに，データの偶然的な変動に起因する分散の推定値が得られるでしょう．

　この実験において農薬の効果はどのように数値的に判定すればいいでしょうか．第1講の架空生物の例を思い起こすと，農薬散布の有無による分散（**処理分散**）と収量データの偶然的な分散（**誤差分散**）の「比」を計算するというやり方が使えそうです．**処理分散÷誤差分散**で定義される分散比の値が大きければ農薬散布の有無により収量の差異が生じたと言えるのに対し，その比の値が小さければ収量には差がなかったというしかないでしょう．直感的にもすぐに

わかるこのりくつが統計の世界にもちゃんと入り込んでいます.

ネイマンとピアソンによる統計的仮説検定の定式化によれば，上の仮想実験の場合，「**処理分散／誤差分散の比**」を**検定統計量**とみなし，帰無仮説のもとでその検定統計量が従う確率分布を計算します. そして，データから計算された検定統計量以上の値が帰無仮説のもとで得られる確率を「**p 値 (p-value)**」と呼び，その値が事前に設定された5％（すなわち $p=0.05$）あるいは1％（すなわち $p=0.01$）の「**棄却域 (critical region)**」に入るほどの大きな検定統計量（分散比）が得られたならば，帰無仮説を棄却して対立仮説を受容するという決定を下します. したがって，この「p 値」は**仮説の運命を左右する決定的な数値基準**と言えるでしょう.

アメリカ統計学会が表明した警告文

2016年のことですが，アメリカ統計学会（ASA: The American Statistical Association）の声明（Wasserstein and Lazar 2016）は，統計分析のさまざまな現場でいまも広く用いられているこの「p 値」が看過できない"誤用"をもたらしていると告発しました. 統計学界できわめて大きな影響力をもつ ASA があえて発表したこの声明の警鐘は，研究分野の壁を越えて，またたく間に科学者コミュニティーに反響していきました（たとえば Baker 2016）.

長年にわたって，主として農業試験研究分野での統計分析の現場に接する機会が多かった私個人の経験を振り返ると，確かにその声明に指摘されているような統計的データ解析の手法や基準の"誤用"は，それを意図するかしないかに関係なくさまざまな場面で数多く見られました（前講参照）. 実験者が納得できる統計的結果が出るまで手段を選ばない不適切な行為は，最近では「**p 値ハッキング (p-hacking)**」と呼ばれるようになりましたが，生態学では以前から「ゆーい差決戦主義」（久保 2003, 2012）などと呼ばれていました.

実験観察の目的が「5％レベル有意性の星」あるいは「p 値の小数点以下の0の個数」のみにあるとき，研究分野を問わず，**さまざまな"不正"の手口が編み出される**のは不思議ではないでしょう. たとえば，社会心理学や実験心理学では研究結果の再現可能性問題に端を発した統計学の"誤用"と"悪用"が大きな問題に発展しています（友永他 2016）. だからこそ，現状を憂えたアメリカ統計学会はあえて声明まで出したにちがいありません.

これらの問題は統計分析の根幹に関わっていて，他の研究分野でも同様な指摘ができるでしょう. しかし，それと同時に，ユーザーが統計分析を用いて目指すゴールは，取り組んでいる個別の研究テーマによって異なるだけでなく，研究領域によっても必ずしもひとつではないことも見えてくるでしょう. たと

えば，友永他 (2016) の特集では実験結果の「**再現可能性 (replicability)**」に焦点が当てられていました．確かに実験系の科学では得られた結果が再現できるかどうかは重要なことかもしれません．一方，非実験系の科学では結果の再現性よりもむしろちゃんと推定できているか，まっとうに説明できているかどうかの方により重きが置かれるでしょう．

統計的推論の目標は何か？：強い推論と弱い推論

確かに，統計データ解析の個々の手法を解説したり，統計計算ソフトウェアの使い方を伝授することは役に立つでしょう．しかし，私の経験からいえば，**統計学的な「ものの考え方」の理解を促す方がもっと重要でありしかもはるかに難しい仕事です**．どんな統計手法にも必ずそれが生み出されるにいたった具体的な問題状況があったはずであり，さらにその背後には理念的・哲学的な論議があります．しかし，現代の統計学者の多くはそのような統計学史や統計学哲学にはほとんど関心がないようです．ましてや，一般の統計ユーザーのほとんどにとっては，手持ちのデータを適当な統計ツールを使って計算できさえすれば満足であり，答えの見えないやっかいなことに深入りする気はさらさらないにちがいありません．

上で言及したアメリカ統計学会の声明 (Wasserstein and Lazar 2016) に挙げられている「p値の誤用リスト」を見ると，p値はある仮説の「真実性」「証拠」「効果量」などのいずれにも関係がないと書かれています．でも，これらは古典的な統計学をちゃんと勉強していれば**犯すはずのないまちがい**ではないでしょうか．個人的な憶測として言えば，統計分析ソフトウェアのインターフェイスが快適になればなるほど，残念なことにエンドユーザーはものを考えなくなるようです．

統計手法は水晶玉ではない

しかし，ここにはもう少しやっかいな問題が浮上してきます．私が方々の大学や農業試験場で統計の講義を行なったとき，よく聞かれるのは「どんな統計手法を使えば"正しい答え"が出せますか」という質問です．おそらく，その質問者にとっては，データを統計分析にかけて"真実"が転がり出れば"当たり"なのでしょう．まさに統計学は"真実"を見通す"水晶玉"のごとくまつり上げられてしまいます．そういう質問に対して，「**統計を使ってもほんとうのことはわかりませんよ**」と身も蓋もない答えを返すと相手は多くの場合かなり落胆してしまうようです．

もちろん，統計データ解析は"真実"を見つける術などではありません．確か

にカール・ピアソンの時代であれば，19世紀末以降に大流行した論理実証主義の空気をまともに吸い込んでいたでしょう（Porter 2004）．大量のサンプルを取れば"真実"がつかめると夢を描いたとしても不思議ではありません．しかし，その後の現代統計学が展開した20世紀は，科学哲学が同時に発展した時代でもありました．既知のデータから未知への統計学的推論をいかに進め，その結論をどのように解釈するかは，ただ統計数学だけの問題ではなかったはずです．

　統計学者ラオは次のように述べています．

> 「特定のものから一般化を行うという規則によってつくり出された知識は，不確実なものであるが，ひとたびその中に含まれる不確実性を数量化すれば，それは，種類は異なるが，確かな知識となる」
>
> （Rao, 1997: 芝村, 2004）

　統計学が得意とする"不確定性"すなわち偶然のばらつきの定量化は統計的推論の上で強力な武器となります．では，統計学が目指しているその推論とはいかなる性質を帯びているのでしょうか．ここで，統計的推論のもつ認識論的な考察が必要になってきます．

　統計的仮説検定に目を向けると，**古典的な仮説検定の方法論**は時代によって移り変わりがありました．たとえば，フィッシャーは**対立仮説を設定せずに帰無仮説を検定**しようとしましたが，ネイマン‐ピアソンは**帰無仮説に対置する対立仮説を仮定した**という根本的なちがいがあります（Hacking 1965; Barnett 1999）．上で説明したように，ネイマン‐ピアソンの仮説検定の枠組みによれば，あるデータのもとで仮説検定を行なったとき，検定統計量が棄却域に入れば，帰無仮説を棄却するという意思決定をします．これは古典統計学において，だれもが学ぶ基本事項のひとつです．しかし，この**仮説検定の枠組み**は，それが確立された1930年代と変わらないまま，現在にいたるまでずっと継承されてきました．

フィッシャーを経由してネイマン‐ピアソンへ

　フィッシャーからネイマン‐ピアソンにいたる道のりは古典的な数理統計学がさまざまな論争を呑み込んで完成にいたる最後の登坂路でした．ネイマンの弟子だった統計学者**エリック・レーマン**（Erich L. Lehmann: 1917〜2009）の主著**『統計的仮説検定』**（Lehmann 1959）をひもとくと，当時の統計学が到達した最終ステージの形態を知ることができます．レーマンの本書はまるごと一冊を当てて，意思決定理論（decision theory）としてのネイマン‐ピアソンのパラダイ

ムの解説をしました．冒頭章のタイトル「一般的な意思決定理論（The General Decision Problem)」を見ればすぐにわかるように，ネイマン－ピアソンの思想は「**統計学は意思決定のための理論である**」という前提が明記されています．

> 「統計分析が必要とされるのは，変量Xの確率分布が未知であるために，数理モデルのもとになる状況にわからない部分があるという事実があるからだ．知識がこのように欠如していると，どのような行動をすれば最善なのかがわからないという帰結をもたらす．これを形式的に論じるためには，複数の選択肢の中から行動を選び出すと仮定しよう．観測値のもととなる確率分布に関する情報があれば，最善の意思決定を行なうための手引きとなるだろう．ここで解かれるべき問題は，観測値に対してどんな意思決定を下すべきかの規則を決定することである」
>
> (Lehmann 1959: 1)

この引用文では「**最良の行動**」あるいは「**最善の決定**」をするための手段を策定することが統計学であるとしつこいほど強調されています．とても興味深い点は，統計的な推論と意思決定が対置された上で，統計的推論を意思決定に取り込んでしまうという姿勢が明言されていることです．続けて，次の引用文を見てください．

> 「以上の問題はすべて意思決定問題と呼ぶことができるだろう．いずれの問題でも，パラメーター θ が既知ならば一意的なある正しい意思決定が実現可能であると仮定される．しかし，すべての統計的問題はそれほどきれいに解決することはできない．データのうまい要約をしたり，未知のパラメーターや確率分布に関してどんな情報があるのかを示すことがしばしば問題だったりするからだ．この情報を用いればさまざまな考察をする際の手引きになるが，それだけではある特定の意思決定をするよりどころとはいえない．そのときには，解かれるべき問題の意思決定ではなく，推論の側面が強調される．しかし，そのような場合でもなお，推論もまた意思決定の選択肢のひとつなのだと考えれば意思決定問題と解釈される」
>
> (Lehmann 1959: 4-5)

つまり，意思決定に直結しない統計的な推論でさえ意思決定（推論するという行為を選ぶという意味で）だとみなせばいいという，かなり強圧的な見解を著者は主張しています．通常の帰無仮説 vs. 対立仮説の二者択一的な仮説検定を基本的な意思決定問題とするとき，その延長線上には複数の対立仮説を含む「**多重決定（multiple-decision procedures)**」の問題があり，さらにそのスペクトラムの果てにはパラメーターの点推定（point estimation）という決定問題が

位置すると著者はみなします（pp. 3-4）．要するに**すべては意思決定という枠組みの中でとらえられる**という強固な信念がネイマン‐ピアソンのパラダイムの背後にあることがわかっていただけたでしょう．

フィッシャー vs. ネイマン‐ピアソン：帰納的推論か意思決定か

　現在の統計学の教科書では，このネイマン‐ピアソンによる意思決定パラダイムの精神に沿って仮説検定論の説明がなされていることがほとんどです．しかし，そのパラダイムが成立した1930年代には，当事者であるネイマン‐ピアソンとフィッシャーとの間で，仮説検定の科学哲学的基盤をめぐる**大論争**が戦わされました．

　両者の論争を解説した石田（1960）によると，フィッシャーがめざした統計的検定は，科学的帰納のための手段であり，限られたデータからいかにして正確な推論を行なうかに主眼が置かれていました．したがって，フィッシャー自身が定式化した仮説検定では**データのもとで帰無仮説を棄却する**ことがすべてであり，棄却できればその推論は"真理"に接近したと言えるが，棄却されなければそうではないということになります．石田は，フィッシャーの理念を次のように述べています．

　　「フィッシャーの場合，同一条件のもとでの実験は唯一回限り可能であり，その操り返えし【ママ】は存在しない．同じ袋の種子を同じ畑に何度かまいたとしても，そのたびに天候は相違し，種子，畑は時間的に条件変化をうける．また同じ袋の種子をいくつかの畑にまいたとすれば畑の条件が同一ではない．このような唯一回限りの実験（unique sample）について，一つの仮説的無限母集団が想定され，そこから一つの結論を掴まねばならない．この考えは彼の農業実験に対する根本的思想である」

（石田 1960: 18）

　したがって，フィッシャーは，同一の母集団から何度も反復サンプリングを行なうというネイマン‐ピアソンの考え方そのものが受け入れられませんでした．ある時点で得られたデータからどこまで科学的推論を進めることができるか―フィッシャーのこの立場は彼が編み出した「**尤度**（likelihood）」の概念―すなわちデータを"定数"とみなし，仮説を"変数"と考えて構築された統計量―につながっていきます（次節参照）．

　一方，ネイマン‐ピアソンにとっての仮説検定は，フィッシャーが主張したような帰納的推論のためだけではなく，もっと一般的な意思決定の手段にしようと目論みました．そのために，仮説検定の際には事前に帰無仮説と対立仮説とを対

置し，得られたデータのもとでいずれの仮説を棄却するかそれとも受容するかの
二者択一的な"行動決定"をするという理念を掲げました．石田の説明によれば．

> 「ネイマンの仮説検定論に於てはフィッシャーのそれのように仮説は，
> 棄却すべきか否かではなく，棄却か採択かという態度をとる．又彼は仮説
> 検定を行う場合，仮説が真であるにもかかわらずこれを真なりと認め得な
> かったという誤り（第1種の過誤）のみを少なくしても，そのために真で
> ない仮説を真なりとして認めてしまう誤り（第2種の過誤）が増してしまっ
> ては意味がないと考えこの2つの誤りを同時的に制御する方法を提示した
> のである」 (石田 1960: 21)

彼らの言う意思決定的な仮説検定を構築するための数学理論は1933年に発
表されました（Neyman and Pearson 1933a）．この理論の背後にある仮定に目
を向けることが重要です．

> 「このネイマンの考えに於ては唯一回の標本抽出には信頼度としての意
> 味を持たせることはできず，同一母集団からの無限回の標本抽出の結果に
> のみ確率を付与し得るのである．つまり1回1回の推論の結果信頼性に保
> 証を与えるというのではなく，同じ推論を無限回行った場合の平均的成功
> 率を示すというところが基本的である」 (石田 1960: 21)

フィッシャーはデータの一意性を強調したのに対し，ネイマン‐ピアソン
は母集団からの無限回抽出を仮定した―両者の溝は想像以上に深かったわけ
ですが，80年後の現在，その論争は未解決のまま放り出されていることはほ
とんど忘れ去られているようです．なお，フィッシャーとネイマン・ピア
ソンの方法を"融和"することにより，現代にいたるまで両者の論争を"封印"し
てしまった張本人は，教育学者エヴェレット・リンドクィスト（Everett F.
Lindquist：1901〜1978）の著書（Lindquist 1940）とされています．

ネイマン‐ピアソンを超えて：証拠に基づくアブダクション

統計学者**リチャード・ロイヤル**（Richard Royall）は，このネイマン‐ピアソ
ンのパラダイムそのものに深刻な問題が潜んでいると指摘しました．

> 「統計学という分野はそれが取り組むべきある重要問題の解決を怠って
> きた．その問題とは，得られた観測値は，どのようなときに一方の仮説を

　　　支持するが，他方の仮説は支持しないと言えるのかという問題である．す
　　　なわち，その観測値が対立する仮説のうちの一方を支持する証拠とみなし
　　　てもいいのかということだ」
(Royall, 1997: xi).

　データが仮説をどれくらい強く支持するかという問題がこれまで議論されて
こなかった理由について，彼はこう言います．

　　　「過去半世紀にわたって統計理論は意思決定 (decision-making) のパラ
　　　ダイムに支配されてきた．1930年代のネイマンとピアソンの研究以来，
　　　統計学の根本問題は対立する行為のいずれを選択するかの意思決定問題と
　　　して定式化され，データを証拠 (evidence) とみなしてはこなかった」
(Royall, 1997: xi).

　いまから80年前に定式化されたネイマン‑ピアソンの意思決定パラダイムに
ついては前節で説明しました．ロイヤルはそれに代わる新たなパラダイムは
データを仮説に対する "証拠" とみなすものでなければならないと主張します．
この新たなパラダイムは，ロイヤル自身が「**尤度 (likelihood) パラダイム**」と
称しているように，ネイマン‑ピアソンよりもさらに前のフィッシャーの考え
方にむしろ復帰しているとも言えるでしょう．データの仮説に対する経験的支
持の程度を尤度という尺度を用いて数値化することを提案したのは，ほかなら
ないフィッシャーだったからです (Fisher 1921, Edwards 1992).

意思決定パラダイムからの離脱：証拠・尤度・アブダクション

　意思決定パラダイムが帰無仮説と対立仮説の命運を分ける絶対的な基準を置
くのに対し，**尤度パラダイム**は仮説間の証拠（すなわち尤度）による相対的な
重みづけをするだけで，仮説の受容や棄却の意思決定を伴わないからです．こ
こでの対立点は，統計的推論の科学哲学に大きく踏み込んでいます．科学哲学
者エリオット・ソーバー (Elliott Sober) は，提示された仮説の "真偽" を得ら
れたデータによって判断しようとする立場を「**強確証／強反証**」と名づけ，そ
れに対して，データを証拠として仮説の相対的な "支持" の強弱を判定する立
場を「**弱確証／弱反証**」と呼びました (Sober 1988).
　ネイマン‑ピアソンのパラダイムに抗して，**尤度に基づく統計的推論**を考察
するとき，第1講でくわしく説明した「**アブダクション**」の推論形式を思い出し
ましょう．アブダクションは，データを説明するために立てられた仮説の "真
偽" を問いません．むしろ，同一のデータを説明しようと競合する複数の対立

仮説の間で，データを証拠とする相対的な "支持" の順位を踏まえ，その時点で**もっともよい仮説を選び出す**ことを目標とします．つまり，対立する他の仮説とのデータすなわち証拠に基づく相対的比較が決定的であるということです．

　統計的推論を**アブダクションのためのツール**であると考えるならば，個別の科学の性格に応じてそれをうまく使い回すことができるのではないでしょうか．科学という営為はけっして一枚岩ではありません．一方には，仮説の真偽が実験によって白黒をつけることができる実験系の科学もある．他方には，歴史学や進化学のように，直接的な観察や実験がまったくできない歴史叙述科学（historiographic sciences: Tucker 2004）のような科学もあります（三中2018）．実験科学ならば綿密な実験計画のもとに再現可能な結論を得ることはきっと可能でしょう．しかし，実験科学ではないタイプの科学については，実験的な研究方法がもともと適用できないこともありえるでしょう．そのような場合でも，情況証拠に基づくアブダクションによって，ベストの仮説をそのつど選び出していくという道が残されています．

　もちろん，実験科学と非実験科学とは峻別できるわけではけっしてありません．**レイチェル・ローダン**（Rachel Laudan）は歴史科学と非歴史科学を対置して次のように主張します．

> 「信頼の置ける知識を得るための方法に関しては，歴史科学と非歴史科学という分け方にたいした意味はない．確かに，過去のものやできごとは直接的には観察できない．しかし，非歴史科学が対象としているものやできごとであっても直接観察できない場合は少なくない．そういう障害を克服しようと努力しなければならないのはどんな科学でも同じである」

(Laudan 1992: 65)

　限られたデータから統計的推論を行なうとき，われわれは自分の手がけている科学がはたしてどんな性格をもった科学であるのかをつねに問い続ける必要があるでしょう．統計を使ったからといって "真実" が手に入るわけでは（必ずしも）ありません．データを蓄積すれば "真実" に到達可能であるという帰納的推論の夢物語は1960年代以降の科学哲学論争の中で崩れ去ったと私は理解しています．むしろ，有限のデータからどこまで**非演繹的な推論**を進めることができるのか，統計的思考はそのパラダイムにどのように貢献することができるのかについて，統計学者やユーザーは深く考えるべきでしょう．

注）本講の一部は2016年刊行の『心理学評論』第59巻第2号特集〈心理学の再現可能性〉の所収論文：三中信宏「統計学の現場は一枚岩ではない」に含まれている．

第 5 講
統計的思考に必要なリテラシー：文字・数字・図表

　これまで具体的な事例をお見せしながら，統計的な「ものの考え方」についてできるだけ数式に頼らずに説明してきました．

　数値データを前にした私たちは，与えられた情報から何が言えるのかあるいは言えないのかを繰り返し問い続けながら考察を進めます．そのとき，数字をいくら見つめてもその意味を解読することは，多くの場合，とても難しいと感じられるでしょう．だからこそ，私の言いたかったことは次の一文に要約できます．

> 　細かい統計計算に進む前に，グラフや図表をうまく利用して，
> 　手元にあるデータから全体を大きく見わたすことが大切だ．

　数字とグラフィクスとを対置させる私のこのやり方にははっきりした意図があります．必ずしも数学に通じていない多くの統計ユーザーにとって，「統計学イコール数学」という先入観や思い込みは，結果として，統計学的にものごとを考える姿勢を身につける上で，けっしてよい結果を生みません．

　もちろん，本書の後半で説明することになる統計理論の数々は，緻密な数学的体系として築き上げられてきました．理論統計学の構築者たちは過去一世紀にわたって**厳密科学**（すなわち数学）としての統計学を目指してきたわけですから，それは当然の道筋でした．しかし，いったん理論的体系が確立されたとき，その城塞をかつての構築者と同一の道筋でたどって登攀することが，後世の統計ユーザーにも"修行"として科せられるべきなのかと問われれば，私は即座に「ノー」と答えます．統計的思考を身につける道筋はけっして一本だけではないからです．

　本講では，統計的思考にとって必要な「**リテラシー（識字）**」についての私の考えを示して，後半の講義への橋渡しをします．まずは，少し寄り道して，アメリカで半世紀前に戦わされたある論争からはじめましょう．

統計学をめぐるある生物分類論争：
ウラジーミル・ナボコフ vs. F・マーティン・ブラウン

ハーヴァード大学の**比較動物学博物館**（Museum of Comparative Zoology）は世界的に有名な自然史博物館です．歴史にその名を残す著名な進化学・体系学の研究者を輩出してきたこの博物館の402号室には，かつて**ウラジーミル・ナボコフ**（Vladimir Nabokov: 1899〜1977）がチョウの研究者として在籍していました．いまでこそナボコフと言えばのちに大きな物議をかもした小説『ロリータ』の作者として知られることになる文学者ですが，彼が第二次世界大戦中の1940年にロシアから移ってきて最初に就いたのは昆虫学者としてのポストでした．比較動物学博物館に勤めた1942〜48年ののち，ナボコフはこれまた昆虫学分野では有名なニューヨークのコーネル大学に移籍し，1959年まで研究と教育に従事しました．『ロリータ』が出版された1955年以降，ナボコフは文学者としての経歴と並行して，プロの昆虫学者としての業績も積んだわけです．

「自然科学にとって統計学はどうでもいい」

ナボコフが専門としたチョウは中南米産の**ヒメシジミ類**（Plebejinae）でした．特徴的な青い翅のため"ブルー（Blue）"と呼ばれたこの分類群を研究対象として，彼は新種の記載や地理的分布そして形態に関する多くの研究論文を専門雑誌に発表しました．そのひとつに，1949年に彼が出版した長大なモノグラフ（Nabokov 1949）があります．

翌年の1950年，コロラドの昆虫学者 **F・マーティン・ブラウン**（F. Martin Brown）は，アメリカ鱗翅学会の会報『*The Lepidopterists' News*』誌上で，ナボコフのこのモノグラフを次のように批判しました．

> 「ナボコフ教授が手間ひまかけて得た鱗粉数と交尾器の測定データは亜種ごとに統計的パラメーターを推定しないと意味がないだろう．元データを公表した上で，適切な統計分析を実行するべきだろう．そうすれば，この論文にある混沌とした情報の堆積のなかから何らかの規則性が見えてくるのではないか」
> (Brown 1950a: 52)

「ナボコフはせっかく交尾器の形態を計測したデータを出しているにもかかわらず統計分析をいっさい行なっていない，統計的な検定をすればもっとはっきりした結論が得られただろう」とブラウンは指摘しました．統計データ解析の立場

からあらためて読み返すとブラウンの批判はしごくまっとうな指摘です．

　ところが，ナボコフはブラウンに対しておかどちがいの批判だと反論しました（Nabokov 1950, 2000）．彼のモノグラフで扱ったのは，もともと分類が困難な種群であり，分類学者が頭を悩ましているときに，現実離れした統計学をもちだしたからといって，きれいに解決できるはずがないとナボコフは考えたわけです．確かに，統計学は万能薬ではないので，何でもかんでも解決できるわけではありません．その意味ではナボコフの反論にも一理あります．しかし，ナボコフはここでよけいなことを口走ってしまいました．「とどのつまり，自然科学にとって哲学は重要だが，統計学はそうではない」（p.76）と．

　ブラウンは即座に再反論しました．

> 「近代的な分類学や統計学をすべて捨て去ってしまえば自然科学にはもはや変革は望めないだろう．分類学のない自然科学は見る影もないだろう．統計学がない自然科学も推して知るべしだ．分類学も統計学も，それ自身は目的ではなく，手段に過ぎない．残念なことに，多くの分類学者や統計学者はこの点を忘れてしまっている」
> (Brown 1950b: 76)

　ナボコフの主張は，安易に数値的な分類に頼るべきではなく，むしろどの形態形質が系統学的な重要性をもっているのかを見分けるアプローチが必要だという彼自身の系統体系学的な信念の反映でした（Blackwell and Johnson 2016: 25）．しかし，結果としてナボコフ - ブラウン論争はすれちがったまま終わってしまいました．統計学というツールを科学研究の現場でどのように使いこなすかを考えるとき，その潜在的ユーザーがそれぞれもっている統計的リテラシーのけっして単純ではないありようが，この論争を通じて明らかになりました．

　ナボコフの書簡と著作を編纂した**ロバート・マイケル・パイル**（Robert Michael Pyle）は，統計学とデータ解析における定量化がもたらすさまざまな功罪を論じた論文集（Slovic and Slovic 2015）の序文（Pyle 2015）で，上のナボコフ - ブラウン論争に言及し，「詩人-ナチュラリストとしての"眼力"とハードサイエンティストとしての定量的姿勢はどちらもなくてはならない」（p. xviii）と総括しました．確かに，ナボコフ - ブラウン論争の教訓は逃げ場のない二者択一を私たちに迫るものではありません．むしろ，そのときどきの状況を見分けてより適切な選択肢を採る才覚（これもまたリテラシーと呼んでかまわないでしょう）が私たちに求められているのです．

直感と論理の衝突：環世界センスと統計学は両立しないのか

　昆虫分類学というローカルな研究現場でのナボコフ‒ブラウン論争は，ハードな**統計的思考**とソフトな**直感的思考**との一般的な対置を鮮やかに浮かび上がらせました．サイエンス・ライターである**キャロル・キサク・ヨーン**（Carol Kaesuk Yoon）は，人間がもともと生得的にもっている直感的な自然観あるいは自然を見る“目”のことを「**環世界センス（umwelt）**」と名づけました（ヨーン 2013）．彼女はこの環世界センスが定量化・数値化を目指す厳密な自然科学と衝突した歴史的事例のひとつとして，生物体系学の現代史をたどります．

　ヨーンは，半世紀前の1960年代に大流行した「**数量分類学（numerical taxonomy）**」が引き起こした生物分類の方法をめぐる論争（Hull 1988，三中 1997, 2018）に着目します．統計学者**ロバート・R・ソーカル**（Robert R. Sokal: 1926～2012）は1950年代末に，生物分類を統計学的に実行する手法として，「**クラスター分析（cluster analysis）**」を開発しました．ソーカルは，これまで分類学者たちの熟達した眼力と直感に頼っていた分類体系構築を，当時使われはじめたコンピューターによってより客観的で厳密にしようともくろみました．**伝統分類学**と**数量分類学**との激しい対決をヨーンは次のように描いています．

　　　「われわれの環世界センスを温存できる場はもうなくなった．主観性と生命の秩序に対する感性と直感 ―― これらすべては環世界センスの賜物である ―― は，科学の実践にとって問題があるばかりか，大間違いであるとみなされてしまった．生物界を理解する人間という主体性を一貫して育んできた環世界センスはまるごと科学的探究あるいは嘲笑の標的となった．そこで晒し者になっているのは悪党にしてこずるい犯罪人であるとソーカルの仕事は物語っていた．進化分類学者が無意識のうちに手を取り合っていた，よき友にして強力な道具である環世界センスにとって希望の持てる状況は何もなく，逆風だけが強まっていた」　　　　（Yoon 2009, 訳書）

　先端的な統計学の理論とコンピューターを用いたデータ解析を掲げる数量分類学派は，それまでの生物分類学の伝統が重視してきた地道な訓練や熟練の価値を踏みにじってしまったからです．

　　　「パンチカードの束と数値表とともにやってきた数量分類学は，それまで分類学者たちがもっとも価値があるとみなしていたものを叩いた．分類学者のエキスパートとしての専門的知識や種を判別するための研ぎ澄まされた感覚はこともなげにゴミ箱に捨てられた」　　　　（Yoon 2009, 訳書）

　伝統分類学と数量分類学の対立の構図は，その十年前に勃発したナボコフ‐ブラウン論争の再現というしかないでしょう．いずれの論争を通しても，そこから見えてくるのは，ハードな統計学が必ずしもソフトな直感（環世界センス）とは相容れないという単純な事実でした．伝統的な分類学者が数学や統計学を学びたがらなかった —— 確かにそれは認めるしかないでしょう．しかし，その点をあげつらって，伝統分類学者は怠惰だったと責め立てることにどれほどの意味があるかはおおいに問題です．ヨーンの伝統分類学者の心中を代弁しています．

　　「伝統的な分類学者たちが数量分類学の流行に乗るのをためらったのは
　　理由があった．それは，長年にわたって野生の植物の類縁性やマウスの種
　　の最良の分類について沈思黙考してきた彼らにとって，さまざまな生物
　　群を感じ取るセンスを身に付けることが専門家としての修練だった．だ
　　から，やっかいな数学を学び取ることは彼らの中では順位が低い項目だっ
　　た」

　　　　　　　　　　　　　　　　　　　　　　　　　　　　（Yoon 2009, 訳書）

　統計ユーザーはともすれば上から目線で非統計ユーザーを見下しがちです．ナボコフを批判したブラウンもそうだったし，伝統分類学を攻撃した**数量分類学**にもそのきらいがありました．しかし，対象生物に対する深い愛着と知識が生物多様性の研究を支えてきた経緯を振り返るとき，生物分類学という研究分野にとっては統計学さえあればいいわけではないことは明らかでしょう．結論として，パイルと同様に，ヨーンもまた厳密な数値化を目指す現代科学の姿勢を，人間のもつ原初的な感性や直感と，どのように折りあいをつけるかが未解決の問題だと指摘しています．

　歴史が物語る通り，栄華を極めた数量分類学派はその後十年足らずで瓦解し，1970年代後半には生物分類学の世界から消え去ることになります．方法論的な客観性と構築された数量分類体系の頑健性がいずれも**幻影**であることがわかってしまったからです（Hull 1988; 三中 1997, 2018）．

　統計学の諸手法をデータ解析のツールとして使う私たちは，意識するしないにかかわらず，統計学という科学がたどってきた歴史とそれを支えてきた世界観と科学観を引きずってしまいます．ときには，背後に隠れたものに目を向ける余裕が必要になります．数字や数式で世界を表現しようとするとき，私たちは**自分の直感（環世界センス）**をどのように統制あるいは抑圧しているのでしょうか．次節では，この点について考えてみましょう．

リテラシー，ニューメラシー，ヴィジュアル・リテラシー

　読み書き能力を意味する**リテラシー**という言葉は，たいていの場合，狭い意味での「文字」—— アルファベットや漢字かな混じりの文章 —— に対して用いられてきました．しかし，言語学者の**中村雄祐**は，このリテラシーという概念を狭義の文字以外にも一般化することを提案します．

　これまでのリテラシーの議論では「書面の視覚記号を文字を中心に捉える傾向が強く，数字や図的表現に関する研究は二次的な扱いにとどまる」（中村 2009: 8）という弊害があったと著者は指摘します．つまり，リテラシーといえば「**文字」の読み書き**にもっぱら限定されていて，**数字や数式の読み書き**（「**ニューメラシー（numeracy）」**）や**図的表現の読み書き**（「**ヴィジュアル・リテラシー（visual literacy）」**）にまで拡張された考察がなされてはいません（中村 2009: 9）．

　本書では，複雑な数値データであってもグラフやダイアグラムに変換すれば"視覚的"にとらえられると述べてきました（三中 2017 も参照）．言い換えれば数字に関するニューメラシーと図的表現に関するヴィジュアル・リテラシーは同じリテラシーではあっても異なるタイプに属するということです．それでは，通常の意味での文字の延長線上にある数字と図的表現はどのように位置づけられるでしょうか．統計的思考の本性について考察するとき，この問題を避けて通れません．文字と数字と図的表現の三者は視覚的には相異なる外観を呈しています．しかし，それらはいずれも「**認知的人工物**（cognitive artifact）」という点で共通しています．中村はこの言葉を道具・記号・言語・制度・規則などを含む包括的なカテゴリーを認知的人工物と想定しているようです．

> 　「文書の書面上に記された記号は，すべて広い意味では図である．人類史上，書面上には，地図，表，グラフなど多様な図的表現が展開されてきた．それらの中でも（1）言語表現に特化した文字，（2）数量の表現や変換のために発展した数字や＋や＝などの数学記号（以下，便宜的に「数字」と総称）は，それぞれ人間の認知能力と呼応するように特化した機能を発達させ文書という道具の機能を大いに高めたという理由で，あえて特別扱いにする」
>
> （中村 2009, p.53）

　この観点から見ると，統計学が実際に用いている数々の専門用語を含む文字と数学的に厳密な記述をする数字（数式）は確かに「特化した機能」をもつ高度な認知的人工物であることが理解できるでしょう．もちろん統計学的なリテラシーを身につけるためにはそれらの文字と数字（数式）を理解しなければならないわけですが，ここで私たちの行く手を阻む高いハードルが出現します．

> 「私たちが第一言語で文字の読み書きを習得する場合，少なくとも文字を対応付けるべき精緻な話し言葉の体系はすでに身につけているが，数学的思考の場合，そのような精緻な体系は一般の人間の側には備わっていない．文字の読み書きを習得するのは簡単ではないが，数字の方がずっとハードルが高く，しかもきりがない．だからこそ，世の中には文字嫌いよりもずっと多くの数字嫌いがいるのであろう」
> (中村 2009, p71)

この引用文を読んで深くうなずく読者はきっと少なくないでしょう．私が「数字ではなくグラフを」と言い続けてきた論拠のひとつは，まさに中村が指摘した点にあります．パラメトリック統計学の理論体系は最初から最後まで**数字**（数式）に埋め尽くされています．しかし，仕事や研究の現場でデータ解析をしなければならない多くの統計ユーザーにとって，そのレベルの**ニューメラシー**を身につけることは，場合によっては越えがたいハードルとなりかねません．

数字の代わりにダイアグラムで理解する

ここで登場するのが，数字（数式）の代わりとなる**ダイアグラムによる図的表現**です．確かに，現象世界のさまざまな規則性を認知する上では，数字や数式に関わるニューメラシーの身体的感覚はとても重要であり，人類が進化してきた過去にあっては生存をも左右する要因となったでしょう．その一方で，ニューメラシーの基盤にある図的表現の**ヴィジュアル・リテラシー**は，ニューメラシーほど正確な予測をすることは望めないものの，だれもが利用できるという意味ではより汎用性が高いでしょう．中村はこの点についてきわめて興味深い指摘をします．

> 「少なくとも経験則として「私たちは，自分の経験や知識との間の対応付け（mapping）ができさえすれば図的表現をただちに理解できるようになる」といってよいのではないだろうか … [中略] … ここでは，図的表現は，昔も今も，先進国でも途上国でも，私たちの知的活動を支える重要な道具・方法であり続けていることを確認しておこう」
> (中村 2009, p.60)

この引用文は中南米の発展途上国での社会情勢と経済問題に関心を寄せる著者からみたリテラシーのあり方を論じています．しかし，まったく同様のことが統計学にそびえ立つ理論世界とその裾野に広がる無数の統計ユーザーに対してもおそらく当てはまるだろうと私は推測しています．

必ずしも万人が身につけられるわけではないニューメラシーと原初的で敷居

の低いヴィジュアル・リテラシーとを対比したからといって，図的表現が万全というわけではありません．もちろん，茨の道を踏み分けなくてもいいという点ではさまざまな図的表現を使うことは役に立つでしょう．しかし，理解と伝達の正確さという点では図的表現には難点が残ります．文字や数字（数式）であれば，いったん表現と意味との対応関係を理解すれば誤解が生じる危険性は低いでしょう．他方，図的表現の場合，たとえ同じグラフやダイアグラムを見ていたとしても，それらが意味するものを読者がきちんと理解できているかどうかは確実ではありません．ハードルがより低いはずのヴィジュアル・リテラシーであっても，それを思考の道具として適切に使えるようになるためには**訓練と経験**が不可欠です（三中 2017）．

統計的思考にとって必要なリテラシーをどのように身につけるかは，単に数学が理解できるかどうかという問題に帰着できるわけではないことがわかっていただけたのではないでしょうか．数字（数式）とグラフィクスの関わりはニューメラシーとヴィジュアル・リテラシーに関わるもっと広い問題につながっているのです．

知識の体系化と情報の可視化

世界を記述する姿勢である「**数量化**（quantification）」の精神がいかなる系譜をたどったかを調べあげた歴史学者**アルフレッド・W・クロスビー**によれば，そのルーツは13世紀の西ヨーロッパ社会にあると述べています（Crosby 1997）．

> 「西ヨーロッパ人はついに数学と計測を結合させ，これらを応用して，感覚的に認知できる現実世界を解釈するようになった．これは，西ヨーロッパ社会が達成した比類ない知的業績である．西ヨーロッパ人は従来とは打って変わって，現実世界は時間的にも空間的にも均質であり，それゆえ数字と計測によって検証できるという見方を受け入れた」

（Crosby 1997 訳書）

その上で，クロスビーは，西洋社会を世界的な覇権に導いたのはこの「数量化」に基づく世界観であると主張します．しかし，西洋と非西洋の別を問わず，いまなお数量化に対するある種の懐疑論（ないし忌避感）が根強いこともまた確かです．統計ユーザーである私たちにとってもまた，統計分析の理論と方法論への「そこはかとない疑念」に対して，どのように対応すればいいのか迷うことも少なくないでしょう．数量化すなわち計測・観察された数値データを“読む”ためのリテラシーは，論理だけで解決し得ないものがあることに気づく必要があります．

　現代社会に生きる私たちは複雑かつ巨大になりすぎた情報と向き合う機会が増えてきました．そのとき，状況に応じて適切な**図像記号**（グラフやダイアグラム）が利用できるかどうかは必須のスキルと言えるでしょう．さまざまな図像記号を用いてデータや情報を**図示化**することは，これまで強調してきたように，私たち人間がもともともっている直感的な理解力を喚起し，現実世界の事物のパターンとその生成プロセスへの推論を深める機能を果たしています．

　統計データ解析もまた，その大きな流れと無関係ではいられません．**統計グラフィクス**（statistical graphics）は情報可視化の中でもとくに関心を集めてきた分野です（Tufte 1990, 1997, 2001, 2006）．現代統計学において**データ可視化**が必須であると主張してきた統計学者は少なくありません．しかし，大量のデータを踏まえた複雑な統計計算やモデリングが，その気にさえなればだれにでもできるようになった現在，視覚化に対していかなる正当な意義と役割を与えるかは，統計学者とユーザーの間で必ずしもコンセンサスを得られているようには私には思えません．

　統計学におけるデータ可視化の重要性を一貫して説いてきた統計学者ジョン・W・テューキー（John W. Tukey: 1915-2000）は，700 ページもののグラフィック統計学の大著『**探索的データ解析**（*Exploratory Data Analysis*）』（Tukey 1977）の著者として有名ですが，伝統的な数理統計学を厳しく批判する長年に及ぶ彼の主張はめざましいものがあります（Tukey 1962a, b, 1999）．たとえば，テューキーが考案し，現在の統計学でも用いられている「**箱ひげ図**（box-and-whisker plot）」（Tukey 1977: 39-43）というグラフについては第 2 講で説明しました．しかし，数学に基づく統計学理論が支配的だった当時にあっては，少数派の統計グラフィクスは警戒されたようです．数理統計学者たちにとっては，テューキーが主張するヴィジュアルな「探索的データ解析」の理念は，先進的な推測統計学からかつての記述統計学へと逆行しているのではないかとさえみなされることもありました（Church 1979）．

　第 2 講で登場した**シーモア・エプスタイン**（Epstein 1994）が指摘する，直感的な「**経験的システム**（experimental system）」と分析的な「**合理的システム**（rational system）」という 2 つの思考法の対置に照らしたとき，統計学の可視化と理論化はときに対立しつつも互いに補いあう立場であることが理解できるでしょう．知識の体系化と視覚化をめぐるさまざまな試行錯誤の繰り返しが情報視覚化の歴史と考えるならば，統計学と統計グラフィクスもまたこの長大な知的伝統の末裔とみなされるでしょう．計算による緻密な推論と可視化による全体の把握—統計的思考と統計データ解析の現場でこの両者のバランスを私たちはつねに考え続ける必要があります．

第 **6** 講
パラメトリック統計学：数理の世界

　これまでの講義では，統計データ解析という分野全体の基礎となる**統計的思考のあり方**について，狭い意味での統計学にとどまらず，もっと視野を広げ，認知心理学や科学哲学まで踏まえて考察を深めました．統計分析を行なうためだけの小手先の計算技法であれば，もっとお手軽にソフトウェアの説明をすれば，きっとそれですんでしまうでしょう．しかし，私たちが手にしたデータに対して，まずしなければならないことは，けっしてそういううわべだけの作業ではありません．はてしなく続く**アブダクション**という推論をどのように進め，現時点で妥当な最善の仮説をどうやれば手にすることができるかがはるかに重要であるはずです．ときとして難解な数学に基づく**パラメトリック統計学**の理論体系もまた，少なくともその創始者たちにとっては，統計学を帰納的（非演繹的）推論のためのツールとしてより洗練したいという目的意識のもとに生み出されてきたものでしょう．

　さまざまな具体的データを見てきた私たちは，いまやっとパラメトリック統計学という**要塞の入り口**に到達しました．見上げれば高くそびえ立つその威容は圧倒的です．その深奥部にいたるどの道をたどろうとも，すき間なく敷き詰められた数式や数学が登攀の意欲を萎えさせます．いわゆる"**数理統計学**"を学んだことのある読者ならば，きっと苦い思い出のひとつやふたつはあるにちがいないでしょう．しかし，ここではその悪夢を再現するつもりは毛頭ありません．むしろ，このパラメトリック統計学要塞の全貌を，上から見下ろしましょう．この要塞の基本構造をつかむには，地表から見上げるのではなく，上空から見下ろすのが効果的です．いずれはある道を踏みしめて登ることになろうとも，全体地図を知っていれば迷子になったり遭難するリスクはきっと減らせるでしょう．

統計理論の要塞を見上げる：統計曼荼羅ふたたび

　本書のプロローグで呈示した，統計学の世界を一望する「**統計曼荼羅**」はまさにそのために描かれた案内図です．その図をあえて「マンダラ（曼荼羅）」と呼んだのは，統計学世界をかたちづくる個々の要素の間の錯綜した関連性を目に見えるように可視化しようとしたからです．博物学者・南方熊楠の世界観を「南方曼陀羅」と命名した鶴見和子は，「マンダラ」という図像のもつ性格につ

いて次のように述べました.

> 「曼陀羅とは,『宇宙の真実の姿を, 自己の哲学に従って立体または平面
> によって表現したもの』である. 真言曼陀羅とは, 真言の教主である「大
> 日如来を中心として, 諸仏, 菩薩, 明王, 天を図式的に示したものであ
> る」. この真言曼陀羅にヒントをえて, 南方は曼陀羅を森羅万象の相関関
> 係を図で示したもの, と解した. …[中略]… 曼陀羅, 今日の科学用語で
> いえば, モデルである. 南方曼陀羅は, 南方の世界観を, 絵図として示し
> たものなのである」
>
> (鶴見 1981, pp.82-84, 参照：三中 2013)

南方曼陀羅とは比べようもありませんが, 私の描いた統計曼荼羅もまた統計学という広大な世界を**視覚化するモデル**のひとつとみなすことができるでしょう. また, 2016年に亡くなった記号学者**ウンベルト・エーコ**は, 百科事典的な知識の体系化には "迷宮 (labirinto)" たる**高次元ネットワーク**が必須であると主張しました (Eco 2007). 統計学の "迷宮" を旅する私たちは, 細部にのみとらわれるのではなく, つねに全体を見わたすように心がけたいものです.

その統計曼荼羅に描いたように, 統計学の世界はあまりに広すぎ, その詳細をつぶさに観察することはなかなかできません. 私たちがこれから登ろうとしているパラメトリック統計学要塞は, 統計曼荼羅の左側の「**由緒正しき正規分布帝国**」と銘打たれたエリアにあります. 農学や生物学・医学をはじめとする応用分野で用いられているさまざまな**伝統的統計手法**の多くは, 過去一世紀に及ぶパラメトリック統計学の歩みの中で確立されてきました. 母集団から抽出された標本に基づく推定や検定の原理と方法の構築はパラメトリック統計学が果たしたデータ解析へのきわめて重要な貢献です. 高性能のコンピューターを用いた統計分析をだれもができるようになった現在でも, その重要性は損なわれることはありません.

これらの輝かしい成果の基礎となったのは**確率分布に関する数学理論**でした. データの挙動を数学的に記述するという前提から出発することにより, 確率変数と確率分布は数値データの確率的挙動をモデル化することに成功しました. とりわけ, **正規分布**というひとつの確率分布が歴史的に重要な位置を占めている点を強調しておくべきでしょう. 第3講で示したように, 現代統計学の構築者**カール・ピアソン**は正規分布がいかに現実のデータのばらつきをうまく近似できているかを私たちに納得させました.

以下では, 「パラメトリック統計学の視点から見た世界」がどのようなものなのかを体験してみましょう. ときどき数式がいきなり顔を出したりしますが, 私たちに危害を加える "猛獣" ではありませんのでご心配なく.

確率変数と確率分布：母集団のモデル化として

　私たちがこれから相手にしようとしているのは「ある確率をもって生じる数値」すなわち**確率変数**（random variable）または**変量**（variate）と呼ばれます．これまでにも例として出した，架空生物の形状データや作物集団の成長量データの数値はいずれも，ある確率をもって生じ，**頻度**（確率）の高い数値もあれば，低い数値もありました．これらのデータセットは仮想的なある**母集団**（population）から抽出されたと仮定されます．

　この母集団の正体を直接見ることは私たちにはできません．しかし，母集団を構成する**確率変数** X の各値 x が生じる確率にちがいがあるからこそ，抽出されたデータの頻度にちがいがあると考えるならば，元の母集団の確率の値を決める規則があると仮定できるでしょう．この規則を**確率分布**（probability distribution）と呼びます．

確率分布の位置パラメーター

　確率変数の模式図を【図6−1】に示します．

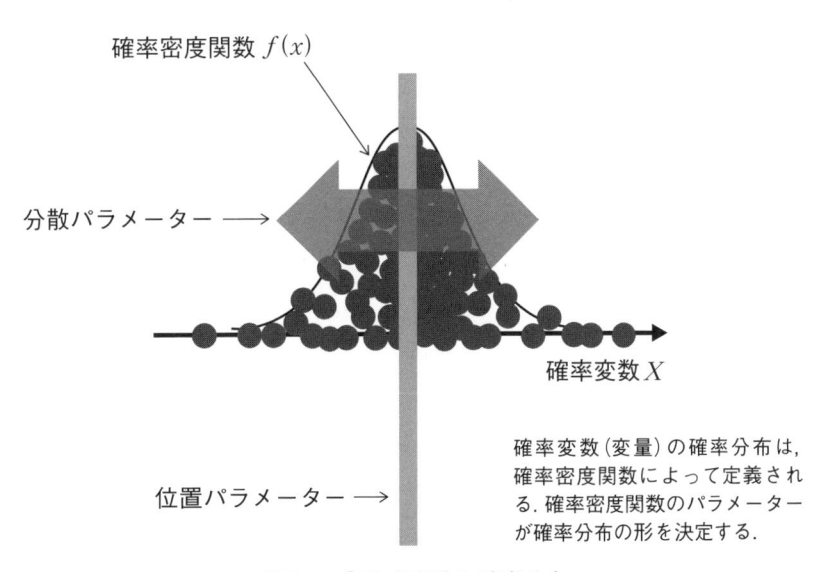

確率密度関数 $f(x)$

分散パラメーター →

確率変数 X

位置パラメーター →

確率変数（変量）の確率分布は，確率密度関数によって定義される．確率密度関数のパラメーターが確率分布の形を決定する．

【図6−1】確率変数と確率分布

　この図の横軸は確率変数 X の値の数直線です．具体的なイメージが湧くように，確率変数の値を黒丸で表し，それぞれの値の頻度を数直線上に黒丸の堆積

の "高さ" として示しましょう．数直線上に "山" を形成するこれらの数値を見たとき，私たちはまずはじめに何を知りたいでしょうか．この "山" の特徴を知るための第一の手がかりは**真ん中**がどこにあるのかです．この "真ん中" の値（定数）を**位置パラメーター**（location parameter）と呼びます．この図では位置パラメーターは "山" の頂上と一致するように見えますが，実際に計算するにはどうすればいいでしょうか．

　ここで登場する重要な概念が**期待値**（expectation）です．たとえば，サイコロをひとつ投げたとき，出る目（すなわち確率変数）は $1, 2, \cdots, 6$ という離散的な整数値を取りますが，一回投げたときにどれくらいの値が出ると "期待" されるかは以下のように簡単に計算できます．正しくつくられたサイコロではそれぞれの目が出る確率は等しく $1/6$ になります．つまり，サイコロの目の確率分布は離散的な $1/6$ という確率をもつ多項分布ということです．このとき，サイコロの目の期待値は「**確率変数と確率の積の総和**」と定義され，次のように計算できます．

確率変数	×	確率	=	積
1		1/6		1/6
2		1/6		2/6
3		1/6		3/6
4		1/6		4/6
5		1/6		5/6
6		1/6		6/6

$$\downarrow$$

$$\text{総和} \ = \ 21/6 = 3.5 \ (\text{期待値})$$

　この確率変数の期待値を**平均**（mean）と呼びます．

　サイコロの目は**離散的な確率変数**でしたが，体調や成長量のような**連続的な確率変数**の場合はどうなるでしょうか．【図6−1】に示したように，連続的な確率変数に対しては，変量の確率を規定するある連続関数 $f(x)$ を考え，これを**確率密度関数**（probability density function）と呼びます．第3講でピアソンの研究を紹介したとき，ある池のカニの甲羅サイズという連続変量に対して，彼は正規分布曲線という関数を当てはめたと書きました．この正規分布関数は確率密度関数のひとつです．

　確率変数 X の確率分布を規定する確率密度関数 $f(x)$ が与えられたとき，私たちは，上のサイコロの場合と同様に，確率変数 X の**期待値** $E[X]$ を【図6−2】のように計算できます．確率変数 X の各値 x の確率密度が $f(x)$ ですから

その積は $x \cdot f(x)$ です．x が変域全体にわたって連続的に変化するとき，この積 $x \cdot f(x)$ の "**総和**" に相当する演算が "**定積分**" となります．

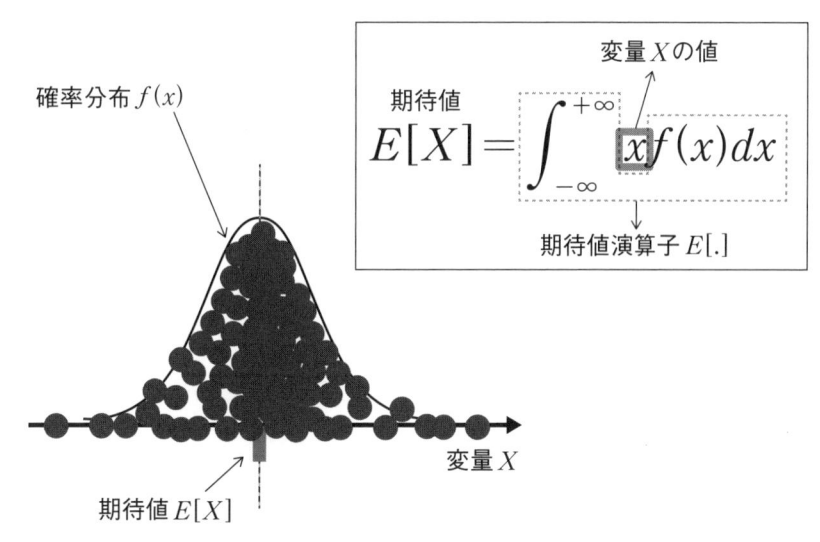

【図6−2】連続型の確率変数に対する期待値（平均）の計算

　つまり，確率変数が連続的であっても離散的であっても，期待値演算すなわち定積分あるいは総和を計算することにより期待値（平均）は求まります．言い換えれば，**母平均**すなわち**位置パラメーター**は，確率変数の期待値を計算しさえすれば決まるということです．

確率分布の分散パラメーター

　しかし，【図6−1】に戻ると，確率分布の "**真ん中**" すなわち位置パラメーターがわかっただけでは私たちはまだ満足できません．確率分布の "真ん中" をはさんでその左右に広く確率変数の値はばらついています．この "**ばらつき**" の大きさは**分散パラメーター**（dispersion parameter）と呼ばれ，確率分布の特性を理解するためのもうひとつの手がかりとなります．

　偏差を出発点として "ばらつき" をどのように数値化するかについては，三中（2015）第5章でくわしく解説しました．ここではその要点をかいつまんで示します．平均値を "真ん中" の指標とするとき，確率変数の各変数値が平均からどれくらいずれる（ばらつく）かは「**確率変数 − 期待値**（$X - E[X]$）」によって定義される「**偏差**（deviation）」を計算すればすぐに求まります．この偏差は，

変数が平均よりも大きければ正であり，逆に平均を下回れば負になります．

　確率変数の各値の偏差はすぐ理解できるでしょう．しかし，私たちが関心をもつのは，【図6−1】に示された分散パラメーターすなわち確率分布全体がどれほどの"ばらつき"をもっているのかという点です．偏差の全体を把握するためには，個々の偏差を"**集計**"する必要があります．しかし，偏差をそのまま足し算すると偏差の正負が相殺してしまうので，偏差の"大きさ"だけを抽出する必要があります．この目的を達成するために，各偏差の二乗すなわち**偏差平方**（squared deviation）が編み出されました．これは各変数値の偏差を二乗（平方）した上で，全域にわたってその偏差平方の"集計"をするという方法です．二乗するので偏差平方は**必ず非負の値**になり，符号の正負に関係しなくなります．しかも平均から離れるほどその値は大きくなります（【図6−3】）．

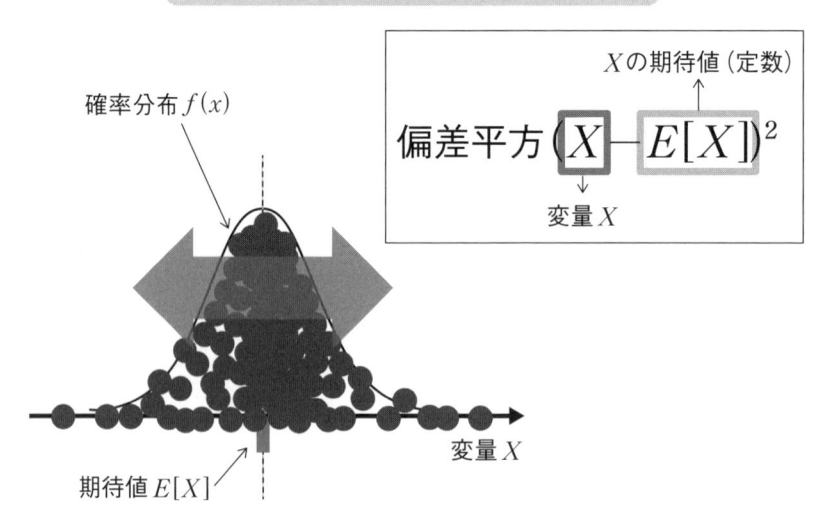

「偏差」とは変量の「ばらつき」の程度である

【図6−3】確率変数の偏差平方

　ここでいう偏差平方の"集計"をするときに登場するのが，またしても**期待値演算**です．平均を計算するときに私たちが用いたのは確率変数Xそれ自体の期待値$E[X]$でした．今回は確率変数Xではなく，その偏差平方$(X-E[X])^2$の期待値を考えることにより，その母集団が"平均的"にどれくらいの"ばらつき"をもつかを計算しようというもくろみです（【図6−4】）．ある変数値の偏差平方にその確率$f(x)$を乗じ，全域にわたって定積分して得られた偏差平方の期待値を**分散**（variance）と定義します．この分散の値が【図6−1】の分散パラメーター（**母分散**）となります．

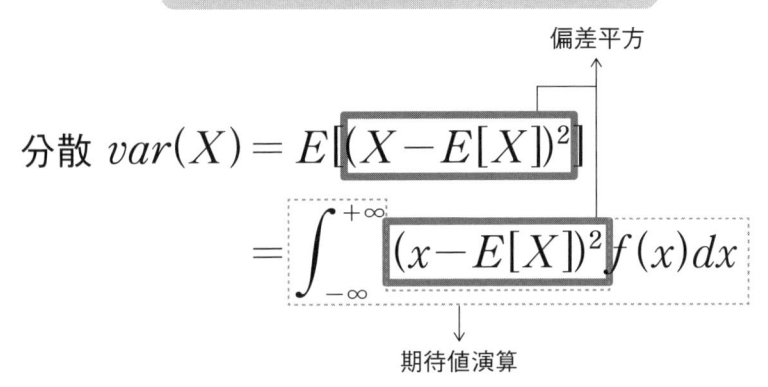

「**分散**」とは変量の「**偏差**」の期待値である

偏差平方

$$\text{分散 } var(X) = E[(X - E[X])^2]$$

$$= \int_{-\infty}^{+\infty} (x - E[X])^2 f(x)dx$$

期待値演算

【図6−4】偏差平方の期待値を求める

パラメトリック統計学では，母集団をモデル化する確率分布がいくつかのパラメーターによって特徴づけられることが前提です．そして，母集団の確率分布が与えられれば，その確率分布の特徴となる**位置パラメーター**（**母平均**）と**分散パラメーター**（**母分散**）はどちらも確率密度関数から期待値演算を用いて計算できることがわかりました（【図6−5】）．

ある変量 X の確率分布の密度関数が $f(x)$ で与えられ，その期待値を $E[X]$ とするとき，X の「分散」$var(X)$ は

$$var(X) = \int_{-\infty}^{+\infty} (x - E[X])^2 f(x)dx$$

ただし，$E[X] = \int_{-\infty}^{+\infty} xf(x)dx$

【図6−5】期待値演算を用いた確率分布のパラメーター計算

本節の最後に，期待値演算の性質をいくつか挙げておきましょう（【図6-6】）．これらはすべて期待値演算の定義式から容易に導くことができます．

> 標本 $X_1, X_2, ..., X_n$ が $f(x)$ に従うとする．
> $\mu = E[X]$, $\sigma^2 = var[X] = E[(X-\mu)^2]$ とするとき

式1　$E[aX+b] = a\mu+b,\ var[aX+b] = a^2\sigma^2$

式2　$E\left[\sum_{i=1}^{n} X_i\right] = n\mu,\ var\left[\sum_{i=1}^{n} X_i\right] = n\sigma^2$

式3　$E[\overline{X}] = \mu,\ var[\overline{X}] = \dfrac{\sigma^2}{n}$

【図6-6】期待値演算のいくつかの性質

確率変数 X の確率密度関数を $f(x)$ とする母集団からのサイズ n の標本を $X_1, X_2, ..., X_n$ とします．母平均 $\mu = E[X]$，母分散 $\sigma^2 = E[(X-\mu)^2]$ とします．式1によれば，a, b を定数とする X の一次式 $aX+b$ の平均は期待値 μ の一次式 $a\mu+b$ になり，$aX+b$ の分散は b とは無関係に $a^2\sigma^2$ となります．式2によれば，サイズ n の標本 $X_1, X_2, ..., X_n$ の総和 $\sum X_i = X_1+X_2+...+X_n$ の期待値は $n\mu$，分散は $n\sigma^2$ です．標本平均 $\overline{X} = \sum X_i/n$ の平均と分散については，式1と式2から，式3のように平均 μ，分散 σ^2/n となります．この性質は次の節で利用されます．

標本に基づく母集団パラメーターの推定

パラメーターとしての母平均や母分散は上で説明したように，確率密度関数から計算によって求められます．しかし，母集団はもともと私たちにとっては未知なので，確率密度関数もただ単に仮定できるだけのものです．したがって，次に考えなければならないことは，実際問題としてどうすれば平均や分散という母集団パラメーターを知ることができるのかという点です．のちに説明する**推測統計学**と呼ばれる考え方は，母集団に関する推定や検定をその**母集団から抽出した標本**（サンプル）のデータに基づいて実行しようとします（三中 2015，第6章）．

平均からの偏差とその性質

　母集団から抽出された標本に基づいてデータセットの"ばらつき"を数値的に評価するには，あらかじめ**データセットの"真ん中"**を知る必要があります．この場合は，上で求めたような確率変数の期待値ではなく，データの「**算術平均値**」すなわちデータの総和をデータの個数で割り算した値をもって"真ん中"とみなしましょう．母集団から抽出された標本から計算された変量は一般に「**統計量**（statistic）」と呼ばれます．この算術平均値ももちろん統計量のひとつです．以下では算術平均値を**平均値**と言うことにしましょう．

　平均値を"真ん中"の指標とするとき，それぞれのデータのばらつきは「データ値－平均値」によって表現できるでしょう．この「データ値－平均値」は上で定義した母集団の偏差すなわち「確率変数－期待値（$X - E[X]$）」の実現値です．データから計算された偏差は，データが平均値よりも大きければ**正の値**をもち，逆に平均値を下回れば**負の値**をもちます．

　偏差すなわち「データ値 － 平均値」の全データにわたる総和を計算すると「データ値総和 － 平均値 × データ数」となります．ところが，平均値はもともと「データ値総和 ÷ データ数」によって算出されるので，「データ値総和 － 平均値 × データ数」はゼロになってしまいます．これではデータ全体のばらつきを数量的に評価したことにはなりません．偏差をそのまま足しあわせたのでは偏差の正負が互いに相殺しあってゼロになってしまうということです．

偏差を集計する：絶対値和と平方和

　偏差の符号を取り去るもっとも単純な方法は偏差の「**絶対値**」を計算することです．それぞれのデータごとに得られる偏差の絶対値はけっしてマイナスにはなりませんから，偏差絶対値を全データにわたって総計すれば，正負で相殺されることなく，確かにデータ全体のばらつきの値は求まるでしょう．ただし，絶対値の計算は，偏差の正負によって場合分けをしなければならないという欠点があります．

　そこで，データセットから計算された複数個の偏差を"集計"するために，偏差の絶対値ではなく，平方値を求めるというやり方を使いましょう．つまり，それぞれのデータごとに計算された偏差を二乗（平方）した上で，全データにわたってその**偏差平方の総和を求める**という方法です．したがって，この**偏差平方和**はデータ全体の平均値からのばらつきを数値化する尺度として適しています．この偏差平方和は略して**平方和**（sum of squares）と記されます．

　データのもつばらつきをどのように数値化するかはいろいろな方法がありえ

るでしょう．上で定義した平方和という尺度は，形式的に言えば，平均値を基準として各データの偏差の集計を「**平方ユークリッド距離和**」として定義したことになります．ここでいう平方ユークリッド距離和とは「データ値－基準値」の平方の総和です．興味深いことに，与えられたデータの集合に対して計算された平方ユークリッド距離和を最小化する唯一の最適基準値は平均値であることが容易に証明できます．平方和と平均値とは理論的にも密接に関連づけられているということです．

ついでに言えば，データの偏差の絶対値の総和は，「**絶対値距離和**」すなわち平均値を基準値としたときの「データ値－基準値」の絶対値の総和です．ところが，この絶対値距離和を最小化する基準値は，一意的に確定する平均値ではなく，必ずしも一意性が保証されない**中央値**すなわち**メディアン**であることが証明されています（Hanazawa et al. 1995, Narushima and Hanazawa 1997）．したがって，偏差すなわち「データ値－平均値」の絶対値の総和は数学的には根拠が薄弱です．

要約すれば，データの"真ん中"を示す基準値として中央値を選んだときは偏差絶対値和がばらつきの集計値として適していますが，その基準値が平均値であるならば平方和の方が適していることになります．さらに，絶対値距離のもとでの中央値が最適解としての一意性を必ずしも満足しないのに対し，平方ユークリッド距離のもとでの平均値が一意的な最適解であるという点を考えれば，**平方和**をもってデータの総体的な"ばらつき"の尺度とみなすのが妥当でしょう．以下では，平方和に焦点をしぼって説明を続けることにします．

平方和が抱えるある問題

個々のデータに対する偏差を集計した平方和という考え方を使えば，どんなデータセットであっても，ばらつきの程度をひとつの数値として表すことができます．あえて視覚的に言うならば，ばらつきが大きいということは平均値からの"遠く離れた"ところにもデータが存在することを意味します．逆にばらつきが小さいということは平均値の"ごく近くの"狭い範囲にデータが集結しているというイメージです．

ここで問題になるのは，**異なるデータセット**の間でばらつきの程度を比べるにはどうすればいいのかという点です．確かに，それぞれのデータセットについては平方和の値で十分でしょう．しかし，ふたつのデータセットのばらつきの大きさを比較しようとするとき，単に平方和の大きさを比べるだけでいいのでしょうか．一方のデータセットが10個しかデータ値を含まないのに，もう一方のデータセットには1000個ものデータ値があるとき，偏差平方の総和で

ある平方和という統計量は「**データサイズ**」という重要な要因をまったく考慮していないことがすぐにわかります.

　つまり，データサイズのちがいを考慮しないという点で，平方和はデータの"ばらつき"の数値尺度として大きな欠陥をもっているということです.では，複数のデータセットの"ばらつき"を互いに比較するとき，データサイズのちがいをどのように補正すれば，より"公平"な比較が可能になるのでしょうか.

　データセットの**算術平均値**はデータの総和をデータ数で割り算して求めました.同じやり方が平方和の補正にも使えるだろうと考えるのはありそうです.実際，高校数学「確率・統計」の検定教科書に書かれているやり方は，平方和をデータサイズで割り算するという方法です.たとえば，ふたつのデータセットのサイズがそれぞれ10と100であったとき，各データセットから計算された平方和を対応するデータサイズで割り算することで"補正"するわけです.この方法は直感的にとてもわかりやすいという利点があります.平均を計算するときに，データの総和をデータサイズで割り算するのとまったく同じやり方で，偏差の平方和をデータサイズで割り算すればいいからです.

　しかし，三中（2015）の第6章で実例を挙げたように，データサイズで割り算するという補正は，母集団の分散パラメーターを推定するという点では正確な推定値を与えません.

記述統計学と推測統計学：計算された統計量が目指すもの

　実は，ここで私たちはとても重要な論点に直面しています.それは**何のために平均や平方和を計算するのか**という統計学の根幹に関わっています.たとえば，目の前に10個の数字（データ）があるとき，そのデータの特徴を集約する目的で平均を計算したり，平方和を求めることができます.これは**記述統計学**（descriptive statistics）的な統計計算の考え方です.記述統計学が目指すところは，データの特性や挙動を数値的に描き出すことです.そして，記述統計学の世界にとどまる限り，**データセットの"ばらつき"**をそのサイズによって補正することには何も問題はありません.

　ところが，母集団から抽出された標本に基づく上述の計算は，記述統計学ではなく，**推測統計学**（inferential statistics）というまったく別の目的をもった統計学に属しています.推測統計学とは観察者の目の前にあるデータの背後に広がる仮想的な母集団に関する推測を行なうための方法論です.有限個の標本（データ）から**母集団の"ばらつき"**に関する推定をしようというのがここでの推測統計学のゴールになります.一方，記述統計学は目の前の10個の数値データの集約をするだけで，背後の母集団に関する推論は眼中にありません.

自由度による平方和の補正：不偏推定量という概念

　平方和をデータサイズで割るという計算のやり方は，たとえ記述統計学的には妥当であったとしても，推測統計学的には母集団の"ばらつき"に関する正しい推定値を導きません．それでは，推測統計学の観点からみて「平方和の妥当な"補正法"とは何か」が次の問題になります．

　母集団から無作為に抽出された標本（データサイズをnとしましょう）は互いに無関係（統計学では「互いに独立」と呼びます）なので，平均を計算する際にデータの総和をデータサイズnで割り算して"真ん中"を決めるのはまったく問題ありません．いま母平均μと母分散σ^2をもつ母集団からサイズnの標本$X_1, X_2, ..., X_n$を無作為抽出し，統計量としての標本平均$\overline{X} = \sum X_i / n$を計算するとき，$\overline{X}$の期待値$E[\overline{X}]$を計算してみましょう．

$$
\begin{aligned}
E[\overline{X}] &= E\left[\frac{\sum X_i}{n}\right] \quad &※式1 \\
&= \frac{E[\sum X_i]}{n} \quad &※式2 \\
&= \frac{\sum E[X_i]}{n} \quad &※\forall i,\ E[X_i]=\mu \\
&= n \cdot \frac{\mu}{n} \\
&= \mu
\end{aligned}
$$

となり，**標本平均の期待値**は母平均と一致します．つまり，統計量としての標本平均は**不偏性**（unbiasedness）をもつということで．不偏性はある統計量が真のパラメーターからずれていないことを示す指標です．

　しかし，平方和の場合はそうはいきません．仮に上のデータセットについて平方和$\sum(X_i - \overline{X})^2$をデータサイズ$n$で割った値を考え，その期待値を計算してみましょう．まずはじめに次のような式の変形をします．これは，標本X_iと母平均μとの偏差$X_i - \mu$の平方和を標本平均$\overline{X}$を介してふたつの部分$\sum[(X_i - \overline{X})^2]$と$n \cdot [(\overline{X} - \mu)^2]$に分割する変形です．

$$
\begin{aligned}
&\sum[(X_i - \mu)^2] \\
&= \sum[\{(X_i - \overline{X}) + (\overline{X} - \mu)\}^2] \\
&= \sum[(X_i - \overline{X})^2] + 2 \cdot \sum(X_i - \overline{X})(\overline{X} - \mu) + \sum[(\overline{X} - \mu)^2] \\
&\quad ※\sum(X_i - \overline{X}) = 0\ ゆえ \\
&= \sum[(X_i - \overline{X})^2] + \sum[(\overline{X} - \mu)^2] \\
&= \sum[(X_i - \overline{X})^2] + n \cdot [(\overline{X} - \mu)^2]
\end{aligned}
$$

この変形の結果，移行すれば標本平均に関しての平方和を得ることができます．

$$\Sigma[(X_i - \overline{X})^2] = \Sigma[(X_i - \mu)^2] - n \cdot [(\overline{X} - \mu)^2]$$

この両辺の期待値を計算しましょう．

$$E[\Sigma[(X_i - \overline{X})^2]] = E[\Sigma[(X_i - \mu)^2]] - n \cdot E[(\overline{X} - \mu)^2]$$

仮定により

$$E[\Sigma[(X_i - \mu)^2]] = \Sigma[E[(X_i - \mu)^2]] = n \cdot \sigma^2$$

$$E[(\overline{X} - \mu)^2] = \frac{\sigma^2}{n} \qquad ※式3$$

したがって

$$E[\Sigma[(X_i - \overline{X})^2]] = n \cdot \sigma^2 - n \cdot \frac{\sigma^2}{n} = (n-1) \cdot \sigma^2$$

という結果が得られます．これは，標本から計算された**平方和の期待値**は母分散σ^2の$(n-1)$倍になるという意味です．

この結果から，もし平方和をデータサイズnで割ったとすると，その期待値は

$$E\left[\Sigma\left[\frac{(X_i - \overline{X})^2}{n}\right]\right] = \frac{(n-1)}{n} \cdot \sigma^2$$

となり，真の母分散σ^2よりも小さい値となってしまいます．つまり，不偏性を満足せず，過小推定のバイアスがかかるということです．一方，平方和を$(n-1)$で割ったとすると，その期待値は

$$E\left[\Sigma\left[\frac{(X_i - \overline{X})^2}{(n-1)}\right]\right] = \frac{(n-1)}{(n-1)} \cdot \sigma^2 = \sigma^2$$

となり，不偏性が満たされます．

　以上の証明により，データサイズnの標本から母分散を普遍性をもって推定するためには，平方和をnではなく$(n-1)$で割る必要があります．この数値$(n-1)$を**自由度**（degree of freedom）と呼び，平方和をその自由度で割り算した$\Sigma[(X_i - \overline{X})^2]/(n-1)$を母分散の**不偏推定量**（unbiased estimator）と呼びます．

　無作為抽出されたn個の標本から計算された**偏差の総和はゼロ**になります．したがって，n個の偏差のうち，いずれかひとつは他の$n-1$個の偏差によって決定されることがわかります．見かけはn個の偏差がありますが，実際に"自由"に値がとれる偏差は$n-1$個しかありません．これが自由度の意味です（三中 2015，第6章）．要するに，平方和をデータサイズnで割るのは"割り過ぎ"ということです．

　本節の最後に，パラメーターとしての母分散と標本から推定された分散不偏推定値との関係を図示しましょう（【図6−7】）．母集団の確率密度関数$f(x)$が与えられたならば，偏差平方の期待値によって母分散（パラメーター）は定積分計算できます．一方，その母集団から抽出されたサイズnの標本を用いて私たちは**分散不偏推定値**を計算しました．推測統計学では，こうして得られた推定値がパラメーターをどれほど正確に推定できているかを評価します．本節で用いた不偏性はそのような評価基準のひとつです．

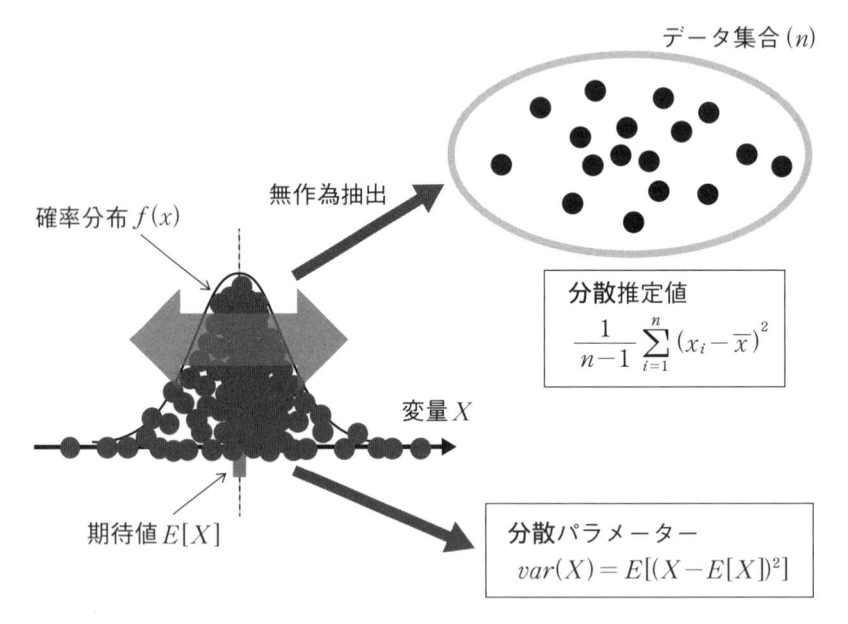

【図6−7】ある確率分布をもつ母集団の母分散と分散推定値との関係

確率分布曼荼羅：確率分布の類縁関係を見わたす

　この世には実にさまざまな**確率分布**があります．では，いったいどれほど多くの確率分布がパラメトリック統計学の世界を形づくっているのでしょうか．その一覧をまさに「**確率分布曼荼羅**」と呼ぶべき形式で可視化した論文があります（Leemis and McQueston 2008，三中 2015，第10章）．この確率分布曼荼羅（【図6−8】）には全部で76個の確率分布が掲載されており，その内訳は連続型（丸枠で囲まれた57個）ならびに離散型（四角枠で囲まれた19個）となっています．彼らの確率分布曼荼羅は現在インターネット上で見ることもできます（http://www.math.wm.edu/~leemis/chart/UDR/UDR.html）．

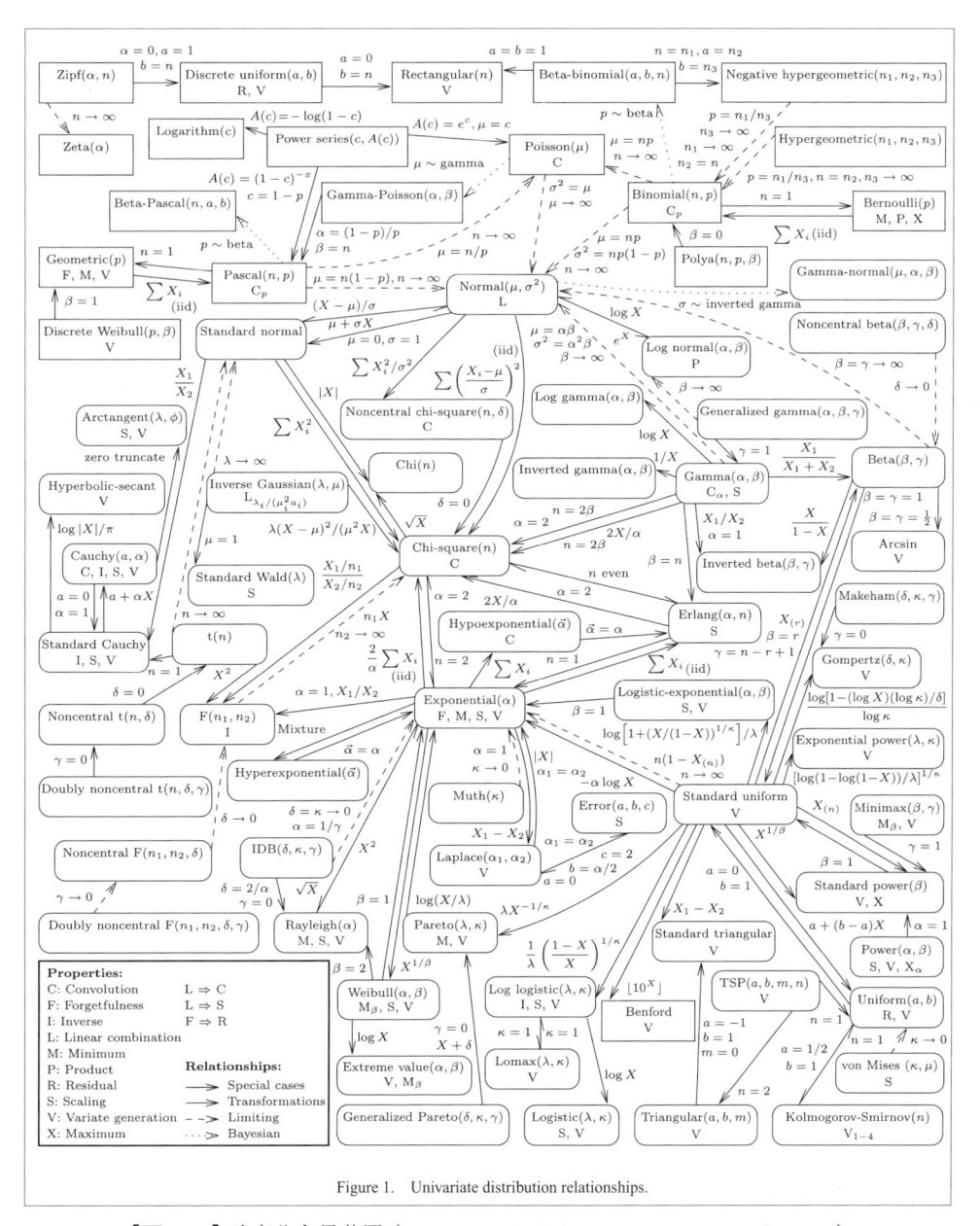

Figure 1. Univariate distribution relationships.

【図6−8】確率分布曼荼羅 (Leemis and McQueston 2008, p. 47, figure 1)

　数理統計学の本格的な本 (たとえば Mood et al. 1974 や竹村 1991) を読み通すことは，たとえ初等的な教科書であっても簡単なことではありません．しかし，上記の確率分布曼荼羅をたどれば関心のある確率分布から出発して，いろいろな方向にユーザーが進むことができるでしょう．重要な点は，たとえその

場では数学的詳細について理解できなかったとしても，あとからゆっくり復習してもかまわないということです．「確率分布曼荼羅」に掲載されている確率分布の数学的性質は**すべて解明されている**ことはもちろん，隣接する確率分布どうしを結ぶすべての矢印は厳密に証明されています．私たちは背後にあるそれらの数学的詳細を踏まえて，どんどん先に進むことができるわけです．

　この確率分布曼荼羅に示されるように，確率分布の間には緊密な関連性が見出され，しかもそれらの関係はすべて数学的に厳密な証明が与えられているという事実こそ，パラメトリック統計学の要塞を難攻不落にしているのだと実感せざるを得ません．

　じっと見ていると目がチカチカしてくる確率分布曼荼羅ですが，本書の続く講義に関係する上でとても**重要なポイント**があります．それは，確率分布曼荼羅の真ん中少し上に書かれている「Normal(μ, σ^2)」で，これは「**正規分布**（normal distribution）」を意味しています．その右上に見える「Binomial(n, p)」は「**二項分布**（binomial distribution）」です．いま，正規分布に焦点を当てて部分拡大してみましょう（【図6−9】）．

　この【図6−9】でピックアップしたいくつかの確率分布の間の関連性を箇条書きにして言葉で説明すると次のようになります．

1)　平均μ，分散σ^2をもつ**正規分布**（Normal distribution）に従う確率変数xの一次変換$(x-\mu)/\sigma$は，平均0，分散1の標準正規分布（Standard normal distribution）に従う．

2)　正規分布をする確率変数の平方和は**カイ二乗分布**（Chi-square distribution）に従う．

3)　独立なカイ二乗分布をするふたつの確率変数を対応する自由度で割った値の比は**F分布**（F distribution）に従う．

4)　標準正規 分布の計算に用いた標準偏差σ（分散σ^2の平方根）をそのサンプルサイズnのデータからの推定値sで置換した**t分布**（t distribution）は，サンプルサイズnを無限大にすると標準正規分布に収束する．

5)　t分布をする確率変数xの二乗x^2はF分布に従う．

ピックアップした部分を描き直すと【図6−10】のようになります．

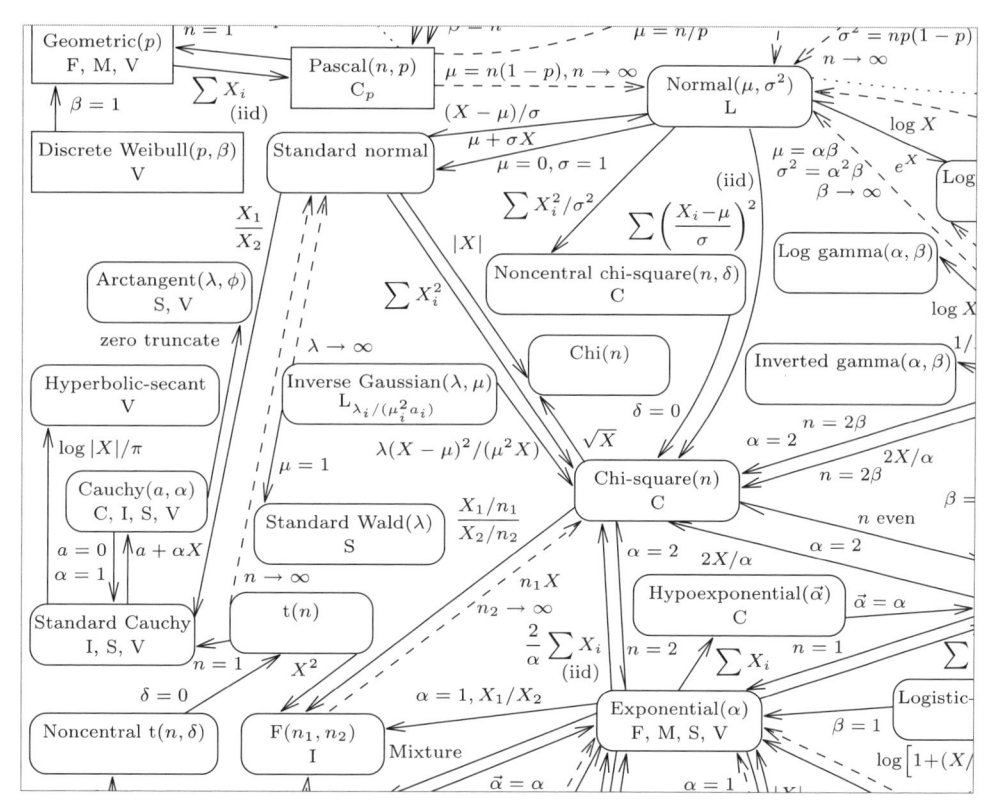

【図6−9】確率分布曼荼羅（図6−8）の正規分布近辺の部分拡大図．マークしたのは「Normal＝正規分布」，「Standard normal＝標準正規分布」，「t＝t分布」，「Chi-square＝カイ二乗分布」，「F＝F分布」

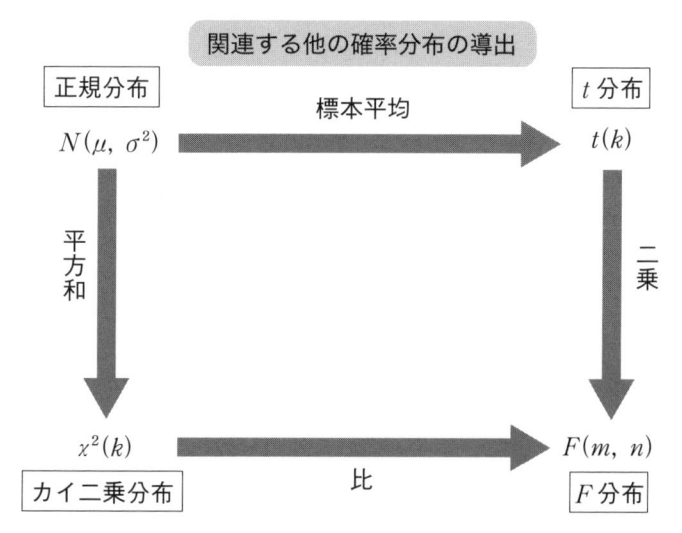

【図6−10】正規分布を出発点としてカイ二乗分布，t分布，およびF分布の相互関係を示す

　ここで登場する正規分布，カイ二乗分布，t 分布，そして F 分布は，数ある連続型確率分布の中でももっとも有名かつ重要なものばかりです．それらの確率分布の間には密接な関係があることを上の箇条書きは示しています．もちろん，これらの確率分布は数学的に厳密に記述されています．たとえば，正規分布は【図6−11】に示されるような左右対称形の釣鐘状の確率密度関数が指数関数の一種として規定されています．また，カイ二乗分布・t 分布・F 分布についても同様にそれぞれの確率分布を決める確率密度関数が与えられています．

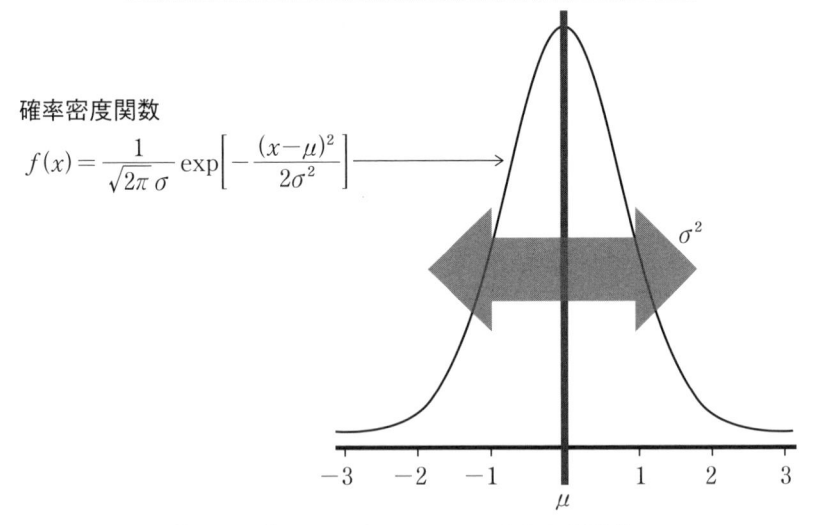

平均 μ, 分散 σ^2 の正規分布 $N(\mu, \sigma^2)$ の確率密度関数

確率密度関数
$$f(x) = \frac{1}{\sqrt{2\pi}\,\sigma} \exp\left[-\frac{(x-\mu)^2}{2\sigma^2}\right]$$

【図6−11】正規分布のグラフと確率密度関数

関連する他の確率分布の導出

カイ二乗分布　$\chi^2(k) = \dfrac{1}{\Gamma\left(\dfrac{k}{2}\right)} \left(\dfrac{1}{2}\right)^{\frac{k}{2}} x^{\frac{k}{2}-1} e^{-\frac{x}{2}}$

t 分布　$t(k) = \dfrac{\Gamma\left(\dfrac{k+1}{2}\right)}{\Gamma\left(\dfrac{k}{2}\right)} \dfrac{1}{\sqrt{k\pi}} \dfrac{1}{\left(1+\dfrac{x^2}{k}\right)^{\frac{k+1}{2}}}$

F 分布　$F(m, n) = \dfrac{\Gamma\left(\dfrac{m+n}{2}\right)}{\Gamma\left(\dfrac{m}{2}\right)\Gamma\left(\dfrac{n}{2}\right)} \left(\dfrac{m}{n}\right)^{\frac{m}{2}} \dfrac{x^{\frac{m-2}{2}}}{\left[1+\left(\dfrac{m}{n}\right)x\right]^{\frac{m+n}{2}}}$

【図6−12】カイ二乗分布・t 分布・F 分布の確率密度関数

正規分布を出発点として，関連するいくつかの確率分布が互いに数学的に結びついているという事実は，単に理論的に意義があるだけではありません．次講で解説するように，古典的な実験計画法の統計分析はまさにこの拡大部分に示された確率分布間の相互関係によって支えられています．そして，確率分布曼荼羅のごく一部を拡大しただけでもこれだけの内容が詰め込まれているのですから，全体として，いったいどれだけの情報量を含んでいるかは想像に難くありません．

　続く講義では，これら数多くの確率分布の中でも**正規分布**こそが"**最強**"の**確率分布**としてパラメトリック統計学の帝国に君臨するようすをお見せすることにしましょう．

第7講

実験計画法(1)：
完全無作為化法への道

　統計曼荼羅をたどる旅路は，統計学がたどった過去一世紀を行きつ戻りつしながら，あちこち寄り道を重ねてきました．本講からの後半部分では**本道に立ち帰って**先を進むことにしましょう．以下では，実験計画法に関連する具体的な統計データ解析の事例をお見せしながら，これまで説明してきた統計的思考が研究現場でどのように使われているのかをお見せします．取り上げる事例は農業試験がほとんどですが，他の分野での試験研究や観察実験にも適用できる一般性のある説明をするつもりです．

　農業実験の統計分析と言えば，これまで繰り返し登場してきた統計学者**ロナルド・A・フィッシャー**がまちがいなく主役です（Parolini 2015a, b）．イギリス流の統計学のスタイルを確立したフィッシャーは，ロンドン郊外のロザムステッド農業試験場に統計研究員として勤務したときの研究と経験を踏まえて，農業実験の基本原則を構築し（Fisher 1926），1935年に『**実験計画法**（*The Design of Experiments*）』（Fisher 1935）というきわめて影響力のある教科書を出版しました．今日なお農業試験を含む広範な研究現場で使われ続けているフィッシャーの実験計画法を学ぶことは，統計的なものの考え方が現実の世界とどのように密接に関連しているかを知る上できっと有効でしょう．

なぜ正規分布はパラメトリック統計学を統治しているのか

　前講で言及した「**確率分布曼荼羅**」に示されている通り，パラメトリック統計学の世界は数多くの確率分布から構成されています．その中でも，本講の主役である**正規分布**（normal distribution）は特別な地位を占めています．まず，正規分布のもつ数学的性質の大きな特徴として，正規分布をする確率変数の線形変換（一次変換）がやはり正規分布であるという「**正規性の保存**」という性質が挙げられます（【**図7−1**】）．具体的には，正規分布は次のような性質をもちます．

1) 正規分布 $N(\mu, \sigma^2)$ に従う確率変数 X に対して，a, b を実定数とする線形変換 $aX+b$ という変量は平均 $a\mu+b$，分散 $a^2\sigma^2$ の正規分布 $N(a\mu+b, a^2\sigma^2)$ に従う．とくに，$a=1/\sigma$，$b=-\mu/\sigma$ とするとき，線形変換された変量 $(X-\mu)/\sigma$，平均 0，分散 1 の正規分布 $N(0, 1)$ に従う．この正規分布を標準正規分布 (standard normal distribution) と呼ぶ．

2) 平均と分散がそれぞれ異なる n 個の正規分布 $N(\mu_i, \sigma_i^2)(i=1, 2, ..., n)$ を考える．それぞれの正規分布をもつ確率変数 $X_i(i=1, 2, ..., n)$ に対して，実定数 $a_i(i=1, 2, ..., n)$ による線形結合 $\Sigma a_i X_i$ は正規分布 $N(\Sigma a_i\mu_i, \Sigma a_i\sigma_i^2)$ に従う．

任意の確率分布をもつ確率変数であっても，**期待値演算**によって求められる平均と分散のみに関しては線形性が保たれます（【図7−2】）．

線形変換における正規性の保存

以下の説明では，「確率変数 X が確率分布 $f(x)$ に従う」を「$X \sim f(x)$」と表記する．

1) $X \sim N(\mu, \sigma^2)$ のとき，$aX+b \sim N(a\mu+b, a^2\sigma^2)$

とくに，$Z = \dfrac{X-\mu}{\sigma} \sim N(0, 1)$ を標準正規分布と呼ぶ．

2) $X_i \sim N(\mu_i, \sigma_i^2)(i=1, 2, ..., n)$ のとき，

$$\sum_{i=1}^{n} a_i X_i \sim N\left(\sum_{i=1}^{n} a_i\mu_i, \sum_{i=1}^{n} a_i^2\sigma_i^2\right)$$

【図7−1】正規性の保存．正規分布変量は線形変換に対して正規性が保存される

期待値演算子の基本的性質

$X \sim f(x), X_1, X_2, ..., X_n \sim f(x)$

$\mu = E[X]$, $\sigma^2 = var[X] = E[(X-\mu)^2]$ とするとき

1) $E[aX+b] = a\mu+b$, $var[aX+b] = a^2\sigma^2$

2) $E\left[\sum_{i=1}^{n} X_i\right] = n\mu$, $var\left[\sum_{i=1}^{n} X_i\right] = n\sigma^2$

3) $E[\overline{X}] = \mu$, $var[\overline{X}] = \dfrac{\sigma^2}{n}$

【図7−2】任意の確率分布に従う確率変数は線形変換に対して平均と分散は線形性を保存する

　ところが，正規分布は単に平均と分散だけでなく，正規分布という関数形そのものが**線形変換のもとで保存される**ということです．この性質は**実験計画法の統計的検定**を実行する上で，とても重要な性質であることを，あとで説明します．

　さらに，母集団がいかなる確率分布に従っていたとしても，無作為抽出された標本から計算された標本平均（算術平均値）はデータサイズが無限大になれば正規分布に収束するという「**中心極限定理**（central limit theorem）」なる定理があります（Mood et al. 1974, 竹村 1991）．中心極限定理の威力については三中（2015）の第10章で，統計言語Rを用いたシミュレーション結果を示しながらくわしく説明しました．

　中心極限定理は，数ある確率分布の中で，正規分布に対して**別格のお墨付き**を与えています．私たちが推測統計学を手がけるとき，母集団から抽出された標本に関して最初に関心をもつ統計量は**標本平均**です．その確率分布が正規分布に収束するのですから，他のすべての確率分布が正規分布にかなうはずがありません．パラメトリック統計学の理論体系が正規分布を大前提として構築されてきたのも当然のことと言えるでしょう．私が統計曼荼羅の中で「**由緒正しき正規分布帝国**」と呼んだ理由はそこにあります．

　しかし，中心極限定理だけで正規分布を特別視する理由ではありません．前講で説明したように，確率分布曼荼羅を一瞥すれば，正規分布は確率分布曼荼羅全体の関係ネットワークの中で**中核的なハブ**（hub）として機能していることがわかるでしょう．母集団が正規分布をしていると仮定できるならば，関連のある**他の確率分布**を利用して分析を進めることができます．正規分布を中核とする確率分布の緊密な連携のひとつの例として，以下では実験計画法とそれに伴う統計分析の話題に移りましょう．

実験計画法の理念と射程

　実験計画法（experimental design）とは，ある実験を実施する上で**それぞれの実験処理区をいかに配置するか**からはじまり，得られたデータをどのように**統計分析するか**にいたる一連の分析手順の体系です．

　フィッシャーが提示した実験計画法（Fisher 1926）の三原則については第3講ですでに説明しましたが，本講でも繰り返し言及されるきわめて重要な点ですので，もう一度掲げておきましょう．

1) 反復実施：同一実験処理を複数回実施することにより，その処理に伴うばらつきを評価する．
2) 無作為化：実験処理区のランダムな配置をすることにより，背景要因によるデータへの体系的な影響を偶然誤差化する．
3) 局所管理：実験場所を適切にブロック分割することにより，ブロック内の実験環境の均一化をはかる．

　実験計画法のこれら三原則については三中（2015）の第11〜13章で具体的に説明しましたので，くわしくはそちらを参照していただくことにして，この三原則をあらためて読み返してみると，読者の中にはそこはかとない "違和感" を感じる人がいるかもしれません．おそらくその理由は，これらの原則にはいわゆる「統計分析」らしい内容がまったく含まれていないからでしょう．第6講で登場したような確率分布のいかめしい数学的な概念が出てこないのはもちろん，数式さえひとつも見当たりません．

　実際，本講で説明する実験計画法は，現代の私たちが知っているひとつひとつの統計解析ツールよりももっと広範な中身を包み込んでいます．それは，データを取る「前」の**実験設計段階**からすでに実験計画法がはじまっていると言えるからです．これも第3章で引用しましたが，実験が終わったあとで統計学者に相談をもちかけても手の打ちようがないというフィッシャーの言葉を思い出しましょう．

　私たちは，どんな実験であっても**それを思い立った時点**から，すでに実験計画法ははじまっているということです．確かに本講で挙げる実例では，**分散分析**（analysis of variance）や**多重比較**（multiple comparison）のような統計解析の方法論が用いられます．しかし，それらの方法は前触れもなくいきなり登場するのではありません．**しかるべきプラン**のもとに綿密に計画された実験が前提としてあって，初めてそれらの方法が意味のある解析結果をもたらします．実験や観察を通して得られたデータから出発して，そのあとに前節の正規分布や関連する確率分布たちが舞台に上がってくるまでの，最初の実験計画から最後の統計解析にいたるきちんとした "台本" がなくてはならないことを私たちはしっかり学ぶ必要があります．

　それでは，実験計画法の世界へようこそ．

完全無作為化法：実験計画と統計モデル

　実験計画法について説明するために，第2講で用いた実験データ（**【表2−1】**）を再度取り上げましょう．この実験は，ある実験要因（「factor」）に関して**対照群**「ctrl」・**処理1**「trt1」・**処理2**「trt2」という3つの条件 ——実験計画法では「**水準**（level）」と呼ばれます—— を設定しました．

水準の反復実施と実験区の無作為化

　この実験では各水準ごとに10個体の植物を別々の試験区で栽培したので，フィッシャーの第一原理である「**反復実施**」は満たされています．ここで，3水準計30個体が実験圃場の中で無作為に配置されたとしましょう（**【図7−3】**）．このとき第二原理の「**無作為化**」が満たされていることになります．反復実施と無作為化を満たす実験計画法を「**完全無作為化法**（completely randomized design）」と呼びます．

1	2	3	4	5
6	7	8	9	10
11	12	13	14	15
16	17	18	19	20
21	22	23	24	25
26	27	28	29	30

という30区を用意して，無作為化配置すれば，たとえば

trt1	ctrl	trt1	trt2	ctrl
ctrl	ctrl	trt1	ctrl	trt2
trt1	trt1	ctrl	trt1	trt1
trt1	trt2	trt2	trt1	trt2
trt2	ctrl	trt1	trt2	ctrl
trt2	ctrl	ctrl	trt2	trt1

という実験区の割付けができる．

【図7−3】完全無作為化法での実験区の無作為化配置．3水準10反復なので計30実験区が必要である．実験圃場をあらかじめ30区に分割し，全域にわたって無作為的に実験区を配置する

　なぜ「反復実施」は必要なのでしょうか．たとえ同一の水準で実験したとしても，得られるデータには多かれ少なかれ**偶然的なばらつき**が生じます．そのようなばらつきを定量的に評価するために，実験計画法では偶然誤差を正規分布によってモデルに組み込もうとします．その際，ばらつきの大きさは正規分布の分散（σ^2）によって表されますが，その値は同一水準を反復しないと推定できません．「反復実施」は**偶然誤差の分散を評価する**ために必要だと言えます．

　次に，なぜ「無作為化」は必要なのでしょうか．その理由は，もし無作為化しなかったとしたら，実験要因以外の**背景要因**（たとえば，収量に影響する可能性のあるさまざまな圃場環境要因）との「**交絡**（confounding）」の効果を取り除くことができなくなるからです．無作為化しない実験区の配置は交絡がある

となすすべがありません．しかし，**無作為化配置**さえ行なえば，背景環境要因がどうであれ，要因の水準のもつ効果を切り出して評価することが可能になります．これが「無作為化」のもつ意義です．

線形統計モデルの構築

以上のように，実験プランニングの段階から実験計画法の原則に従った実験区の割りつけを行なったとき，私たちはこの実験に対応する「**線形統計モデル**(linear statistical model)」を仮定することができます．すべての実験計画法では，データがまだ得られていない計画段階で早くも「将来得られるであろうデータ」に関するモデル化がはじまっています．

私たちが実験の計画を立てた時点では，もちろんまだ何ひとつ収量データは得られていません．しかし，この作物の収穫期になれば，そして不幸な事故がなければ，それぞれの実験区から収量データが得られるでしょう．得られるはずのこのデータを「x_{ij}」$(i = 1, 2, 3; j = 1, 2, ..., 10)$と表しましょう．添字$i(= 1, 2, 3)$は**水準 (栽培条件) の番号**を，もうひとつの添字$j(= 1, 2, ..., 10)$は**反復の番号**を意味します．

このとき，データx_{ij}は実験条件iによっても増減し，同一条件であっても反復jごとにばらつきをもつでしょう．いま，観測されるx_{ij}のばらつきを次のような式で表してみましょう．

$$x_{ij} = \mu + \alpha_i + e_{ij}$$

$$\mu \ : \ 総平均$$
$$\alpha_i \ : \ 処理効果$$
$$e_{ij} \ : \ 誤差効果$$

左辺x_{ij}は実際の数値データが入りますが，右辺は実験を行なう私たちの頭の中にのみある"**説明仮説**"にすぎません．つまり，私たちは収穫期になれば測定できるばらつきのあるデータセットを以下のように説明しようとするわけです．

「収量データは総平均のまわりで値がばらつく．その原因のひとつは水準iによるばらつきであり，もうひとつは偶然誤差によるばらつきである．データのばらつきはこの両者を足したものである」

簡単に言えば，データがばらつくのは実験的に**コントロール**された水準に起因するばらつきと，**コントロールされていない**背景要因による偶然的なばらつ

きであるという "説明仮説" です．第3講で説明したように，データを説明するのが**モデル**の役割であるとするならば，上で私たちが立てた "説明仮説" はまさしくモデルにほかなりません．しかも，上に示した「式」はすべての項が**足し算**（線形）で表現されています．このモデルは線形統計モデルのひとつの例です．

　統計モデルと言われると，つい私たちは「数式で表されるものだ」という先入観があります．それはまちがいです．まずはじめに，データをどのように "説明" するのかを考えた（思いついた）時点でモデルは完成しています．数式はそれを簡潔に表現しただけです．

　上の線形統計モデルの右辺をくわしく見ていきましょう．現実に得られるデータを表す左辺とは異なり，右辺はデータ x_{ij} のばらつきをどのように説明するのかを公式に宣言します．右辺第1項の総平均 μ は**データの平均値**という定数です．問題はこの定数に足しあわされる変動因が2つあるという点です．右辺第2項 α_i は「**処理効果**（treatment effect）」と呼ばれ，処理水準 $i(= 1, 2, 3)$ によるばらつきを表します．

　さらに，右辺第3項 e_{ij} の「**誤差効果**（error effect）」が加算されます．これはすべてのデータにあてはまる偶然的な誤差（ばらつき）で，フィッシャー流の実験計画法では，ある正規分布 $N(0, \sigma^2)$ ―平均ゼロ，分散 σ^2― に従うと仮定されます．正確には，水準 i と反復 j に関して「**独立かつ同一**」の正規分布に従うという仮定が置かれます．この仮定の意味するところはあとで解説します．

　このように，実験計画法に付随する線形統計モデルは，データが得られる前の段階で，そのデータのばらつきをどのように説明するのかを "**公言**" する役割を果たしています．その "公言" がはたしてどれくらい妥当であるのかを実際に得られたデータに照らして検証するのが，実験計画法の残り後半部分に課された任務です．

偏差，平方和，平均平方，そして F 値

　さて，【表2-1】の栽培実験から得られた収量データに関しては，第2講でさまざまなグラフを用いて可視化しましたので，「どんな特徴をもつデータセットなのか」を私たちはすでに知っています．この収量データを説明する前節の線形統計モデルによれば，収量データの総平均からのばらつきに影響する変動因は，**処理水準**に起因する「処理効果」と，いつでもどこでも生じる「誤差効果」のふたつだけであると宣言されています．データのもつばらつきは実験者にとって唯一の情報源であり，そのばらつきが線形統計モデルを構成す

るどの変動因に帰することができるのかを調べることが実験計画法の主目的です．私たちがデータ行列が示すばらつきを見たとき，最初に問うのは，このデータのばらつきは処理水準によるものか，それとも偶然誤差によるものかという疑問です．したがって，データのばらつきを処理効果に由来する部分と誤差効果に由来する部分に分割することが最初の仕事となります．

全偏差を処理偏差と誤差偏差に分割する

まずはじめに，データのばらつきを**定量化する**ことからはじめなければなりません．第6講で，偏差から平方和を経由して分散（不偏推定値）にいたる計算の過程を解説したことを思い出してください．その手順を実験計画法より体系的に利用して分析を進めます．【**表2−1**】のデータセットは3水準×10反復の計30個の収量データがあります．それぞれのデータの総平均からの偏差（「**全偏差**」と呼びましょう）は容易に計算できます．この全偏差の中には実験処理と偶然誤差によるばらつきがともに含まれていることに注意しましょう．実験処理によるばらつきとは処理水準ごとのちがいを意味します．

処理効果はどこを見ればわかるでしょうか．それは各水準ごとに集計された処理平均が**総平均からどれくらいずれているか**を見れば一目瞭然です．たとえば，ある水準が収量にとってよい効果をもたらせば，その実験区の収量は総平均を大きく上回るでしょう．このとき処理効果は**正の大きな値**を取ります．逆に，収量を損なう水準だったとしたら処理効果は**負の値**になるでしょう．したがって，「**処理平均−総平均**」で定義される偏差（「**処理偏差**」と名づけます）を計算すればその値の正負によって私たちは水準ごとの効果を判定することができます．

実際に計算してみましょう．【**表2−1**】の**総平均**は「5.073」です．各水準ごとの**処理平均**は次の通りです．

対照群　「5.032」
処理1　「4.661」
処理2　「5.526」

したがって，処理偏差は総平均からの差を取れば以下のようになります．

対照群　「5.032−5.073＝−0.041」
処理1　「4.661−5.073＝−0.412」
処理2　「5.526−5.073＝0.453」

　さらに，各水準については10回の反復を実施しています．したがって．各水準内の10個のデータの対応する処理平均からの偏差を計算すれば，同一の水準内での**偶然誤差の大きさ**が求められるでしょう．この「**データ－処理平均**」の偏差を「**誤差偏差**」と呼びましょう．

　これら3つの偏差の定義式を列挙しましょう．

全偏差 ＝ データ － 総平均
処理偏差 ＝ 処理平均 － 総平均
誤差偏差 ＝ データ － 処理平均

　この定義式からすぐに導かれる関係は「**全偏差＝処理偏差＋誤差偏差**」です．つまり，全偏差を構成する2つの部分を「処理偏差」と「誤差偏差」として切り分けることができるということです．

全平方和を処理平方和と誤差平方和に分割する

　偏差の計算に続いて，偏差平方の総和である**平方和**について考えましょう．全偏差から計算される平方和は$\sum_{i,j}$**全偏差**$^2 = \sum_{i,j}$（**データ－総平均**）^{2} によって求められます．総和の範囲は水準$i = 1, 2, 3$および反復$j = 1, 2, ..., 10$です．ここで，計30個の全偏差はそれぞれが「全偏差 ＝ 処理偏差 ＋ 誤差偏差」に従って分割されるので，平方和の式もまた次のように変形できます．

$$\sum_{i,j} 全偏差^2$$
$$= \sum_{i,j}（処理偏差＋誤差偏差）^2$$
$$= \sum_{i,j}\{処理偏差^2＋誤差偏差^2＋2×処理偏差×誤差偏差\}$$
$$= \sum_{i,j} 処理偏差^2＋\sum_{i,j} 誤差偏差^2＋2×\sum_{i,j}（処理偏差×誤差偏差）$$

　最後の式の右辺の第3項目 $\sum_{i,j}$（**処理偏差×誤差偏差**）については，処理偏差が反復jを含んでいないため，さらに次のように分割されます．

$$\sum_{i,j}（処理偏差×誤差偏差）$$
$$= \sum_{i} 処理偏差×\sum_{j} 誤差偏差$$

　ところが，第6講で説明したように，偏差の単純な総和はゼロになるので，

$$\sum_{i} 処理偏差 = 0$$
$$\sum_{j} 誤差偏差 = 0$$

したがって，上の右辺第3項はゼロとなります．

以上の結果，$\sum\limits_{i,j}$ **全偏差**^{2} ＝ $\sum\limits_{i,j}$ **処理偏差**^{2} ＋ $\sum\limits_{i,j}$ **誤差偏差**^{2} が得られます．この式の各項は偏差の平方和を表しています．そこで

全平方和：$\sum\limits_{i,j}$ 全偏差^2

処理平方和：$\sum\limits_{i,j}$ 処理偏差^2

誤差平方和：$\sum\limits_{i,j}$ 誤差偏差^2

と定義するならば，上の関係式は

全平方和 ＝ 処理平方和 ＋ 誤差平方和

となり，**偏差の分割式「全偏差 ＝ 処理偏差 ＋ 誤差偏差」に対応する平方和の分割式**が証明できたことになります．私たちのデータで実際に計算してみると結果は次のようになります．

全平方和　　14.2584
処理平方和　3.7663
誤差平方和　10.4921

自由度を用いて平均平方（分散）を求める

これらの**3つの平方和**（全平方和，処理平方和，および誤差平方和）の**自由度**を考えてみましょう．**全平方和**は全偏差の平方和です．全偏差そのものの総和はゼロになるので，制約条件がひとつ生じます．見かけ上，全部で3水準×10反復＝30個の全偏差があってもそのうち "自由" に動けるのは29個なので，全平方和の自由度（「**全自由度**」）は30−1＝29です．

同様にして，**処理平方和**は3個の処理偏差から計算されますが，これらの処理偏差の総和はやはりゼロとなるため，処理平方和の自由度（「**処理自由度**」）は3−1＝2となります．

最後に残った**誤差平方和**の自由度の計算は少しめんどうです．誤差偏差の個数は全偏差と同じく30個あります．しかし，全偏差の制約条件が「総和がゼロになる」という，ただひとつだけなのとはちがって，誤差偏差の制約条件はもっと多くなります．その理由は，誤差偏差は「各水準ごとに計算される」からです．このデータの場合，3水準のそれぞれについて処理平均からのデータの誤差偏差が計算されます．したがって，**それぞれの水準ごとに**「10個の誤差偏差の和はゼロになる」という制約条件が生まれます．つまり，見かけ上，各

水準には10個の誤差偏差があっても，そのうち“自由”に動ける誤差偏差はひとつ少ない9個だけということです．こうして，誤差偏差は総計で**3つの制約条件**をもつことになり，誤差平方和の自由度（「**誤差自由度**」）は$30-3=27$と計算されます．

以上の計算により，全自由度，処理自由度，そして誤差自由度はそれぞれ$29, 2, 27$となり，「**全自由度＝処理自由度＋誤差自由度**」という関係が成り立っていることがわかります．この自由度の分割式は，上で説明した**偏差の分割式**「全偏差＝処理偏差＋誤差偏差」および**平方和の分割式**「全平方和＝処理平方和＋誤差平方和」と正確に対応しています．

さて，平方和とそれに対応する自由度が与えられれば，それぞれの変動因の**分散の不偏推定値**が計算できます．この例では**実験処理**と**偶然誤差**のふたつが変動因なので，それぞれの分散の不偏推定値は，「**処理平方和／処理自由度**」および「**誤差平方和／誤差自由度**」によって求められます．実験計画法では慣習的に分散推定値を「**平均平方（mean square）**」と呼び習わしてきました．したがって，処理と誤差の分散はそれぞれ「**処理平均平方**」と「**誤差平均平方**」と表記することにします．データから平均平方を求めると次の通りです．

　処理平均平方　　1.8832
　誤差平均平方　　0.3886

分散比としてのF値とその直感的理解

ここで，この実験の目的は何かを確認しましょう．そもそも，「処理水準が作物の収量に対して与える効果の有無について知りたい」と考えたからこそ，このような実験の計画が組まれたわけです．では，その目的はどうすれば達成できるでしょうか．私たちが上で計算してきたふたつの統計量，すなわち**処理平均平方**と**誤差平均平方**が強力な手がかりを与えてくれます．それらは実験処理と偶然誤差が収量に対してもたらしたばらつきの大きさを**データから計算された数値（分散の不偏推定値）**として示されています．ここで考察すべき点は，処理平均平方と誤差平均平方との相対的な比の大きさです．

ここで，第1講で思考実験として挙げた**架空生物**の例を思い出してください．そこでは，実験処理の前後で何らかの変動（ばらつき）が生じたとき，「**群間変動／群内変動**」という比の大小が，素朴統計学的な**直感的判定を左右している**と言いました．群内のばらつきの大きさに対して群間のばらつきが相対的に大きければ「差がある」と，逆に小さければ「差がない」と私たちは直感的に判定します．

第1講の仮想例では数値データはまったく用いませんでしたが，ここでは**具体的な数値データ**に基づいてこの「比」を扱うことができます．すなわち，群間変動と群内変動をそれぞれ処理平均平方と誤差平均平方と置き換えることにより，「群間変動／群内変動」という直感的な比は「処理平均平方／誤差平均平方」という**数値的な不偏分散の比**に変身します．この分散比は「**F値**（F value）」と呼ばれています（「F」は実験計画法の立役者フィッシャーのイニシャルにちなみます）．データから計算されたF値はつぎのようになります．

$$F = 4.8461$$

　分散比であるF値を計算した時点で，生データから出発した数値計算の道のりはひとまず中間ポイントに到達します．

第 8 講

実験計画法（2）： 分散分析と多重比較

統計的検定の枠組み：帰無仮説と対立仮説

　　ここで一休みして，私たちがデータから計算した F 値の意味について考えてみましょう．前講で定義したように，F 値は**分散推定値**の比すなわち処理平均平方の誤差平均平方に対する比です．誤差平均平方をいつでもデータにまとわりつく **"雑音"**（ホワイトノイズ）にたとえるならば，処理平均平方は水準ごとに異なる音が織りなす **"旋律"**（メロディー）と言い表せるでしょう．第1講で説明した通り，F 値が十分に大きければ私たちは「差がある」と認識するわけですが，これは雑音がいつも流れる中で旋律がはっきり聞き取れる状態にたとえることができます．他方，F 値が小さいということは雑音に旋律がかき消されてしまう状態と比喩できるでしょう．

　　このように，**処理平均平方＝旋律＝シグナル**とみなし，**誤差平均平方＝雑音＝ノイズ**と結びつけることにより，F 値とはデータから計算された「S/N（シグナル／ノイズ）比」にほかならないという，ごく自然な直感的解釈が可能になります．S/N比が高ければ旋律がちゃんと聞き取れるのに対し，逆に低ければ耳を澄ませても雑音しか聞こえません．

　　さて，F 値がどれくらい大きければ旋律が聞こえるのか，すなわち要因の水準間に意味のあるばらつきがあるのかの**数値的な「見極め」**をする必要があります．

　　第1講の説明では群間変動／群内変動の比を直感的にしか与えなかったので，その大小の見極めは客観的ではありませんでした．しかし，前講で得た F 値はデータから計算されたひとつの数値です．その値の大小をどのようにして「見極め」に結びつければいいのかが次の問題です．

帰無仮説のもとでの線形統計モデル

ここで，この完全無作為化法の背後にある線形統計モデルにふたたび目を向けましょう．私たちのモデルによれば，データの偶然誤差e_{ij}は水準i，反復jに関係なくつねに平均0，分散σ^2の正規分布$N(0, \sigma^2)$に従うと仮定されます．このモデルによれば，データのばらつきは，「処理水準による体系的なばらつきα_i」と「偶然誤差によるランダムなばらつきe_{ij}」の和によって説明できると宣言します．いま，処理効果α_iを含まない線形統計モデル「$x_{ij}=\mu+e_{ij}$」を立て，「**帰無モデル**（null model）」と呼ぶことにしましょう．この帰無モデルに対して，元のモデル「$x_{ij}=\mu+\alpha_i+e_{ij}$」を「**対立モデル**（alternative model）」と名づけます．帰無モデル$x_{ij}=\mu+e_{ij}$と対立モデル$x_{ij}=\mu+\alpha_i+e_{ij}$の唯一のちがいは**処理効果$\alpha_i$の有無**だけです．そして，帰無モデルによれば，データx_{ij}の変動因は偶然誤差e_{ij}のみと宣言されます．

なぜ，同じデータに対して帰無モデルと対立モデルという2つの線形統計モデルを立てるのでしょうか．第4講で説明したネイマン‐ピアソンによる仮説検定の枠組みによれば，私たちはこれらふたつのモデル（すなわち仮説）をデータに照らして比較することにより，**いずれの仮説を受け入れるか**の意思決定を求められます．つまり，データに照らして帰無仮説（帰無モデル）と対立仮説（対立モデル）とを対決させることにより，処理効果α_iが意味があるのかないのかの白黒の決着をつけようということです．

帰無仮説と対立仮説の主張のちがいをより明確にしておきましょう．「**処理効果がない**」と宣言する帰無仮説はすべての水準iに対して「$\alpha_i=0$」とみなします．帰無仮説の「処理効果がない」とは「**すべての水準iは効果がない**」という意味です．一方，「**処理効果はある**」と宣言する対立仮説は「$\alpha_i \neq 0$」となる水準iの存在を許容します．したがって，対立仮説の「処理効果はある」とは「**ある水準iに対して効果がある**」と解釈できます．

正規分布からカイ二乗分布，そしてF分布へ

さて，帰無仮説のもとでデータを説明しようとするとき，私たちは第6講で説明したパラメトリック統計学，とくに**正規分布に関係する理論**を使うことができます．第7講の冒頭で触れましたが，一般に正規分布をする確率変数の一次式（線形結合）もまた正規分布をすることが証明できます．つまり確率変数Xが正規分布$N(\mu, \sigma^2)$に従うとき，その一次式$aX+b$（a, bは実数定数）は正規分布$N(a\mu+b, a^2\sigma^2)$に従います．

帰無仮説「$x_{ij}=\mu+e_{ij}$」の右辺の偶然誤差は正規分布$N(0, \sigma^2)$に従うと仮定

されます．この式の右辺ではその偶然誤差に定数である平均μを足しているので，上の定理を用いると，左辺のデータx_{ij}は平均がμである正規分布$N(\mu, \sigma^2)$に従うことになります．これはデータx_{ij}が正規分布に従うという意味です．帰無仮説のもとでは収量データが正規分布に従う——これが以下の説明の出発点です．

　第6講の【図6−9】と【図6−10】でお見せした，正規分布を出発点とするいくつかの確率分布の相互関係を要約すると次のようになります．

1) 正規分布$N(\mu, \sigma^2)$に従う変量Xの一次変換$(X-\mu)/\sigma$は標準正規分布$N(0, 1)$に従う．
2) 標準正規分布をする確率変数の平方和はカイ二乗分布に従う．
3) 独立なカイ二乗分布をするふたつの確率変数を対応する自由度で割った値の比はF分布に従う．

　前講では，【表2−1】のデータセットを用いて，全偏差を処理偏差と誤差偏差に分割し，さらに全平方和を処理平方和と誤差平方和に分割しました．元データが正規分布に従うならば，処理偏差と誤差偏差それぞれについて 1の一次変換を行なえばいずれも標準正規分布に従うので，2によりそれらの平方和すなわち処理平方和と誤差平方和は別々の**カイ二乗分布**に従います．それぞれのカイ二乗分布の自由度は対応する処理自由度$(t-1)$と誤差自由度$(tr-t)$となります（t：水準数，r：反復数）．こうして導かれたカイ二乗変量をその自由度で割った値（すなわち平均平方）の比（すなわちF値）はF分布をすることが証明されます．

　以上のように，帰無仮説のもとでは，私たちがこれまでデータから計算を積み上げてきた過程で得られる偏差からF値にいたるすべての統計量について，その確率分布が与えられることがわかります．データセットからの数値計算に続いて，ようやく**パラメトリック統計学の論理**が舞台上に現れたということです．

分散分析：F分布を用いた仮説検定

　前節で説明したように，帰無モデルのもとでは，データXは正規分布$N(\mu, \sigma^2)$に従うと説明されます．全体の総平均μのまわりに偶然誤差がばらつくことによってデータの増減は説明できるということです．このとき，処理平方和と誤差平方和の自由度はそれぞれ2と27です．帰無モデルのもとでは平方和はカイ二乗分布をしますが，その確率密度関数は【図8−1】と【図8−2】のようなグラフとして示されます．

　この処理平方和と誤差平方和は互いに独立であり，両者の比はF分布に従います．

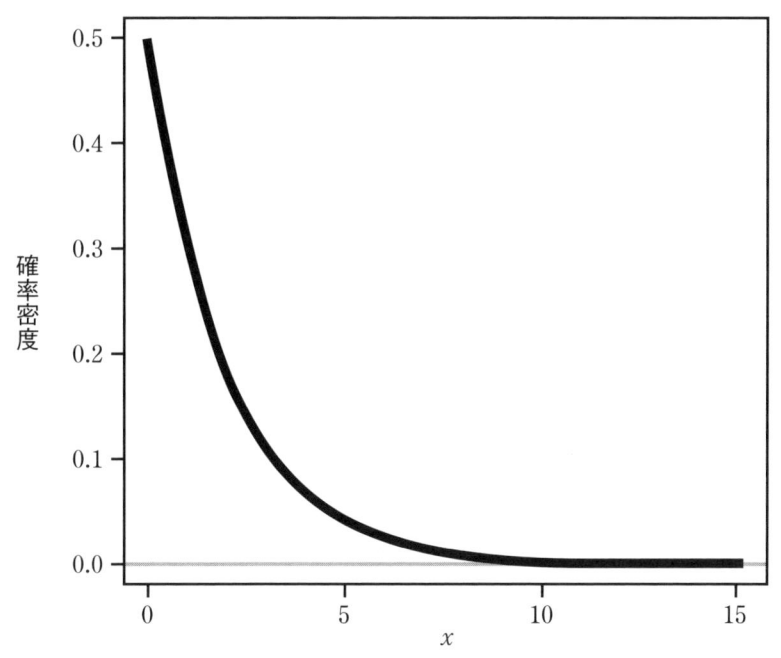

【図8−1】処理平方和（自由度2）のカイ二乗分布の確率密度関数

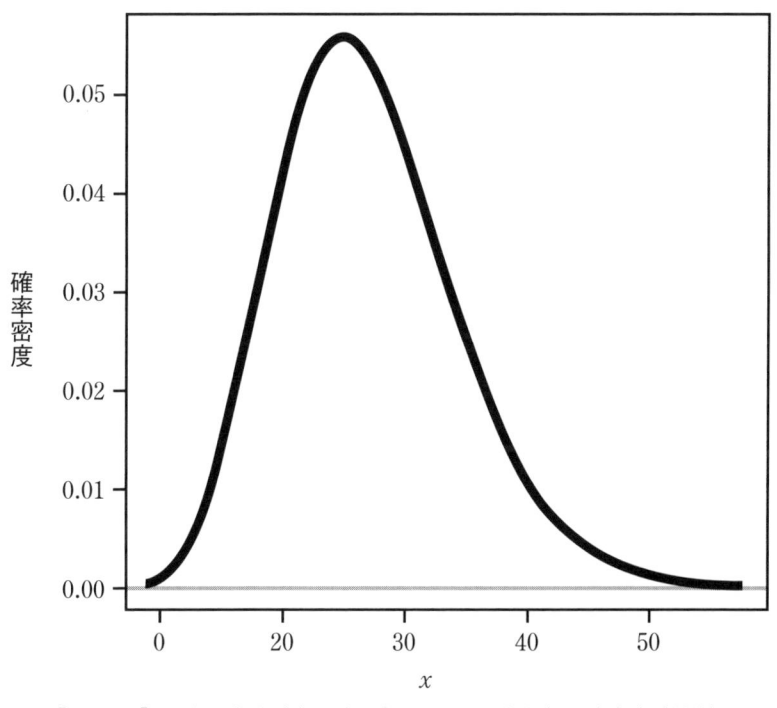

【図8−2】誤差平方和（自由度27）のカイ二乗分布の確率密度関数

このとき得られるF分布の確率密度関数は【図8−3】の通りです．

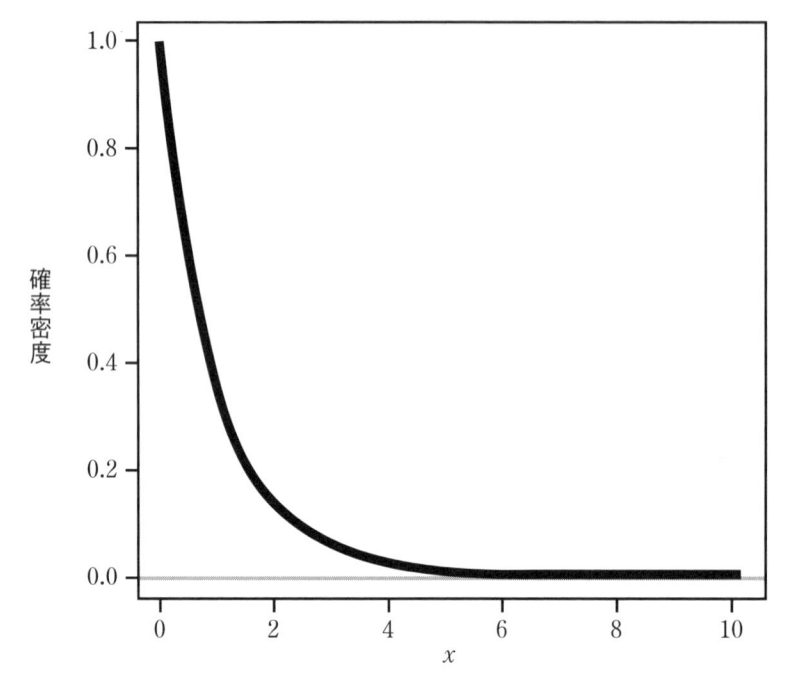

【図8−3】処理自由度2と誤差自由度27のときのF分布$F(2, 27)$の確率密度
　　　　関数

この【図8−3】からわかるように，このF分布は，左側に山があって，右側
の裾野が長い**非対称型の形状**を持っています．F分布の期待値は正確には分母
の自由度nを用いて$n/(n-2)$であることがわかっています．この例では分母
の誤差自由度は27ですから，期待値のより正確な値は$27/25 ≒ 1.08$となりま
す．

計算されたF値を帰無仮説のF分布に照らしあわせる

元データが正規分布に従うと仮定するとき，上の実験計画から得られたF値
は帰無モデルのもとでのF分布に従います．つまり，同じ実験計画を繰り返
し行なったと仮定するならば，それぞれの実験から得られたF値は全体とし
てこのF分布に従い，その値の平均値は**だいたい1程度の値**になるということ
です．

帰無モデルとは「**処理効果（α_i）がない**」と宣言しています．言い換えれば，

処理効果がなければF値は平均的に1程度になると言っているわけです。これはまったく意外な結果ではありません。F値の分子にあたる処理平均平方はもしも水準間に意味のあるばらつきがなかったならば小さな値になるでしょう。しかし、その場合でも分母の偶然誤差と同程度のばらつきは残るので、帰無モデルのもとではFの値がほぼ1になるというのは納得できます。

しかし、帰無モデルのもとでのF分布からのメッセージは実はそれだけではありません。右裾に長く引く確率密度関数をたどっていくと、**F値が大きくなるにつれ、確率密度の値が急激に減少していく**ようすがわかります。つまり、帰無モデルのもとでは処理平均平方は誤差平均平方と同程度の大きさであると期待されるため（つまり$F \fallingdotseq 1$）、F値が大きくなるほどその値が出現する確率は小さくなります。

このことを利用して、上で定式化した帰無モデルと対立モデルとの比較を行おうというのが実験計画法での「**分散分析**」（ANOVA：analysis of variance）の枠組みです。

私たちは収量データから計算されたF値をすでに手にしています。その値がもし1程度の大きさしかなかったとしたら、すでに説明した通り、帰無モデルでも十分に説明されてしまいます。すなわち、**処理効果は「ない」**と言われても文句は言えません。一方、Fの値が1よりも大きくなればなるほど分子の処理平均平方が大きくなるので、**処理効果は「ある」**と言っても差し支えないのではないでしょうか。問題はF値がどれくらい大きければその結論の妥当性が示せるのかという点です。

F検定：帰無仮説と対立仮説の対峙と意思決定

帰無モデルのもとでのF分布のグラフは確率密度関数なので**グラフの下の面積は全体で1**（すなわち全確率＝1）となります。確率変数Fは値が大きくなるほど確率が小さくなりますが、ある値以上となる確率はグラフ下の部分の面積に等しくなります。たとえば、右端の確率が面積0.05となるF値は「3.3541」であり、もっと小さい確率0.01となるのはF値が「5.4881」のときです。

これらの確率が何を意味するかを考えてみましょう。$F \geqq 3.3541$となる確率が0.05（5%）ということは、帰無モデルのもとでF値がこの領域に入るほど大きい値を取る確率は**100回中5回**であるということです。

同様に、$F \geqq 5.4881$となる確率が0.01（1%）ということは、さらにきびしく**100回中たった1回**しか生じないことを意味します。つまり、処理効果がないと仮定する帰無モデルは大きすぎるF値を説明することができないのです。

帰無仮説のF分布のグラフ上に設定したこれらの領域を「**棄却域**（critical

region)」と呼ぶことにしましょう．5％領域は5％あるいは1％の危険率をもつ棄却域です．1％棄却域に入れば自動的に5％棄却域にも入りますが，その逆は必ずしも成り立ちません．5％レベルに比べて1％レベルの仮説検定の方がより厳しいわけです．

　ここでいう"棄却"とは何を意味しているのでしょうか．第4講で説明したネイマン–ピアソンによる仮説検定の枠組みによれば，帰無仮説かそれとも対立仮説のいずれを受け入れるかの意思決定（decision making）をするため，「観測されたF値が棄却域に入れば帰無仮説は棄却して対立仮説を受容する」という基準を設定します．

　すなわち，実験データを説明する帰無仮説を棄却できるかどうかを仮説検定（「F検定」）によって判定しようということです．

　"危険率"およびその裏返しの"有意水準"という言葉についても説明が必要です．たとえば，実験データから得られたF値が$F \geqq 5.4881$を満たす大きな値だったとしましょう．上の検定基準によれば，このとき私たちは帰無仮説を"棄却"することができます．しかし，帰無仮説のもとでも100回中1回はこれくらい大きな値が出ることがあります．つまり，1％棄却域に入ったから帰無仮説を棄却すると，ほんとうは帰無仮説が正しいのにそれを棄却してしまう1％の"危険率"があるということです．

　裏を返せば，100回中99回は棄却域に入らないので，**1％の"危険率"**は99％の"有意水準"と呼ばれることもあります．この"危険率"は第1講でお話しした**第一種過誤**にほかなりません．私たちは仮説検定を実行するときに，処理効果が「ない」のに「ある」と判定する過誤を犯す危険性がつねにあることを知る必要があります．

まとめとしての分散分析表

　以上の説明のまとめとして，5％棄却域と1％棄却域を前講でデータから計算したF値（4.8461）とともに図で示すことにしましょう（**【図8–4】**）．この図からわかることは，データから得られた$F = 4.8461$によれば，帰無仮説は5％危険率（95％有意水準）のもとでは棄却できるが，1％危険率（99％有意水準）のもとでは棄却できないという結論が導かれます．

　F検定はパラメトリック統計学では「**仮説検定（hypothesis testing）**」というより一般的な意思決定の枠組みですが，この点をもう少し補足説明しましょう．

　私たちはある実験計画から得られたデータから一連の統計量を計算し，最終的に処理平均（分散）の比であるF値に到達しました．一方，その実験計画の背後にある線形統計モデルとして，処理効果を含まない帰無仮説（帰無モデ

ル）と処理効果を含む対立仮説（対立モデル）とを対置しました.

　分散分析として実行される仮説検定では統計量F値に照らして，帰無仮説の棄却域に入るかどうかを判定し，帰無仮説を棄却するかどうかの意思決定を行ないます.

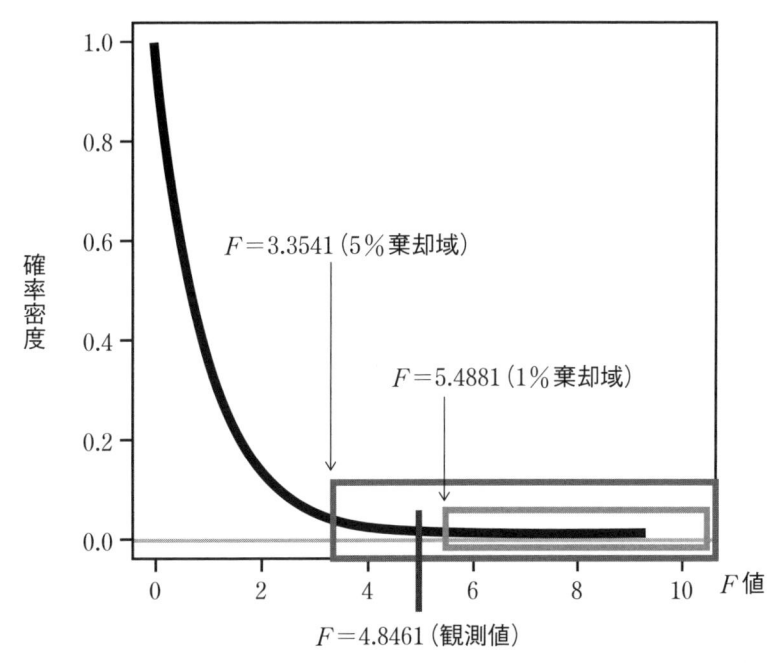

【図8−4】F分布の上に5％棄却域と1％棄却域を設定し，観測されたF値の位置を示す

　以上で，実験区の割りつけからはじまり分散分析による仮説検定までの流れはすべて説明しました. 私たちが例として用いてきた実験データを踏まえて，計算の過程を表形式にまとめたものを「**分散分析表**（ANOVA table）」として【表8−1】に示します.

【表8−1】分散分析表

変動因	平方和	自由度	平均平方	F値	5％棄却域	1％棄却域
処理	3.7663	2	1.88315	4.8461 *	3.3541	5.4881
誤差	10.4921	27	0.38859			

　私たちがこうしてたどり着いたゴールは，データに基づいて処理効果の有無を統計学的に判定する方法の枠組みです．【表8−1】の検定結果を見れば，この実験から得られたデータのもとでは，帰無仮説「処理効果はない」は5%レベルの危険率で棄却され，対立仮説「処理効果はある」が受容されます．すなわち，この実験処理により，**収量には有意なちがいが生じた**という結論が得られました．伝統的にF値が5%レベルで有意ならば「＊」，1%レベルで有意ならば「＊＊」，あるいは有意でなければ「ns」（「有意ではない（no significant）」の意味）と表わすことが多いです．

多重比較：水準間の有意差を判定する諸方法

　前節でくわしく説明した通り，分散分析は**変動因の有意性**を統計的に検定するための方法です．しかし，その検定結果だけでは，私たちは満足できないことがあるでしょう．「ある実験処理により収量は変わった」という結論が得られたのであれば，たたみかけるように「**どの処理水準が効いたのか**」が知りたいのは実験者としては当然の問いかけです．ところが，分散分析はこの後者の問いに対しては答えてくれません．「どの水準が効くのか」という疑問は処理水準間に有意な差があるのかどうかという別の統計学的問題です．この問いに答えることができるのは分散分析ではなく「**多重比較（multiple comparison）**」の理論です．

二群間の平均の比較：t検定

　まずはじめに，もっとも単純な**二群間の平均の比較**を考えてみましょう．母平均は異なるが母分散は等しいと仮定した2つの母集団$N(\mu_i, \sigma^2)(i=1, 2)$から無作為抽出されたサンプルから，群平均$\overline{x_1}$（サンプルサイズ$n_1$）と$\overline{x_2}$（サンプルサイズ$n_2$）が計算されたとします．

$$群平均 \quad \overline{x_i} = \frac{(x_{i1}+x_{i2}+...+x_{in_i})}{n_i} \quad i=1, 2$$

　このとき，私たちが知りたいのは「**群1と2の平均間に有意差があるのか**」という点です．「群1と2の間に有意差があるのか」という疑問は**母平均差**$z=\mu_1-\mu_2$がゼロであるかどうかという問いにほかなりません．そこで，**帰無仮説を「$z=0$」と設定**し，**対立仮説を「$z\neq0$」と置きます**．各データは正規分布$N(\mu_i, \sigma^2)$に従っているので，線形変換しても正規性が保存されることを考えれば，$\overline{x_i}$もまた次の正規分布に従うことが示されます．

$$\overline{x_i} \sim N\left(\mu_i, \frac{\sigma^2}{n_i}\right)$$

私たちは得られたデータからzの値を計算できます．一方，群平均$\overline{x_i}$が正規分布に従うことから，群平均差も正規分布をします．

$$\overline{x_1} - \overline{x_2} \sim N\left(\mu_1 - \mu_2, \, \sigma^2\left(\frac{1}{n_1} + \frac{1}{n_2}\right)\right)$$

帰無仮説のもとでは群平均差は正規分布$N(0, 2\times\sigma^2/r)$に従い，さらに変形すれば標準正規分布になります．

$$\frac{(\overline{x_1} - \overline{x_2})}{\sqrt{\sigma^2\left(\dfrac{1}{n_1} + \dfrac{1}{n_2}\right)}} \sim N(0, \, 1)$$

この式で，誤差の母分散σ^2は未知なので，このままではどうすることもできません．しかし，さいわいなことに，パラメトリック統計学の「**ステューデントt分布**（Student's t distribution）」の理論を当てはめることで，この問題を解決できます．それぞれの群について計算された平方和を母分散σ^2で割ったものはカイ二乗分布をします（Mood et al. 1974: 242）．

$$\sum_{j=1}^{n_i} \frac{(x_{ij} - \overline{x_i})^2}{\sigma^2} \sim \chi^2(n_i - 1)$$

これら2つの統計量は互いに独立なので，その和もまたカイ二乗分布をします．

$$\frac{\sum\limits_{j=1}^{n_1}(x_{1j} - \overline{x_1})^2 + \sum\limits_{j=1}^{n_2}(x_{2j} - \overline{x_2})^2}{\sigma^2} \sim \chi^2(n_1 + n_2 - 2)$$

ここで次の定理を用いましょう（Mood et al. 1974: 250）．

定理：標準正規分布をする確率変数Zと自由度kのカイ二乗分布をする確率変数Uが互いに独立であるとき，$Z/\sqrt{(U/k)}$は自由度kのt分布に従う．

したがって，次に示す検定統計量

$$\frac{\dfrac{(\overline{x_1} - \overline{x_2})}{\sqrt{\sigma^2\left(\dfrac{1}{n_1} + \dfrac{1}{n_2}\right)}}}{\sqrt{\dfrac{\sum\limits_{j=1}^{n_1}(x_{1j} - \overline{x_1})^2 + \sum\limits_{j=1}^{n_2}(x_{2j} - \overline{x_2})^2}{\sigma^2 \times (n_1 + n_2 - 2)}}} = \frac{\sqrt{\dfrac{n_1 n_2 (n_1 + n_2 - 2)}{(n_1 + n_2)}} \times (\overline{x_1} - \overline{x_2})}{\sqrt{\sum\limits_{j=1}^{n_1}(x_{1j} - \overline{x_1})^2 + \sum\limits_{j=1}^{n_2}(x_{2j} - \overline{x_2})^2}}$$

は自由度$n_1 + n_2 - 2$のt分布に従うことになります．

上の定理を用いることにより，未知の母分散σ^2が消去され，データのみか

ら計算される統計量が得られることがわかります．この統計量が従うt分布とはどのような確率分布でしょうか．たとえば$n_1 = n_2 = 4$の場合，t分布の自由度は$n_1 + n_2 - 2 = 4 + 4 - 2 = 6$となり，【図8−5】のような確率密度関数が描けます．

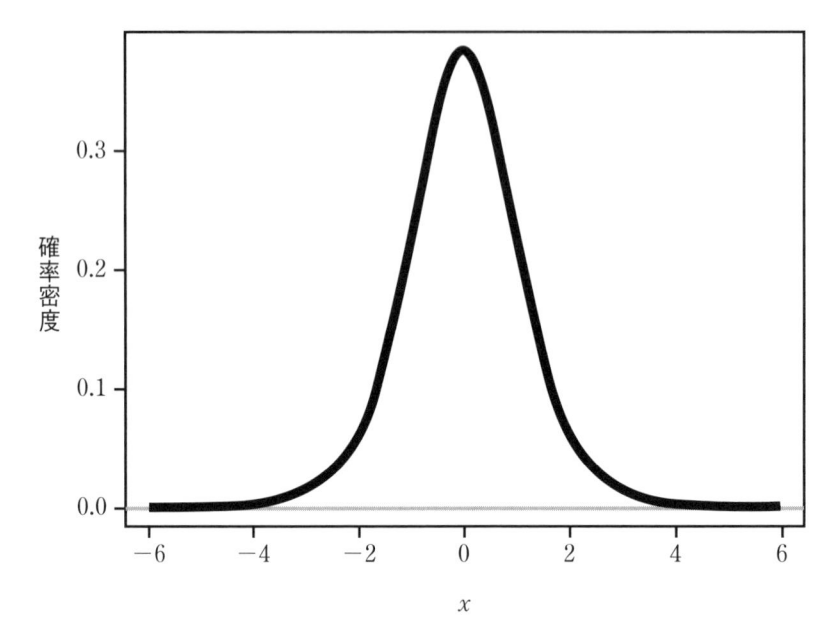

【図8−5】自由度6のt分布$t(6)$の確率密度関数

$t = 0$を頂点とし**左右対称型の形状**をもつこのt分布は，群間の平均値差を仮説検定するときの理論的なよりどころとなります．

このt分布は帰無仮説「群間に平均値の差はない」という仮定のもとで構築されました．一方，私たちは実際のデータから群平均の差の検定統計量を計算することができます．【図8−5】によれば，t値は正負を問わず**絶対値が大きくなるほど確率密度が急激に下がる**ので，分散分析のF検定と同様の仮説検定の枠組みをつくることができます．つまり，検定統計量の値がゼロから正負いずれかの方向に一定限度よりも大きな絶対値をもつならば，そのときは「差はない」と主張する帰無仮説を棄却し，「差はある」と言う対立仮説を受容しようという考え方です．

これが群平均差に関する「**ステューデントt検定**（Student's t test）」と呼ばれる仮説検定です．

ステューデントt検定で，たとえば5％危険率の棄却域を設定するならば，

その値を二等分して，t分布の右側と左側の端にそれぞれ2.5%ずつの棄却域を分割設置すればいいことになります（【図8−6】）.

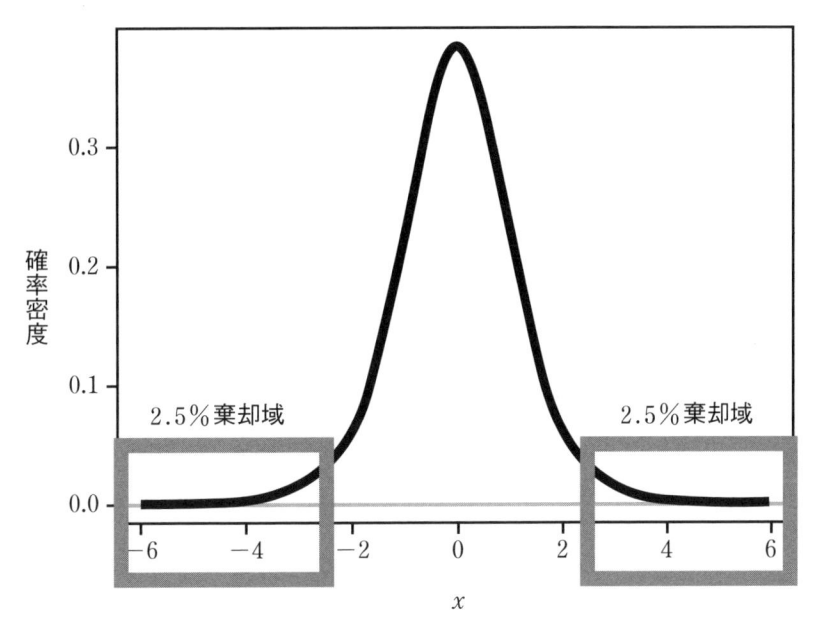

【図8−6】自由度6のt分布$t(6)$の5%危険率の両側検定. この場合の棄却域（四角い囲みのところ）は$|t| \geqq 2.447$

スチューデントt検定のように，帰無分布の上端と下端に棄却域を設定するやり方を「**両側検定**」と呼びます. 一方，上の分散分析で用いたF検定では，検定統計量は対立仮説のもとでは必ず帰無仮説のときよりも大きくなるので，棄却域は上側にのみ設定しました. このような仮説検定は「**片側検定**」と呼ばれます.

多群間の平均の比較：多重比較

ここまでの説明は二群間の標本平均に関する話でしたが，前節の分散分析での**水準間の処理平均**については状況がもう少し複雑になります. 私たちが例として用いた実験では3水準を設定し，それぞれの水準は10反復されていました. したがって，各水準の群ごとの10個のデータに基づいて，処理平均の間に有意な差があるかどうかを検定することになります.

任意のふたつの**水準間**で処理平均に差があるかどうかを考えるならば，上でくわしく解説した通常のスチューデントt検定を用いればいいわけです.

　その際，たとえば5%危険率の両側 t 検定を行なったならば，第一種過誤（差がないのにあると誤判定するまちがい）の確率は当然5%です．仮説検定の危険率はできるだけ低く抑えるのが定石なので，その値を5%あるいは1%とすることはまったく問題ないでしょう．

　ところが，このような水準間の処理平均に関する有意差検定を何度も繰り返したとき「**多重比較** (multiple comparison)」という新たな問題が浮上します．この多重比較問題の詳細についてはたとえば三輪 (2015) の第3章「処理平均の多重比較法」(pp. 50-76) にゆずるとして，以下では**この問題の様相と対処**について簡単に述べることにしましょう．

　3水準10反復の実験計画を組んだとき，私たちが処理平均の比較を行おうとすれば，3水準の処理平均 $\overline{x_1}$, $\overline{x_2}$, $\overline{x_3}$ のペアの差

$$\overline{x_1} - \overline{x_2}$$
$$\overline{x_1} - \overline{x_3}$$
$$\overline{x_2} - \overline{x_3}$$

を列挙して，ひとつひとつのペアごとに有意差の有無を仮説検定しなければならないということです．

　ここで生じる問題点は**危険率の増幅**です．あるひとつの処理平均ペアについての仮説検定ならばその危険率は5%あるいは1%ときちんとコントロールされています．ところが，**ペア比較を何回も繰り返す**とこの危険率が大きくなってしまいます．いま危険率の大きさを α（%）と表しましょう．ある処理平均ペアの仮説検定に伴う危険率すなわち第一種過誤の確率は α です．したがって，このペアについて第一種過誤を犯さない確率は $1-\alpha$ となります．ペアのすべての場合の数を N（通り）とすると，N 回の処理平均のペア比較で第一種過誤を犯さない確率は $(1-\alpha)^N$ です．その余事象すなわち N 回のペア比較のいずれかで第一種過誤を犯す確率は

$$1-(1-\alpha)^N = 1-(1-N\alpha+[\alpha\text{の高次項}]) \fallingdotseq 1-(1-N\alpha) = N\alpha$$

となり，近似的に「α の N 倍」となってしまいます．たとえば，私たちの例のように $\alpha = 0.05$，$N = 3$ の場合には $N\alpha = 0.05 \times 3 = 0.15$ となってしまい，3対のペア比較のいずれかで**第一種過誤を犯す確率は3倍**になってしまいます．これでは，危険率は野放しにされていると言わざるを得ません．

　このように，単一のペア比較ではちゃんとコントロールされていた危険率が，ペア比較を何回も繰り返すごとに全体として大きくなってしまうことが「**多重比較問題**」としてパラメトリック統計学では長年議論され，その対策としての「**補正法**」がこれまでいくつも提唱されました (Hochberg and Tamhane

1987, 永田・吉田 1997, Bretz et al. 2011, 三輪 2015).

　ペア比較の回数が総危険率の増大に直結しているのならば，最初から回数でもって危険率を抑えこめばいいではないか，という発想は当然浮かんでくるでしょう．「ボンフェローニ補正」と呼ばれる多重比較の補正法はまさにこの考え方を採用しています．ボンフェローニ補正によれば，実施されるペア比較の回数 N が事前にわかっているならば，それぞれのペア比較での危険率を α/N とするという補正法です．たとえば $N = 10$ ならば，各ペア比較での危険率を $1/10$ するということです．言い換えれば10倍厳しい仮説検定を科せば，たとえ10回ペア比較を繰り返しても，**総危険率**は $N \times \alpha/N = \alpha$ となり，α の危険率レベルをそのまま保持できます．

　確かにボンフェローニ補正は総危険率のコントロールという点では最強の多重比較補正です．しかし，第一種過誤を抑えこむことに全力をつぎ込むボンフェローニ補正は，裏を返せば**第二種過誤**（差があるのにないと誤判定するまちがい）を増大させるリスクを伴います．多重比較の論議の中では，第一種過誤をできるだけ抑えこみつつ，第二種過誤のリスクをもコントロールする補正法がいくつも編み出されました．そのひとつが「**ホルム補正**」と呼ばれる方法です．

　ホルム補正では，まずはじめにペア平均差に関して大小順に並べ替えます，そして，平均差が最小のペアについては通常の危険率 α のまま検定を行ないますが，平均差が大きくなるにつれて危険率 α をしだいに小さく（すなわちしだいに厳しく）して検定し，平均差が最大のペアに対してはもっとも厳しいボンフェローニ補正と同じ危険率での検定を科します．このように，ホルム補正は，平均差の大きさに応じて**危険率を可変的に調節**することにより，第一種過誤の合計と第二種過誤の発生を同時コントロールしようとします．

　前節の実験データについて，ここで解説した多重比較の3つのやり方（無補正，ボンフェローニ補正，そしてホルム補正）の計算例を示しましょう．

　まずは，**多重比較の補正をしないとき**の計算結果です．

	対照群	処理1
処理1	0.1944	—
処理2	0.0877	0.0045

　下三角行列の各要素は対応するペアの平均差が帰無仮説のもとでどれくらいの確率（p 値）をもつかを示しています．p 値が 0.05 を下回れば5％危険率で「有意差あり」と判定されます．見ての通り，「処理1 － 処理2」の水準ペアは有意差がありますが，すでに指摘したように多重比較補正をしなければ信用できません．

そこで**ホルム補正をした結果**は次の通りです.

	対照群	処理1
処理1	0.194	—
処理2	0.175	0.013

最後に**ボンフェローニ補正の結果**を示します.

	対照群	処理1
処理1	0.583	—
処理2	0.263	0.013

　ホルム補正された確率の値を見ると無補正とボンフェローニ補正の中間的な検定結果であることがわかるでしょう.

　このように, 多重比較の補正法はいくつかのやり方があり, それぞれ使用できる条件あるいはデータが満足すべき前提が異なっていますので, データにあわせた適用を考える必要があります（参照：三輪 2015）.

　以上, 本講では, 実験計画から得られたデータの分散分析から多重比較までの流れをまとめて説明しました. 実験研究の現場で生まれるデータを踏まえて, 「パラメトリック統計学の理論をどのように動員しながら, 実験者の目的にあわせた統計データ解析を行なうかまで」を実験計画法は幅広く包括しています. 次の講義ではこの実験計画法のさらなる応用場面を見てみましょう.

実験計画法（3）：
乱塊法，要因実験，交互作用

　第7〜8講では，実験計画法の中でもっとも単純な**完全無作為化法**を取り上げ，その数値例とともに実験処理区の割りつけからはじまって，得られたデータを踏まえた変動因の分散分析（F検定）と処理水準の多重比較（ステューデントt検定）までの手順と，それを支える理論について説明しました．本講では，より複雑な実験計画法のやり方である「**乱塊法**」について解説します．**実験区の「ブロック化」**を伴う乱塊法は，完全無作為化法に比べて，手順がより複雑になります．しかし，より精度が高く，同時に実験者のニーズにあわせて調整が可能な乱塊法は，実際の研究現場で広く用いられている実験計画法です．

実験区をブロック化する

　　実験処理区の「ブロック化」とは何かについては三中（2015）の第13章でくわしく説明しましたが，以下ではその要点をかいつまんでまとめましょう．たとえば，ある要因に関して収量実験することをすでに説明した完全無作為化法に従って実施するならば，私たちは必要な数の実験区を用意し，それぞれ水準を無作為化配置すればいいことになります．無作為化する理由は背後に隠れた何らかの要因が実験データに及ぼす影響を**偶然誤差に転換**するためです．

　　いま，この背景要因に関する情報が事前に与えられているとしましょう．たとえば農業試験場のように同じ実験圃場を毎年繰り返し使用するような状況では，ある圃場にどのような"特徴"があるかはあらかじめわかっているでしょう．たとえば，この実験で使用する圃場が水条件に関して環境勾配があり，一方の区域は湿潤なのに，他方の区域は乾燥していると仮定します．同じ圃場であっても区域によって環境条件にちがいがあれば，当然そこで栽培する作物の収量への影響は避けられません．

　　もちろん，完全無作為化法を用いれば，このような場合でも，処理水準を無作為化配置して体系的な影響を除去することはできないわけではありません．しかし，圃場全域にわたっていっぺんに無作為化配置すると，たまたま湿潤な

区域にある水準の反復が集中的に配置されるかもしれません．それでは，データへの影響を排除したことにはならないでしょう．

　このような場合に，より効果的に対処するには，最初から圃場を大きく分割して，それぞれの分割の中で別々に処理水準の無作為化配置を実施すればいいでしょう．

　環境勾配に直交するように切られたこの分割のことを「**ブロック（block）**」と呼びます．圃場を反復数と等しい数のブロックに分割した上で，各ブロックごとに水準を無作為化配置する実験区の割りつけ法を「**乱塊法**（randomized block design）」と呼びます．

　この乱塊法による実験区配置を用いればどのような利点があるでしょうか．ブロックは背景要因に関する事前情報に基づいて環境勾配と直交するように設定されているので，上の仮想例で反復（ブロック）数が3であれば，勾配の方向に沿って順に「**湿潤ブロック**」「**中間ブロック**」「**乾燥ブロック**」と各ブロックを名づけることができるでしょう．つまり，それぞれのブロックの特徴（癖）を実験者の立場でコントロールできるということです．

　ここでフィッシャーの実験計画法の3つめの原理を思い出してください．

3)　「**局所管理**」：実験場所を適切にブロック分割することにより，ブロック内の実験環境の均一化をはかる．

　事前情報に従って実験処理区を「ブロック化」することにより，「局所管理」というこの3番目の原理が満たされることになります．

　完全無作為化法は「反復実施」と「無作為化」の2つの原理を組み込んでいましたが，乱塊法はさらに加えて「**局所管理**」**の原理**をも取り込んだ実験計画法とみなすことができます．

一要因乱塊法の実験計画

　実際の数値例をお見せしながら説明を続けることにしましょう．以下に示す例ではイネの収量に関する要因——2水準（L_1 と L_2）——を3反復乱塊法実験で実施しました．

　3ブロック2水準の実験区配置は【**図9-1**】のようになります．各ブロックごとに2水準（L_1，L_2）が無作為化されて割りつけられます．

　完全無作為化法では実験区の割りつけは圃場全体にわたっていっぺんに実施されますが，乱塊法ではブロックごとに別々に無作為化配置されます．

ブロック1	L₁	L₂

ブロック1	L_1	L_2
ブロック2	L_2	L_1
ブロック3	L_1	L_2

【図9-1】乱塊法の実験区割りつけ

完全無作為化法のときと同じく，乱塊法でも実験区を割りつけた時点で，次の線形統計モデルが仮定されます．

$x_{ij} = \mu + \alpha_i + \rho_j + e_{ij}$

μ ：総平均

α_i ：処理効果

ρ_j ：ブロック効果

e_{ij} ：誤差効果

完全無作為化法のモデルと比較して，右辺の項がひとつ増えていることがわかります．それは，**j番目のブロックが収量に及ぼすブロック効果**です．

乱塊法の線形統計モデルの意味は次の通りです．左辺のx_{ij}は第i水準第jブロックから得られた収量データを示します．現実に得られるこのデータが総平均μのまわりでのばらつきを等号の右辺ではいくつかの変動因の組合せとして説明しようとします．

その変動因のひとつは**処理効果**α_iで，播種密度による収量のばらつきを表します．もうひとつは**ブロック効果**ρ_jで，j番目のブロックに属することによる収量のばらつきを示します．そして，最後は正規分布$N(0, \sigma^2)$に従う**誤差効果**e_{ij}です．

この3つの変動因を合計することでデータのばらつきを説明しようと乱塊法の線形統計モデルは宣言しています．

完全無作為化法のモデルに比べて**ブロック効果の項**が新たにつけ加わったことに注意しましょう．乱塊法では，背景要因もまたモデルに明示的に含まれる変動因のひとつであるということです（Faraway 2005, Chapter 16）．

一要因乱塊法の分散分析

　それでは，この乱塊法実験から得られた実際の収量データをお見せしましょう（【表9−1】）．

【表9−1】乱塊法実験のデータ

要因	ブロック		
	R_1	R_2	R_3
L_1	38.74	34.34	37.58
L_2	44.71	51.78	52.90

出典：国際協力事業団筑波国際協力センター（現・国際協力機構筑波国際センター）において2004年に実施されたキューバ特設稲作コースでの私の統計研修テキスト「Diseño de experimentos para investigación agrícola」

　上端第2行はブロックの記号（R_1, R_2, R_3）で，左端の列は要因Lの2水準（L_1, L_2），そして，行列内の数値は収量データを表しています．完全無作為化法とは異なり，乱塊法ではデータの行方向（横方向）の水準ごとだけではなく，**列方向**（縦方向）のブロックごとの集計にも意味があるという点です．それぞれの列はひとつのブロックを意味しているので，ブロックごとに「**ブロック和**」とその平均である「**ブロック平均**」を計算することができます．

　偏差からはじまり，平方和，平均平方，そしてF値へと続く計算手順は完全無作為化法の場合とほぼ同じですが，ブロック効果が加わるので，やや複雑になります．いずれの場合も，ばらつきを数値化した偏差は変動因の相対的な大きさを評価する第一段階となります．乱塊法の線形統計モデルを見ると，データの総平均からのばらつきを処理効果，ブロック効果，そして誤差効果の3つの変動因で説明しようとします．

　　全偏差　＝データ−総平均
　　処理偏差＝処理平均 − 総平均
　　ブロック偏差＝ブロック平均−総平均
　　誤差偏差＝全偏差 − 処理偏差 − ブロック偏差

　このうち，**全偏差**と**処理偏差**については完全無作為化法の定義がそのままあてはまります．**ブロック偏差**は「あるブロックに属することが収量に対してどのように影響するか」を表します．残る**誤差偏差**については，全偏差のうち処理偏差でもブロック偏差でも説明できなかったばらつきを意味すると考えられます．

　乱塊法での**偏差の分割式**「全偏差＝処理偏差＋ブロック偏差＋誤差偏差」が得られたので，次に平方和の分割に進みましょう．

$$全平方和 = \sum_{i,j} 全偏差^2$$

$$= \sum_{i,j} (処理偏差 + ブロック偏差 + 誤差偏差)^2$$

$$= \sum_{i,j} \{処理偏差^2 + ブロック偏差^2 + 誤差偏差^2$$

$$+ 2 \times 処理偏差 \times 誤差偏差 + 2 \times ブロック偏差 \times 誤差偏差$$

$$+ 2 \times 処理偏差 \times ブロック偏差\}$$

右辺に含まれる3つの偏差積の総和は，すべてゼロになるので，残るのは3つの平方和のみとなります．

$$処理平方和 = \sum_{i,j} 処理偏差^2$$

$$ブロック平方和 = \sum_{i,j} ブロック偏差^2$$

$$誤差平方和 = \sum_{i,j} 誤差偏差^2$$

と定義すれば，**平方和の分割式**「全平方和 = 処理平方和 + ブロック平方和 + 誤差平方和」が導かれます．

平方和の自由度についても同じです．

$$処理自由度 = 処理水準数 - 1$$
$$ブロック自由度 = ブロック数 - 1$$
$$誤差自由度 = 全自由度 - 処理自由度 - ブロック自由度$$

自由度の分割式「全自由度 = 処理自由度 + ブロック自由度 + 誤差自由度」が成り立ちます．平方和ごとに対応する自由度で割り算すれば平均平方（分散）が求められます．乱塊法の場合は次の通りです．

$$処理平均平方 = \frac{処理平方和}{処理自由度}$$

$$ブロック平均平方 = \frac{ブロック平方和}{ブロック自由度}$$

$$誤差平均平方 = \frac{誤差平方和}{誤差自由度}$$

最後の手順は F 値ですが，完全無作為化法とはちがって，乱塊法では次の2つの F 値が定義できます．

$$処理F値 = \frac{処理平均平方}{誤差平均平方}$$

$$ブロックF値 = \frac{ブロック平均平方}{誤差平均平方}$$

　　処理 F 値は，すでに完全無作為化法でも登場したように，処理効果の大きさ
を誤差効果に対して仮説検定（F 検定）するのに用いられました．一方，新顔
の**ブロック F 値**はブロック効果の大きさを同じ誤差効果に対して検定します．
つまり，誤差を共通の"分母"とする処理と，ブロックの変動因としての有意
性を調べられるわけです．

　　実際の計算結果を【**表9−2**】の分散分析表に示します．

【**表9−2**】乱塊法の分散分析表

変動因	平方和	自由度	平均平方	F 値	$\Pr[x \geq F]$
ブロック	12.593	2	6.2965	0.3381^{ns}	0.74732
要因	250.002	1	250.002	3.4243^{ns}	0.06708
誤差	37.246	2	18.623		

　　帰無仮説のもとで要因効果の F 値が観測値よりも大きくなる確率は0.06を
超えるので，5%棄却域に入るには少しだけ及びません．また，帰無仮説のも
とでブロック効果の F 値が観測値よりも大きくなる確率は0.74強なので，こ
ちらはまったく有意ではありません．

多要因計画：複数の実験要因の組合せ

　　これまでの実験計画法の例は，完全無作為化法にせよ乱塊法にせよ，**あるひ
とつの要因**に関して**複数の水準を設定**して有意性検定を行いました．しかし，
より複雑な実験計画になると，**複数の要因**についてそれぞれ複数の水準をもた
せる場合があります．

二要因乱塊法の実験計画

　　以下では，**ふたつの要因**について乱塊法で実験を実施する事例を挙げましょ
う．この事例は国際稲研究所で実際に行われた実験です（Gomez and Gomez
1984：91−97）．この実験では，窒素施肥量5水準（$N_0 \sim N_4$）と稲品種3水準
（$V_1 \sim V_3$）が用意されました．まずはじめにこの二要因のすべての水準組合
せを示します（【**表9−3**】）．

【表9−3】二要因乱塊法の水準組合せ表

窒素施肥量 kg/ha	水準組合せ		
	6966 (V_1)	P1215936 (V_2)	Milfor 6(2) (V_3)
0(N_0)	$N_0 V_1$	$N_0 V_2$	$N_0 V_3$
40(N_1)	$N_1 V_1$	$N_1 V_2$	$N_1 V_3$
70(N_2)	$N_2 V_1$	$N_2 V_2$	$N_2 V_3$
100(N_3)	$N_3 V_1$	$N_3 V_2$	$N_3 V_3$
130(N_4)	$N_4 V_1$	$N_4 V_2$	$N_4 V_3$

この全15通りの水準組合せのすべてに対して4反復の乱塊法が適用されました．その実験区配置は【図9−2】の通りです．

$V_3 N_2$	$V_2 N_1$	$V_1 N_4$	$V_1 N_1$	$V_2 N_3$
$V_3 N_0$	$V_1 N_3$	$V_3 N_4$	$V_1 N_2$	$V_3 N_3$
$V_2 N_4$	$V_3 N_1$	$V_2 N_0$	$V_1 N_0$	$V_2 N_2$

ブロックⅠ

$V_1 N_1$	$V_3 N_0$	$V_1 N_0$	$V_3 N_1$	$V_1 N_4$
$V_2 N_2$	$V_1 N_2$	$V_1 N_3$	$V_2 N_4$	$V_3 N_4$
$V_2 N_0$	$V_3 N_2$	$V_2 N_1$	$V_2 N_3$	$V_3 N_3$

ブロックⅢ

$V_2 N_3$	$V_3 N_3$	$V_1 N_1$	$V_2 N_0$	$V_2 N_1$
$V_1 N_3$	$V_3 N_2$	$V_1 N_2$	$V_1 N_4$	$V_2 N_4$
$V_1 N_0$	$V_3 N_4$	$V_2 N_2$	$V_3 N_1$	$V_3 N_0$

ブロックⅡ

$V_1 N_2$	$V_2 N_2$	$V_2 N_4$	$V_1 N_0$	$V_2 N_0$
$V_1 N_3$	$V_3 N_1$	$V_1 N_4$	$V_1 N_1$	$V_2 N_3$
$V_3 N_0$	$V_2 N_1$	$V_3 N_2$	$V_3 N_3$	$V_3 N_4$

ブロックⅣ

【図9−2】4反復乱塊法での実験区配置

二要因乱塊法の分散分析（交互作用を含む）

これまでの例に比べてかなり複雑な配置になっていますが，乱塊法の基本原理が守られていることに注意しましょう．この実験計画のもとで得られた収量データを【表9−4】に示します．

【表9−4】得られた収量データ

窒素施肥量 kg/ha	収量 t/ha				処理和
	ブロック I	ブロック II	ブロック III	ブロック IV	
V_1					
N_0	3.852	2.606	3.144	2.894	12.496
N_1	4.788	4.936	4.562	4.608	18.894
N_2	4.576	4.454	4.884	3.924	17.838
N_3	6.034	5.276	5.906	5.652	22.868
N_4	5.874	5.916	5.984	5.518	23.292
V_2					
N_0	2.846	3.794	4.108	3.444	14.192
N_1	4.956	5.128	4.150	4.990	19.224
N_2	5.928	5.698	5.810	4.308	21.744
N_3	5.664	5.362	6.458	5.474	22.958
N_4	5.458	5.546	5.786	5.932	22.722
V_3					
N_0	4.192	3.754	3.738	3.428	15.112
N_1	5.250	4.582	4.896	4.286	19.014
N_2	5.822	4.848	5.678	4.932	21.280
N_3	5.888	5.524	6.042	4.756	22.210
N_4	5.864	6.264	6.056	5.362	23.546
ブロック和	76.992	73.688	77.202	69.508	
総和					297.390

　さて，この二要因乱塊法実験の**線形統計モデル**について考えてみましょう（【図9−3】）．

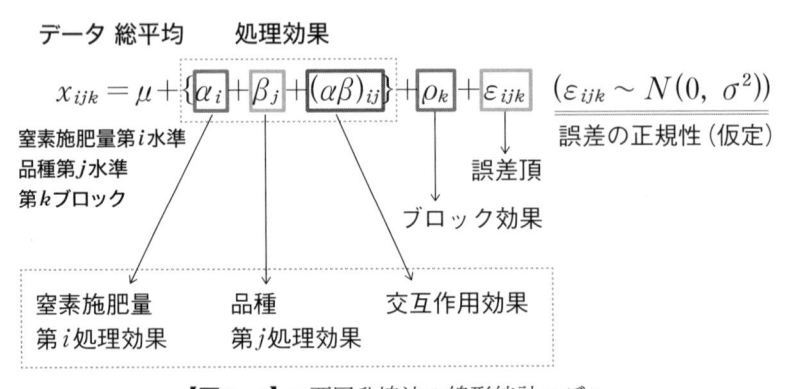

$$x_{ijk} = \mu + \{\alpha_i + \beta_j + (\alpha\beta)_{ij}\} + \rho_k + \varepsilon_{ijk} \quad (\varepsilon_{ijk} \sim N(0,\ \sigma^2))$$

データ 総平均　　処理効果

窒素施肥量第 i 水準
品種第 j 水準
第 k ブロック

誤差の正規性（仮定）

誤差頂

ブロック効果

窒素施肥量
第 i 処理効果

品種
第 j 処理効果

交互作用効果

【図9−3】二要因乱塊法の線形統計モデル

　一見しただけでも，これまでの一要因実験と比較して大幅に統計モデルが複雑になっていることがわかります．しかし，乱塊法の統計モデルの基本的特徴である「データ＝総平均＋処理効果＋ブロック効果＋誤差効果」という構造

は一要因のときとまったく変わりません．偶然誤差が正規分布に従うという仮定も踏襲されています．では，モデルを複雑にしている原因はいったい何でしょうか．それは，処理効果がさらに階層的に分割されていることです．

この二要因実験では窒素施肥量と品種のふたつの要因を組み込みました．このとき，稲の収量に対して窒素施肥量と品種のそれぞれがある効果をもつことが仮定されます．要因ごとのこの効果のことを「**主効果**（main effect）」と呼びます．ところが，ふたつ以上の要因を含む**多要因計画**（factorial design: Faraway 2005, Chapter 15）では，各要因の主効果のほかに要因間の「**交互作用効果**（interaction effect）」という高次の効果を考える必要があります．

交互作用効果については，次のような仮想実験を考えることで理解が深まるでしょう．

いま，ある円形の架空生物群に対して実験処理Pと別の実験処理Qをしたとしましょう．予備実験によれば，処理Pを施すと，円形生物の色彩は変わりませんが，形状が楕円形になりました（**【図9−4】**）．また，処理Qを施すと，円形生物の形状は変わりませんが，色彩が黒くなりました（**【図9−5】**）．

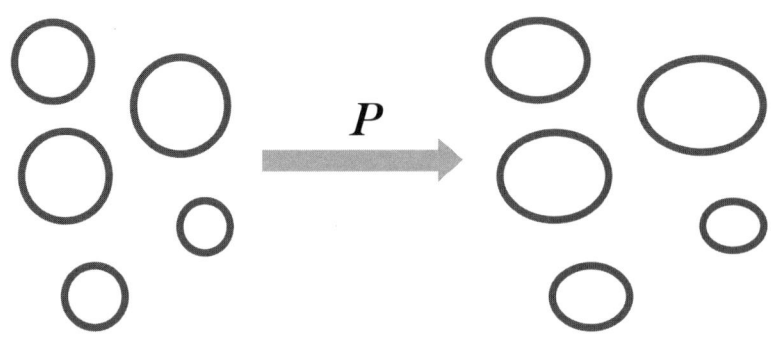

【図9−4】架空生物に実験処理Pを施す

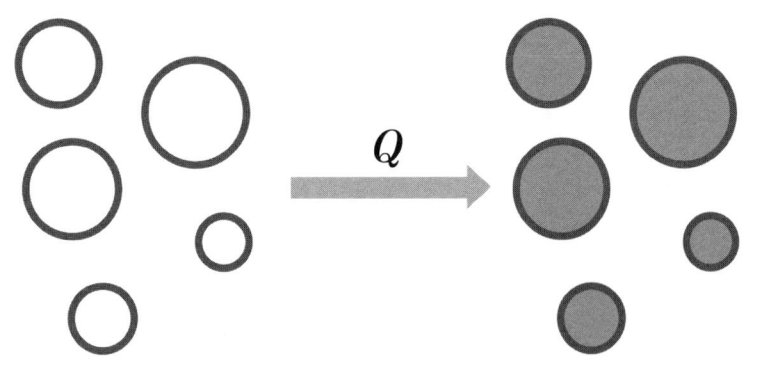

【図9−5】架空生物に実験処理Qを施す

　これらの予備実験は実験処理 P, Q それぞれについての一要因実験でした．ここで問題になるのは，処理 P と Q を同時に架空生物群に施したときどのような結果が生じるかという点です（【図9−6】）．

　P と Q の同時処理の結果が【図9−7】に示すように「形状は楕円形に，色彩は黒くなった」とするならば，私たちはきっと胸をなでおろすでしょう．というのも，この同時効果は形状を楕円化する処理 P と色彩を黒化させる処理 Q の**"単純な足し算"**として理解できるからです．

　ところが，実験結果が【図9−8】のようになってしまったら，私たちは混乱するのではないでしょうか．【図9−8】の結果は「形状は楕円形に，色彩は黒くなった」だけではなく，「**しっぽ**」が生じているからです．

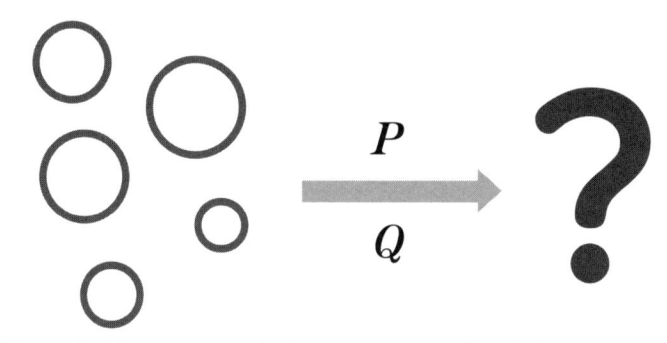

【図9−6】実験処理 P と Q を同時に施すとこの架空生物はどうなるか

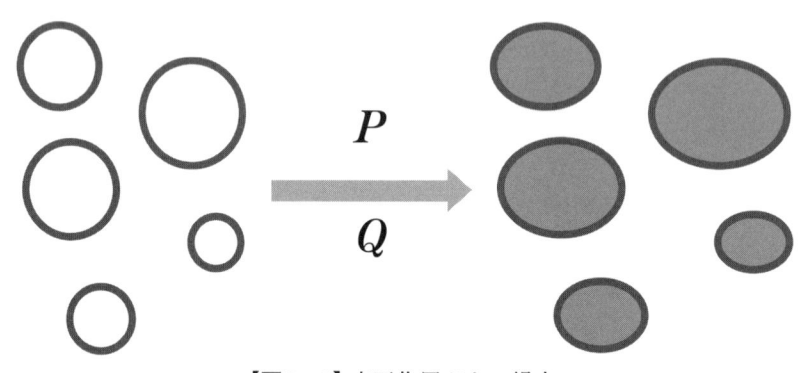

【図9−7】交互作用がない場合

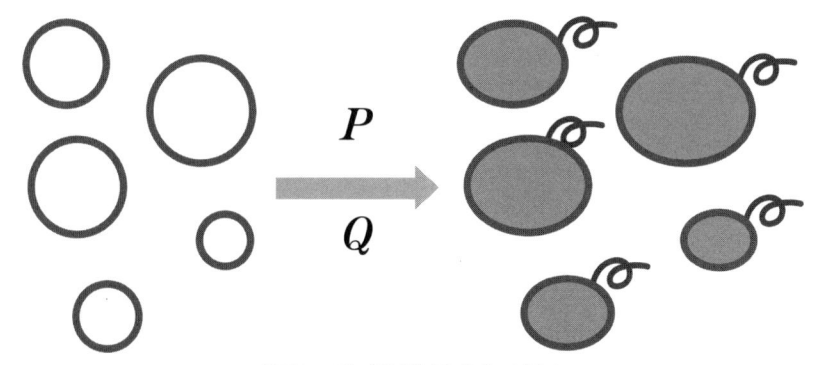

【図9−8】交互作用がある場合

　予備実験を見る限り，処理Pと処理Qのそれぞれには「しっぽが生える」という効果はどこにもありません．つまり，この「しっぽ」はふたつの処理PとQを同時に施したときにだけ生じる現象とみなされます．このとき「しっぽ」はPとQの「**交互作用**」によって生じたと解釈されます．一方，「しっぽ」がない【図9−7】は交互作用がないと判定されます．

　複数の要因を含む多要因実験では，要因と要因との間の**交互作用の可能性**をつねに念頭に置きながらデータの解析に臨む必要があります．【図9−3】の線形統計モデルが最初から**交互作用の項**を含んでいる理由はここにあります．大きく括った「処理効果」の内訳は，各要因ごとの主効果に加えて，主効果では説明できない「交互作用効果から成る」ということです．

　このように，一要因実験に比べて量的にも大規模で質的にもこみいってきましたが，データに基づいて私たちが進める**計算手順は大きく変わりません**．偏差の分割からはじまり，平方和の計算と分割，そして平均平方を変動因ごとに求め，最後に誤差効果を共通分母とするF値を求めます．そしてそれぞれの帰無仮説のもとで分散分析をすれば，次に示すような分散分析表が得られます．

【表9−5】二要因乱塊法実験の分散分析表

	平方和	自由度	F値	$Pr(>F)$
ブロック（REP）	2.600	3	5.7294**	0.00222
N	41.235	4	68.1534**	$< 2 \times 10^{-16}$
V	1.053	2	3.4801*	0.03995
$N \times V$交互作用	2.291	8	1.8931^{ns}	0.08671
誤差	6.353	42		

　この分散分析表では，「REP」がブロック効果，「N」は窒素施肥量の主効果，「V」は品種の主効果，そして「$N \times V$」は窒素施肥量と品種の交互作用効果を

表しています．懸念されていた交互作用効果は有意ではありませんでした．

　この分散分析表では，棄却域の確率ではなく「p値（p value）」によって，変動因の有意性を数値表示しています．たとえば窒素施肥量の主効果Nは2×10^{-16}というきわめて小さなp値なので，0.1％レベルの有意性（***）があると判定されます．もうひとつの品種Vについてはp値が5％以下1％以上なので，5％レベルで有意（*）であり，ブロック効果REPについては1％レベルの有意性（**）が示されました．

　この実験ではさいわいなことに交互作用効果は有意ではありませんでした．しかし，せっかくの機会ですから，この例でも交互作用の **“かけら”** があることをヴィジュアルに指摘しておきましょう．いま，横軸を窒素施肥量，縦軸を収量とする処理平均のグラフを各品種ごとに別々に作成し，1枚の図に示しました（**【図9−9】**）．

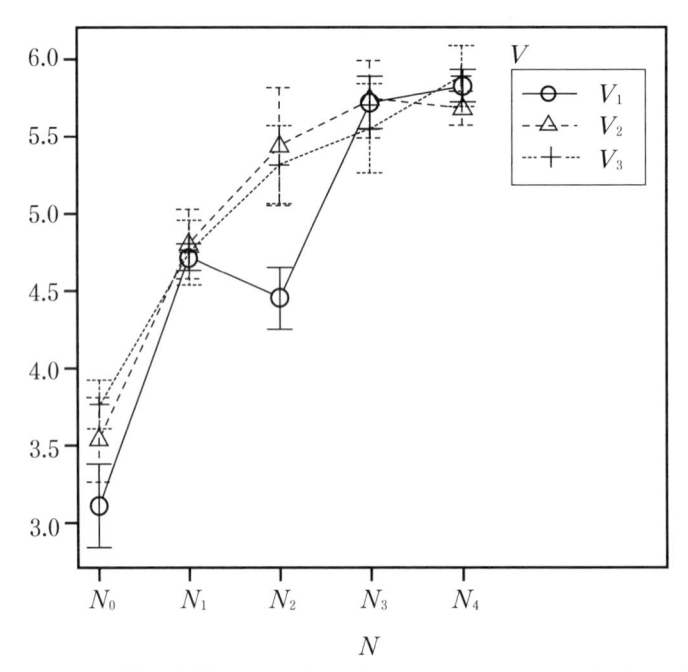

【図9−9】 処理平均（水準$N_0 \sim N_4$）のグラフを品種（$V_1 \sim V_3$）ごとに別々に描く．各処理平均にはその標準誤差のエラーバーを付した

　窒素施肥量を少量（N_0）から多量（N_4）に変化させたときの処理平均は全体として**きれいな規則性**を示します．その規則性を言葉で表すならば，「窒素施肥量が増えるとともに収量は単調に増大するが，その増え方はしだいに緩やか

になる」と表現できるでしょう．この規則性は植物肥料学的にも妥当な解釈です．ところが，一箇所だけこの全体的な規則性から外れているように見える水準の組合せがあります．それは「$N_2 \times V_1$」という水準組合せです．グラフを見ればすぐわかるように，この組合せのときだけ平均収量が大きく落ち込んでいます．全体の中で**特異的な**ふるまいを示すこの「$N_2 \times V_1$」のようなケースは**交互作用の結果**であると推測されます（その原因は不明です）．この実験では他の14通りの水準組合せがきれいな規則性に従っているので，たったひとつの例外的な挙動の影響は分散分析の結果に影響するようなことはありませんでした．しかし，このような例外的挙動をする水準組合せの数が増えたとしたら，交互作用効果は有意になっていたかもしれません．このように，とらえどころがないように見える要因間の交互作用であっても，可視化を工夫すれば**直感的にとらえる**ことは可能です．

　本節で取り上げたような二要因実験の場合は，ふたつの要因AとBの間の交互作用A×Bだけ考えればすみました．ところがさらに要因が増えて，A, B, Cの三要因実験を組んだならば，二要因間の交互作用A×B, B×C, C×Aの3つだけでなく，さらに高次の**三要因間の交互作用**A×B×Cまで考えなければならなくなります．一般の多要因実験ではより多くの交互作用項が出現することになります．

分割区法：乱塊法の応用として

　乱塊法の最後の応用例として「**分割区法（split-plot design）**」について解説しましょう．前節ではふたつの要因を含む乱塊法実験を取り上げました．そこでの実験区配置のやり方は，ふたつの要因の水準について，すべての組合せをつくった上で，ブロックごとに無作為化配置するという方法でした．つまりふたつの要因の水準は"同時"に無作為化割りつけされました．本節で取り上げる分割区法では，複数の要因の間に"**格差**"をつけて，2段階の無作為化配置を行ないます．

　たとえば要因A（2水準：a_1とa_2）と要因B（3水準：$b_1 \sim b_3$）を用いた乱塊法による3反復仮想実験を考えてみましょう．

　　このとき実験区の設定は【図9−10】に示すように，3ブロックのそれぞれを計6区に分割することになります。

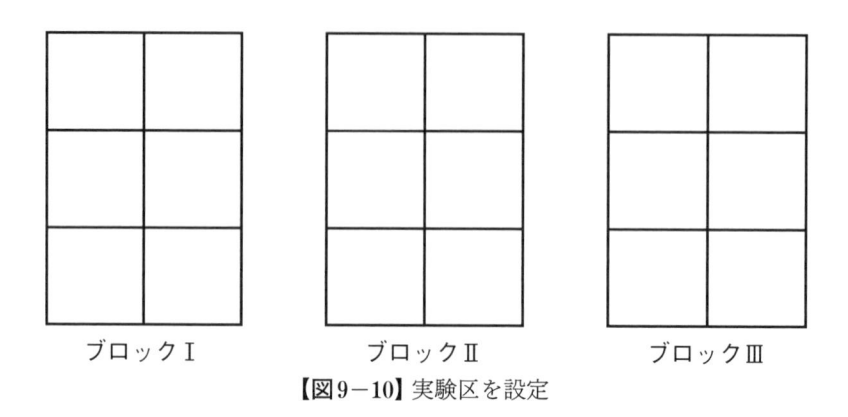

ブロックⅠ　　　　　　ブロックⅡ　　　　　　ブロックⅢ

【図9−10】実験区を設定

　　この実験を前節で説明した通常の乱塊法によって実施するならば，【図9−11】のような実験区配置になるでしょう．

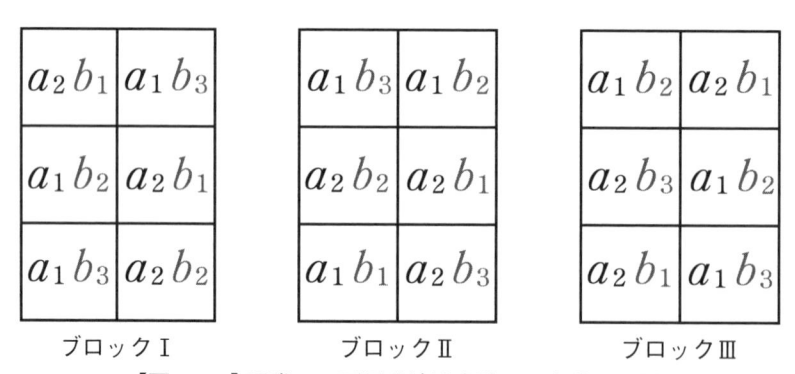

ブロックⅠ　　　　　　ブロックⅡ　　　　　　ブロックⅢ

【図9−11】通常の二要因乱塊法実験での実験区配置

分割区法の実験計画

　　分割区法では，ふたつの要因のうち一方を「**一次要因**（main-plot factor）」，他方を「**二次要因**（subplot factor）」と名づけます（Faraway 2006: 167）．その上で，各ブロックに対して最初に一次要因を短冊状に無作為に割りつけ，その次に二次要因を各短冊の中でネスト（入れ子）にして無作為に割りつけます．要因Aを一次要因とするとき，その無作為化配置は【図9−12】のようになるでしょう．

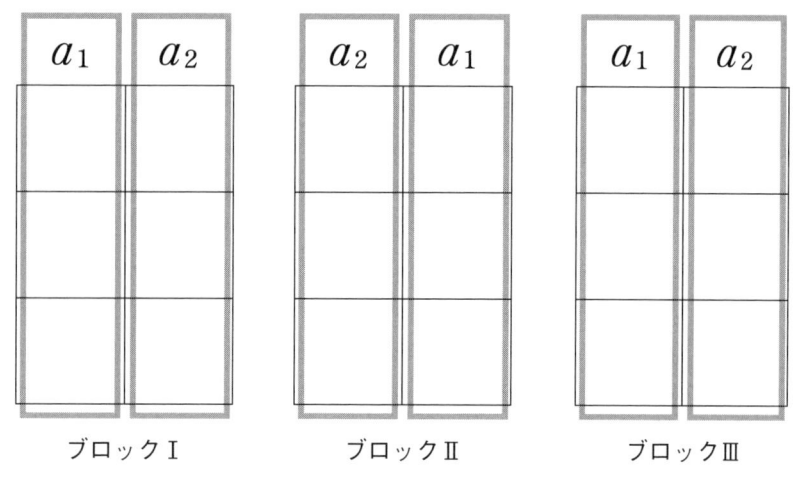

ブロックⅠ　　　　　　ブロックⅡ　　　　　　ブロックⅢ

【図9−12】分割区法での二次要因の無作為化割りつけ

　つまり，二次要因は各ブロックごとに短冊状に無作為化配置されることになります．この短冊のひとつひとつを3分割した上で，続く二次要因 (B) の3水準が【図9−13】のように無作為化配置されます．

ブロックⅠ　　　　　　ブロックⅡ　　　　　　ブロックⅢ

【図9−13】分割区法での二次要因の無作為化割りつけ

　つまり，分割区法では一次要因と二次要因の水準は，段階的に別々に無作為化配置される点で，通常の二要因乱塊法とは異なっています．
　では，どのような状況で分割区法という実験計画法は使われるのでしょう

か．それを説明する前に，分割区法のひとつの特徴を指摘しておきましょう．それは一次要因と二次要因では**反復の回数**が異なっているという点です．【**図9−12**】の一次要因配置を見ると，各ブロックごとに一次要因Aの水準（a_1とa_2）は無作為化配置されています．したがって，この実験全体で要因Aはブロック数と同じく**3回**反復されていることになります．一方，【**図9−13**】の二次要因配置では，二次要因の短冊ごとに要因Bの水準（$b_1 \sim b_3$）が無作為化配置されているので，要因Bの反復数は短冊の総数である**6回**となります．

　一般に，ある水準の反復数は統計解析の「精度」に直結します．反復が少ないよりも多い方がより精度の高い分析ができるからです．したがって，分割区法では，反復がより少ない一次要因分析の方が，より反復が多い二次要因分析よりも**精度が低い**ということになります．

　では，分割区法を使用する実験者はどのような目的があって，複数要因の間に**分析精度の格差**をもちこもうとするのでしょうか．第一には，実験者にとっての主たる**研究目的がどこにある**かです．仮に，上の実験で，**要因Aが窒素施肥量**であり，**要因Bが品種**であるとしましょう．もし実験者が植物育種の専門家であって，品種間の差異をよりくわしく調べたいという意図があったとしたら，当然その実験者は**要因B（品種）を二次要因**に設定し，**窒素施肥量を要因A（肥料）**とするでしょう．ところが，実験者が土壌肥料学の専門家で，品種間の差異ではなく，むしろ施肥量の効果について精密に調べる目的があったとしたら，逆に**要因A（肥料）を二次要因，要因B（品種）を一次要因**とする分割区法を採用するでしょう．このように，分割区法を使うにあたっては，実験目的によって一次要因と二次要因の設定を実験者自身が決めなければなりません．

　一次要因と二次要因を決めるもうひとつの理由は実験作業上の便宜です．圃場実験の場合，窒素施肥量を実験区ごとにこまかく変更するのは，品種の変更に比べて，作業上必ずしも容易なことではありません．このようなとき，たとえばある一面の圃場全体（あるいは畝一本）を均一の施肥量に統一して上で，その圃場（あるいは畝）を分割して，品種を無作為化配置するというやり方は農業試験ではよく見られます．このとき，自動的に**施肥量は一次要因，品種は二次要因**とみなされます．

　このように，**実験者の目的と作業上の便宜**のふたつの点から一次要因と二次要因は決定されると考えてください．日本語の語感で言えば，「一次要因」の方が「二次要因」よりも重要であるかのような先入観を持ってしまいますが，実際にはまったく逆の扱いを受けていることに注意しなければなりません．

　さて，このように複雑な分割区法の線形統計モデルもまたかなり複雑な構造を持っています（【**図9−14**】）．

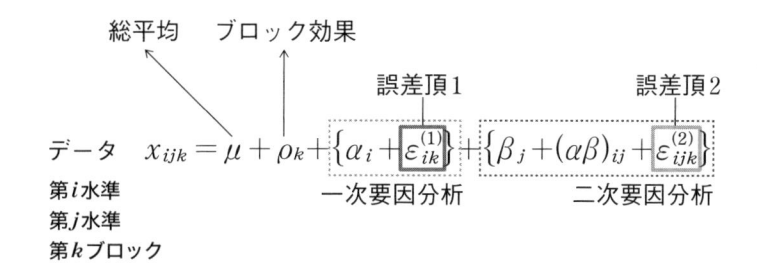

【図9−14】 分割区法の線形統計モデル．一次要因効果はα_i，二次要因効果はβ_j
で示す

　分割区法の統計モデルは，二要因を組み込んだ乱塊法という共通点があるの
で，一見したところ通常の二要因乱塊法の線形統計モデルとどことなく似てい
ます．総平均に対するデータのばらつきが，ブロック効果と処理効果（主効果
と交互作用効果）さらに誤差効果に分割されるという点で，**通常の乱塊法と分
割区法は類似**しています．ところが，分割区法では一次要因効果（「α_i」）と二
次要因効果（「β_j」）での反復数が異なっているので，別々の誤差項をもって仮
説検定をする必要があります．この図での一次要因効果は**誤差項1**（「$\varepsilon_{ik}^{(1)}$」）で，
二次要因効果は**誤差項2**（「$\varepsilon_{ijk}^{(2)}$」）によって検定するということになります．
　分割区法の統計モデルと仮説検定がこれほど複雑になるのは，**ふたつの要因
を別々に無作為化配置する**という実験計画そのものの特徴に起因しています．
一次要因を短冊状に割りつけた時点で，実験者は一次要因のみの分散分析を**低
い精度**で実施することができます．さらに，各短冊ごとに二次要因を割りつけ
ると，今度は二次要因と交互作用に関する分散分析を**高い精度**で行なえます．
ひとつの実験の中に一次要因と二次要因の実験が"**相乗り**"していると考えれ
ばわかりやすくなるでしょう．

分割区法の分散分析（一次要因と二次要因および交互作用を含む）

　分割区法の実例として，国際稲研究所で実施された次の例を挙げましょ
う（Gomez and Gomez 1984：97-107）．この例は，**窒素施肥量**N（6水準：
$N_0 \sim N_5$）を**一次要因**，稲品種（4水準$V_1 \sim V_4$）を**二次要因**とする3反復の分
割区法実験です．

　一次要因の反復数はブロック数と同じ「3」であるのに対し，二次要因の反復数は「$3 \times 6 = 18$」であることに注意しましょう．まずはじめに，一次要因の無作為化配置（【図9−15】）と，それに続く二次要因の無作為化配置（【図9−16】）を示します．

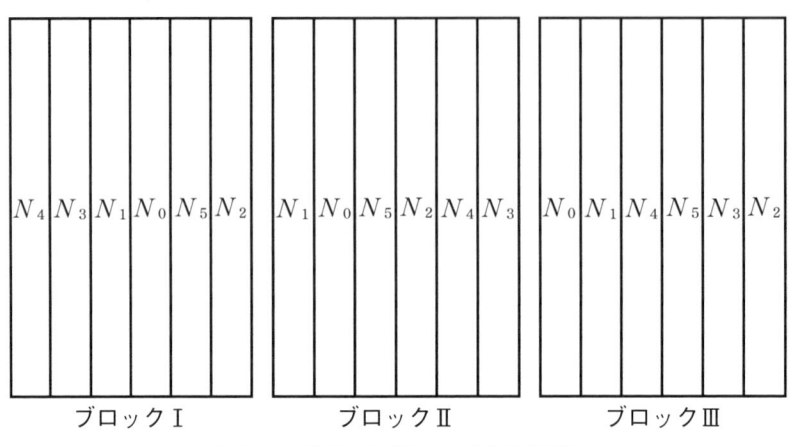

【図9−15】分割区法の一次要因配置

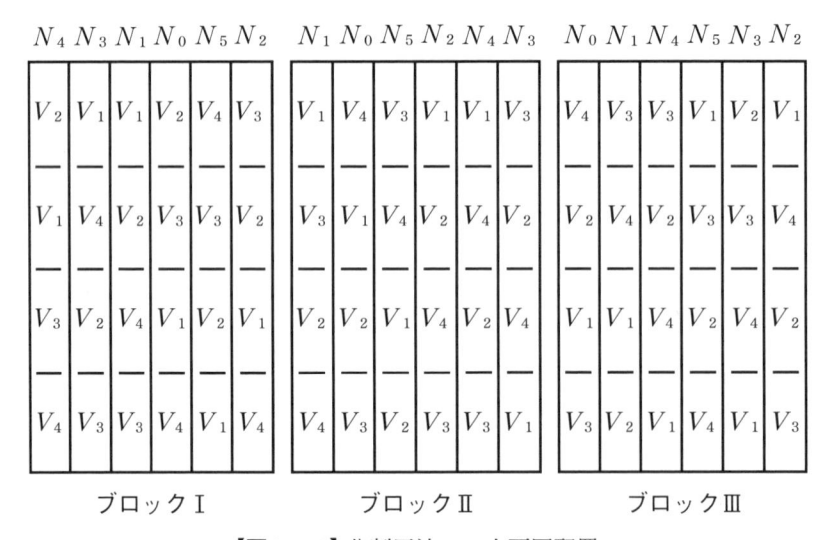

【図9−16】分割区法の二次要因配置

　この実験区配置のもとで得られた収量データが【表9−6】です．
　そして，最終的な分散分析表は【表9−7】のようになります．

【表9−6】 分割区法の稲収量データ

品種	収量, kg/ha			品種	収量, kg/ha		
	ブロックI	ブロックII	ブロックIII		ブロックI	ブロックII	ブロックIII
	N_0 (0kg N/ha)				N_3 (120kg N/ha)		
V_1(IR8)	4,430	4,478	3,850	V_1	6,462	7,056	6,680
V_2(IR5)	3,944	5,314	3,660	V_2	7,139	6,982	6,564
V_3(C4-63)	3,464	2,944	3,142	V_3	5,792	5,880	6,370
V_4(Peta)	4,126	4,482	4,836	V_4	2,774	5,036	3,638
	N_1 (60kg N/ha)				N_3 (150kg N/ha)		
V_1	5,418	5,166	6,432	V_1	7,290	7,848	7,552
V_2	6,502	5,858	5,586	V_2	7,682	6,594	6,576
V_3	4,768	6,004	5,556	V_3	7,080	6,662	6,320
V_4	5,192	4,604	4,652	V_4	1,414	1,960	2,766
	N_2 (90kg N/ha)				N_3 (180kg N/ha)		
V_1	6,076	6,420	6,704	V_1	8,452	8,832	8,818
V_2	6,008	6,127	6,642	V_2	6,228	7,387	6,006
V_3	6,244	5,724	6,014	V_3	5,594	7,122	5,480
V_4	4,546	5.744	4,146	V_4	2,248	1,380	2,014

【表9−7】 一次要因「N」，二次要因「V」および交互作用「$N \times V$」に関する分散分析表

	自由度	平方和	平均平方	F値	$Pr(>F)$
N	5	30,429,200	6,085,840	42,868**	1.950×10^{-6}
誤差項1	10	1,419,679	141,968	—	—
V	3	89,888,101	29,962,700	85,711**	$< 2.2 \times 10^{-16}$
$N \times V$	15	69,343,487	4,622,899	13,224**	2.105×10^{-10}
誤差項2	36	12,584,873	349,580	—	—

　一次要因分析と二次要因分析では誤差項の自由度が2次要因分析の方が大き く，したがって，より高精度で仮説検定が実施されていることがわかります．

　以上，本講では，乱塊法による実験計画を中心にして，**一要因実験から多要因実験**への拡張について説明しました．完全無作為化法からはじまった実験計画法の一連の講義はここでいったん終わります．読者のみなさんには，農業試験研究の分野で確立されたこれらの統計データ解析の手法が，他の生物科学や医学分野，さらに心理学をも含む人文社会科学の分野でも広く適用されていることを知っていただきたいと思います．

第 10 講
線形統計モデルの
さらなる拡張

　実験計画法について解説した前の3講では，さまざまな実例を取り上げながら，データに基づく数値計算とパラメトリック統計学の理論の共同作業がどのような手順で進められ，最後の仮説検定にまでいたるのかを示しました．最初のプランニングからはじまる実験計画法の全体像を中心に話を進めてきましたが，本講では，実験計画法で重要な役割を演じた**線形統計モデル**に焦点を移すことにしましょう．まず，これまで登場した線形統計モデルがデータに対して要求する**いくつかの仮定**を明らかにした上で，それらの仮定を緩めるための**一般化の方策**について説明します．

線形モデル：その仮定と問題点

　もっとも単純な線形統計モデルのひとつとして第7講の**完全無作為化法**の例を振り返りましょう．その実験で私たちが仮定したモデルは「$x_{ij} = \mu + \alpha_i + e_{ij}$」でした．左辺「$x_{ij}$」は第$i$水準第$j$反復$(i = 1, 2, ..., 7; j = 1, 2, 3, 4)$の観察データです．右辺の$\mu$，$\alpha_i$，そして$e_{ij}$はそれぞれ総平均，第$i$水準の処理効果，そして誤差効果を表します．

正規性と等分散性の仮定

　この線形統計モデルでもっとも重要な仮定は，誤差効果が添字iとjに関係なくつねに独立かつ同一の正規分布$N(0, \sigma^2)$に従うという点です．
　「**独立かつ同一の正規分布**」という線形統計モデルの仮定についてもう少し深く考えてみましょう．この仮定を構成する要素のうち，「**独立性**」について母集団からのサンプリングが無作為であれば満たされていると考えて問題はないでしょう．残された要素のひとつは「**正規性**（normality）」すなわち誤差項e_{ij}は正規分布であるという仮定です．第7講で説明したように，誤差が正規分布をすると仮定できるからこそ，帰無仮説のもとでの統計量（平方和とF値）

の確率分布が導出できたのです．実際のデータが正規性を満たしているかどうかは，たとえば「**シャピロ-ウィルク検定**（Shapiro-Wilk test）」を用いれば統計的に検定することができます．

　「独立かつ同一の正規分布」という仮定を構成するもうひとつの要素は「**等分散性**（homoscedasticity）」すなわち誤差項e_{ij}の正規分布$N(0, \sigma^2)$の分散σ^2はつねに等しいという仮定です．とくに，水準間で分散の値が等しいかどうかが問題になります．というのも，水準ごとの分散が等しければ処理平均の差に関しての仮説検定で第一種過誤（差がないのにあると誤判断する確率）はきちんとコントロールできますが，水準間の等分散性が満たされないと第一種過誤が大きくなってしまう危険性が高まるからです．実際のデータに対しては水準ごとに計算された処理分散に関してたとえば「**バートレット検定**（Bartlett test）」を実施することでその等分散性を検定できます．

　分散分析を行なうにあたっては，前もって正規性と等分散性の仮説検定を実施しておく必要があります．第7講の実験データについては（後知恵ながら）正規性と等分散性はどちらも満たされていることを付記しておきます．

　さて，実験計画法で私たちが用いた線形統計モデルについては，偶然的なばらつきをもたらす誤差項e_{ij}に関する仮定の他にも注意すべき点があります．それは処理効果α_iに関する仮定です．実験計画法の実例として挙げた実験ではいずれも処理効果は**離散的な「定数」**とみなされていました．たとえば完全無作為化法の例であれば，効き目がある殺虫剤は総平均μよりも収量が上回ると期待されるので，処理効果はプラスの大きな値になると考えられるのに対し，まったく効かない殺虫剤では処理効果はマイナスの値になるでしょう．いずれの場合でも，処理効果α_iは正負にかかわらず離散的な定数を取ると仮定されていました．

一般線形モデル：回帰分析・共分散分析・多項式回帰分析

　しかし，上のタイプの線形統計モデルとは異なる構造を持っている「線形統計モデル」が他にもあります．たとえば，ある生物個体の「身長」と「体重」の関係性を調べようという実験を目論むとき，私たちはある母集団から無作為に個体のサンプルを取り，その身長と体重を計測してデータを得るでしょう．このとき，たとえば「体重＝定数＋身長＋誤差（正規分布）」という線形統計モデルを想定することが可能です．ここでの身長は離散的な定数ではなく**連続的に変化する変数**です．このモデルは一般化すれば「被説明変数＝定数＋説明変数＋誤差（正規分布）」と書けるでしょう．このようなモデルに基づく統計解析を「**回帰分析**（regression analysis）」と呼びます．回帰分析の統計モデル

は，分散分析とはちがって，処理効果に相当する説明変数は必ずしも定数である必要がありません．

　回帰分析について説明するために，次のような数値シミレーションをお見せしましょう．この仮想例では閉区間$[0, 1]$から無作為に100個の数値サンプルを取ります．その値を横軸の説明変数Xとし，縦軸の被説明変数Yを「$Y = X$」によって計算すると，そのグラフは予想通り【図10−1】のようになるでしょう．

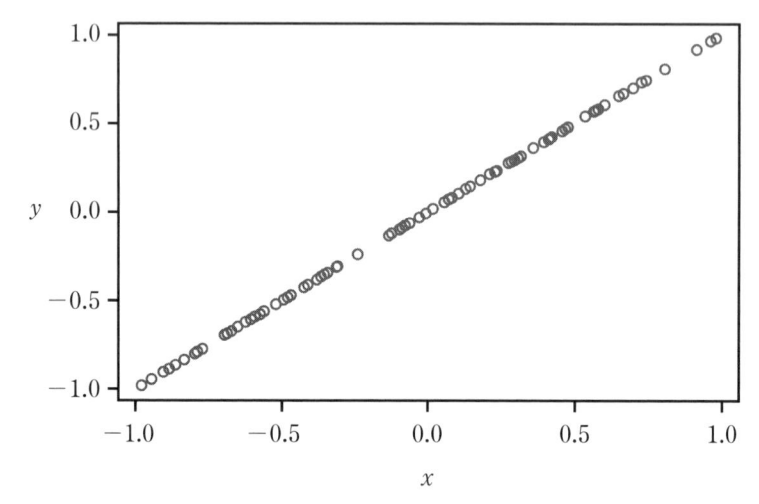

【図10−1】区間$[0, 1]$上で一様分布する確率変数Xに対して「$Y = X$」と定義したときの散布図

　続いて，縦軸のYに対して正規分布をする偶然誤差を次のように付加しましょう．これで横軸の確率変数Xのそれぞれの値xに対して縦方向の無作為的なばらつきを与えることができます．

$$y_i = X_i + e_i \quad (e_i \sim N(0, 0.05^2))$$
$$y_i = X_i + e_i \quad (e_i \sim N(0, 0.1^2))$$
$$y_i = X_i + e_i \quad (e_i \sim N(0, 0.5^2))$$

　この3つの式は偶然誤差の標準偏差が0.05, 0.1, 0.5と変化しますが，いずれも回帰分析の線形統計モデルです．これらのグラフを描くと【図10−2】のようになります．

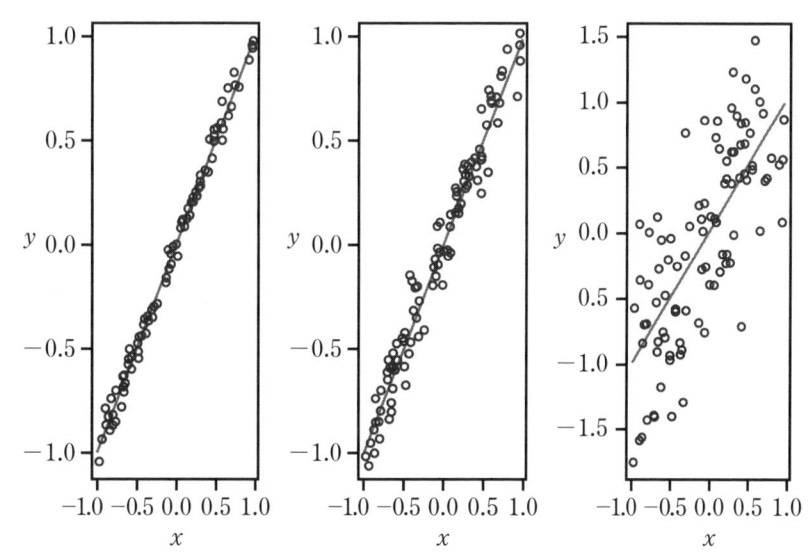

【図10−2】正規分布誤差を付加したときの散布図.直線は「$y = x$」を示す

　偶然誤差のばらつきが大きくなるほど,説明変数Xが被説明変数をうまく説明できなくなるようすが【図10−2】からわかります.

　一般に,回帰分析の線形統計モデルは「$Y = \beta + \alpha X + $誤差」と定義され,一次式「$\beta + \alpha X$」が直線を表すことから**線形回帰分析**(linear regression analysis)とも呼ばれます.未知パラメーターのα(直線の傾き)とβ(直線の切片)はいずれもデータから推定することができます.【図10−2】の3つのモデルについて$\beta + \alpha X$のふたつの係数αとβのパラメーター推定を行なうと順に次のようになります.

$$-0.01743 + 1.06051x$$
$$-0.01534 + 1.03873x$$
$$-0.02238 + 1.02546x$$

このシミュレーションでは真の値は$\alpha = 1$,$\beta = 0$ですから,無作為サンプルから計算された推定値は多かれ少なかれ真値からずれていることがわかります.

　このように,分散分析の線形統計モデルは離散的な定数を処理効果として含んでいるのに対し,回帰分析では**連続的な変数**を説明変数として含んでいます.さらに,モデルの中に離散的パラメーターと連続的パラメーターがともに含まれている場合があり,「**共分散分析**(analysis of covariance)」と呼ばれています.

　また，見かけ上は線形でなかったとしても，理論上は線形統計モデルとして扱えることがあります．そのひとつの例として**多項式回帰分析**（polynomial regression analysis）を挙げましょう．上の直線回帰では，もともと直線的関係があるところに正規分布に従うばらつきを付加した状況を想定しました．しかし，それは直線的関係には限りません．たとえば，ある2変量データに対して，直線ではなく二次関数あるいはもっと高次の多項式関数 $Y = a_0 + a_i X + a_2 X^2 + ... + a_n X^n$（$a_0$, a_1, ..., a_n は係数パラメーター）を当てはめるとしましょう．凹凸のある多項式は外見上はどう考えても "線形" ではありません．しかし，$X, X^2, ..., X^n$ を別々の確率変数 $X, X_2, ..., X_n$ と置換すれば，単に多変数線形モデルに帰着してしまうので形式的には "線形" とみなしても支障はまったくありません．

　現在では典型的な線形統計モデルである分散分析や直線回帰分析だけでなく，共分散分析や多項式回帰分析まで広く含めて「**一般線形モデル**（general linear model）」と総称されることがありますが，現在では「線形モデル（LM：lenear models）」といえば最初から一般線形モデルを指すようです．外見的には線形式だったり非線形式だったりしますが，誤差項が正規分布をするという条件さえ満たされればさまざまな一般線形モデルがありえます．この一般線形モデルは次の節で説明する「**一般化線形モデル**（GLM：generalized linear model）」とは別物ですので誤解しないようにしてください．

拡張（1）：一般化線形モデル

　前節では，「一般線形モデル」と総称される線形統計モデル群が，分散分析や回帰分析など統計データ解析の中でもっとも頻繁に用いられる手法を含み，さらに多項式回帰のような**"非線形" に見えるケース**にまで適用されると説明しました．その意味では，「一般線形モデル」という表現はすでに十分すぎるほど "一般" 化されていると言ってもまちがいではないでしょう．しかし，どんなに "一般" 的であるとはいっても，一般線形モデルには「**誤差項が正規分布に従う**」という条件が必ずついてきます．どれほど自由に見えても，一般線形モデルは**正規分布帝国のしもべ**である事実は否定できません．

　では，世の中の実験データが例外なく正規分布に従っているという仮定はほんとうに正しいのでしょうか？　確かに，第4講で言及した一世紀前のカール・ピアソンの仕事は現実世界のさまざまな現象に見られるばらつきが正規分布によってうまくモデル化できることを示しました．しかし，それは正規分布のほかに，**あまたある確率分布**が現実の確率的現象に当てはめられないということではけっしてありません．むしろ，パラメトリック統計学が正規分布を中核と

する理論体系を確立したことにより，逆に**正規分布以外の確率分布**が周縁に押しやられてしまったというのが実情かもしれません．

　実際，ほんの半世紀ほど前には，正規分布に従わないような“お行儀の悪い”データは適当な「**変数変換**」（対数変換や平方根変換など）によって近似的に正規分布に従うように“矯正”するというお作法がごくふつうに用いられていました．しかし，変数変換を濫用すると，変数の値は見かけ上だけ正規分布に従うように見えても，背後にある誤差構造まで変数変換されてしまうという副作用が避けられません（粕谷 1998）．つまり，安易に「**形だけ**」正規分布帝国のお座敷にあげられるように厚化粧してもすぐに化けの皮がはがれてしまうということです．

　一方，正規分布にあわないようなデータだったら，苦労して矯正したり化粧でごまかさないで，正規分布が君臨するパラメトリック統計学をさっさとあとにして別世界に直行するという選択肢ももちろんあります．本書でこれまで登場した収量や身長，体重などの計測データはすべて「**比例尺度**（ratio scale）」と呼ばれ，四則演算が可能なタイプのデータです．しかし，比例尺度だけが統計分析にかけられるわけではありません．たとえば，サイズを「大・中・小」の3ランクに分けたときのデータは「**順序尺度**（ordinal scale）」，また色彩に関して「白・黄・赤」と3カテゴリーに分けたデータは「**名義尺度**（nominal scale）」と呼ばれます．これら順序尺度や名義尺度などのデータを扱う統計手法は「**ノンパラメトリック統計学**（nonparametric statistics）」と総称されています．

　第12講でくわしく説明するように，パラメトリック統計学に対するノンパラメトリック統計学は，特定の確率分布を前提とせず，**無作為化**や**並べ替え**という操作を通じて**データ自身**に“**物を言わせる**”ことを旨としています．したがって，パラメトリック統計学よりもノンパラメトリック統計学の方がより広い適用領域を持っていることはまちがいありません．しかし，それと同時に，比例尺度の持っている情報の一部分だけを利用して分析を進めるため，パラメトリック統計学に比べてノンパラメトリック統計学の方が**精度が低い**こともまた事実です．

　このように，パラメトリック統計学とノンパラメトリック統計学というふたつの“世界”の間で二者択一を迫られていたのがほんの数十年前までの統計分析の実情でした．正規分布に従わないデータがあるとき，統計ユーザーは変数変換を通して正規分布に無理やり近づけてパラメトリック統計学を適用するか，それとも順序尺度や名義尺度に変換して（つまり情報量を落として）ノンパラメトリック統計学を適用するかのどちらかしか道はなかったのです．

一般化線形モデルの登場

　ところが，1970年代になって「第三の道」が切り拓かれました．それは「**一般化線形モデル**（GLM：generalized linear model）」という線形統計モデルの別次元への一般化でした（McCullagh and Nelder 1983, 粕谷 2012）．すでに説明した一般線形モデルの「正規性」の仮定を緩めることにより，従来は扱えなかった**正規分布以外の確率分布**を誤差にもつような場合でも，線形モデルとして分析できるようになりました．

　では，いったいどこが「**一般化**」されたのかを見てみましょう．従来の（一般）線形モデルは誤差項が正規分布のみに限定されていたのに対し，一般化線形モデルでは次の「**指数分布族**（exponential family）」で表現される確率密度関数すべてに対して適用できます．

$$\exp\left[\frac{y\theta - b(\theta)}{a(\phi)} + c(y, \phi)\right]$$

　上の式は，確率変数 y に対して3つの関数 $a(\phi)$, $b(\theta)$, $c(y, \phi)$ が設定されています．たとえば，正規分布ならばその確率密度関数は次のとおりです．

$$\frac{1}{\sqrt{2\pi\sigma^2}} \times \exp\left[-\frac{(y-\mu)^2}{2\sigma^2}\right]$$

$$= \exp\left[-\frac{\ln(2\pi\sigma^2)}{2}\right] \times \exp\left[-\frac{y^2 - 2y\mu + \mu^2}{2\sigma^2}\right]$$

$$= \exp\left[\frac{\left(y\mu - \dfrac{\mu^2}{2}\right)}{\sigma^2} - \frac{y^2}{2\sigma^2} - \frac{\ln(2\pi\sigma^2)}{2}\right]$$

$$= \exp\left[\frac{y\mu - \dfrac{\mu^2}{2}}{\sigma^2} - \frac{\dfrac{y^2}{\sigma^2} + \ln(2\pi\sigma^2)}{2}\right]$$

　ここで $\theta = \mu$（平均），$\phi = \sigma^2$（分散）と置いて，下記のように設定すれば正規分布が上の指数族に属する確率密度関数をもつことが証明できます．

$$a(\phi) = \phi = \sigma^2$$

$$b(\theta) = \frac{\theta^2}{2} = \frac{\mu^2}{2}$$

$$c(y, \phi) = -\frac{\dfrac{y^2}{\phi} + \ln(2\pi\phi)}{2} = -\frac{\dfrac{y^2}{\sigma^2} + \ln(2\pi\sigma^2)}{2}$$

　正規分布の他にもガンマ分布のような連続型確率変数はもちろん，二項分布やポアソン分布のような離散型確率変数もまた指数族の確率密度関数をもっています．したがって，一般化線形モデルを適用することができるわけです．

誤差項が正規分布でなくても**指数族でありさえすればよい**というのは，「一般化」の御利益としてすぐには実感が湧かないかもしれません．しかし，「**正規分布でなくてもよい**」という緩和策を一般化線形モデルが提示してくれたという点がとても重要なのです．しかも，上に挙げた指数族の確率分布はいずれもきわめて広範囲の実用性を持っています．

さらに，「**リンク関数** (link functions)」が一般化線形モデルの大きな特徴として挙げられます．これまで本書で例示してきた，作物の収量がどのような変動因によって線形モデルで説明できるかという実験の場合，収量データの予測値をそのまま変動因の線形結合（「**線形予測子**」linear predictor）と結びつけていました．

しかし，一般化線形モデルでは，データと線形予測子とをリンク関数という関数を介して結びつけることを可能にします．正規分布を仮定する線形モデルでは，このリンク関数を「**恒等関数** (identity function)」と設定すればいいだけです．このリンク関数を介在させることにより，見かけ上は "線形" ではない場合にも一般化線形モデルは適用できることになります．

比率データのロジスティック回帰の例

一般化線形モデルの使用例として，比率データを考えてみましょう．以下のデータは Michael J. Crawley 博士がインターネット公開しているものです（Crawley 2007, Chapter 16: http://www.bio.ic.ac.uk/research/mjcraw/therbook/data/sexratio.txt）．

個体数	メス	オス
1	1	0
4	3	1
10	7	3
22	18	4
55	22	33
121	41	80
210	52	158
444	79	365

このデータはある生物集団の個体数と性比との関係を調べるために行われた実験です．個体数に対して，その中のメスとオスの個体数がデータとして記録されています．このとき性比はオス数／個体数という比率によって計算されます．

【図10−3】は横軸を個体数またはその対数値，縦軸を集団内のオスの性比としたときのグラフです．

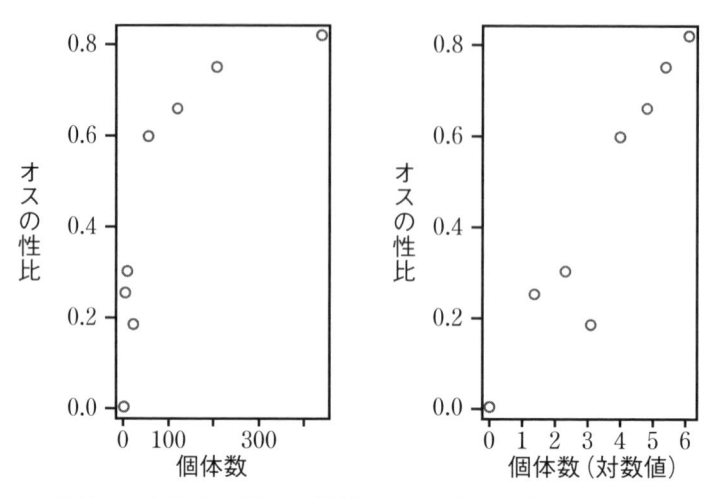

【図10−3】性比と個体数の関係．縦軸はオスの性比，横軸は個体数（左）とその対数値（右）

　ここで生じる大きな問題は，この観察から得られた性比データを正規分布に従う確率変数とみなすことは，そもそもできないという点です．まずはじめに，比率データなので必然的に0以上1以下の値しか取らないという変域から考えて，$-\infty$から$+\infty$までの値を理論的に取り得る正規分布とはもともと整合的ではありません．かつてはこのような比率データpに対しては**逆正弦変換**（arcsine transformation）すなわち$\sin^{-1}(p/100)$という変数変換によって正規分布に近似させるというやり方もありましたが，やはり無理があると言わざるをえません．

　その大きな理由は，この生物集団の個体がそれぞれオスであるかメスであるかは，正規分布ではなく，**二項分布に従っている**とみなした方がより合理的だろうという点です．つまり，ある個体の性別は確率pでオスになり，$1-p$でメスになると考えると，n個体からなる集団内のオス個体数zの確率分布は

$$_n\mathrm{C}_z\, p^z (1-p)^{(n-z)}$$

という二項分布に従います．

　オスとメスの個体数のばらつきは二項分布で表せるとして，残るもうひとつの問題は**集団の個体数**xと**オスになる確率**pとの関係です．上の【図10−3】を見ると，集団の個体数が増加するとともにオスの性比もまた単調に増加していることがわかります．そこで，集団内の個体数xとオスの比率pとの関係を「**ロジスティック・モデル**（logistic model）」を用いて記述して見ましょう．

ロジスティック・モデルとは次の関係式です.

$$p = \frac{\exp[a+bx]}{1+\exp[a+bx]} \quad (a, b は定数)$$

このモデルによれば，xが$-\infty$になれば$p=0$となり，xが$+\infty$になれば$p=1$となります．オスの確率pがロジスティック・モデルに従うとき，メスの確率$1-p$は次の式になります.

$$1-p = \frac{1}{1+\exp[a+bx]}$$

このとき，雄と雌の確率の比を取ると

$$\frac{p}{1-p} = \frac{\dfrac{\exp[a+bx]}{1+\exp[a+bx]}}{\dfrac{1}{1+\exp[a+bx]}} = \exp[a+bx]$$

この比$p/(1-p)$を「オッズ（odds）」と呼び，その対数$\ln(p/(1-p))$を「ロジット（logit）」と名づけます．ロジスティック・モデルのもとではロジットは次のようになります.

$$\ln\left(\frac{p}{1-p}\right) = a+bx$$

つまり，オスの確率pのロジット変換は個体数xの線形予測子によって表現できることになります.

以上の結果，オスの比率pについては，二項分布を前提とする一般化線形モデルを適用し，その際のリンク関数はロジット変換を用いることになります．次の【図10−4】は【図10−3】と同じ横軸に対して，ロジットの値をプロットしたものです.

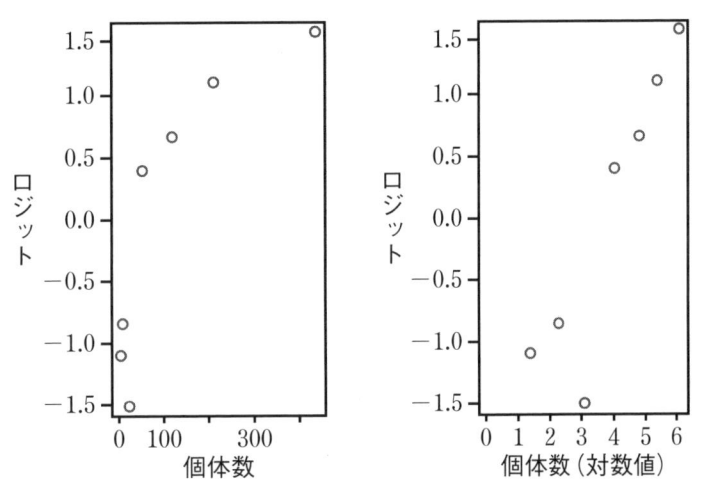

【図10−4】ロジットと個体数の関係．縦軸はロジット，横軸は個体数（左）とその対数値（右）

　集団個体数の対数値を説明変数として実際に一般化線形モデルを適用すると，【図10−4】の右側のプロットにある直線をあてはめ，そのパラメーターa，bの値を決めることになります．結果は勾配$a = 0.69410$，切片$b = -2.65927$となります．最後に，ロジット変換の逆変換を適用し，元のオスの性比を縦軸とするグラフを描けば【図10−5】が得られます．

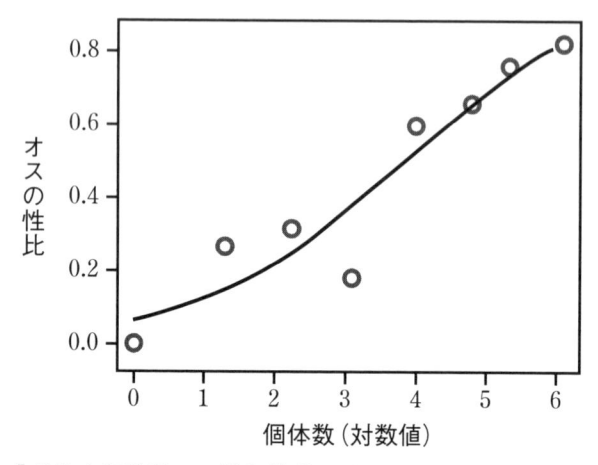

【図10−5】性比と個体数の一般化線形モデルの図示．縦軸はオスの性比，横軸は個体数の対数値

　この例が示すように，一般化線形モデルは従来の正規分布を前提とする線形モデルよりも**大幅にひろい適用分野がある**ことがわかるでしょう．

拡張（2）：混合効果モデル

　前節で説明したように，従来の線形モデルから一般化線形モデルへの拡張は，確率分布に関する仮定を緩めることで，正規分布以外の場合にも適用できるようにとするという方向性が明確でした．しかし，別の方向への線形モデルの拡張も可能です．そのひとつがここで説明する「**混合効果モデル**」です．

固定効果とランダム効果

　本講の最初に例示した完全無作為化法の線形統計モデル「$x_{ij} = \mu + \alpha_i + e_{ij}$」に戻りましょう．私たちはこのモデルに含まれる処理効果α_iは「**定数**」であると**仮定**しました．何度反復しても処理要因の効果はつねに同一の正または負の

値であるとするとき私たちは処理効果は「**固定効果**（fixed effect）」であると呼びます.

　ところが，現実の状況によっては，ある変動因は必ずしも「定数」を付加することでデータに寄与するとは限らないこともあるでしょう．たとえば，ある殺虫剤を撒布したとき，ある反復では「＋50kg/ha」でも別の反復では「＋65kg/ha」だったりあるいは「＋40kg/ha」だったりする可能性があるかもしれません．つまり，処理効果が「定数」ではなく**あるばらつきをもつ「変量」である**とみなされるとき，私たちは「**ランダム効果**（random effect）」という名をつけます．変動因に固定効果とランダム効果の双方が含まれる線形モデルを「**混合効果モデル**（mixed-effect model）」と命名します．混合効果を含む線形モデルは「**線形混合モデル**（LMM：Linear Mixed Model）」，一般化線形モデルの場合は「**一般化線形混合モデル**（GLMM：Generalized Linear Mixed Model）」と呼ばれます.

　ランダム効果を考えることにより，ある変動因の確率的な変動をモデルに取り込むことができるので，たとえば個体差のばらつきを考慮した解析が可能になります（久保 2012）．他方，混合効果モデルではひとつのモデルの中に偶然誤差のばらつきとランダム効果のばらつきが同時に含まれるので，「それぞれの確率分布の分散成分（variance components）をどのように推定するか」という問題が浮上してきます．場合によっては，確率変数としてのランダム効果については事前確率分布を仮定する「**ベイズ推定**（Bayesian estimation）」が必要とされることもあります（Faraway 2006, Chapter 8）.

　以上，線形モデルをどのように拡張するかについてはいくつかの方向性が考えられます．一般化線形モデルや混合効果モデルはその代表的な拡張の例です．本書では触れませんでしたが，線形予測子を"非線形化"した「**一般加法モデル**（generalized additive models）」や，さらに一般化された「**状態空間モデル**（state space model）」のように統計モデリングの最前線はいまもなお広がり続けています.

第 11 講

統計モデル選択論：
統計学的アブダクションのために

　これまでの講義では，線形統計モデルの基本を解説しながら，実際のデータ解析の現場での統計モデルの使い方，さらには従来の線形モデルを縛ってきた制約をどのように緩和するかについてその方向を示しました．統計モデルの役割は実験や観察で得られたデータをどのように説明するかを対外的に明示することにあります．したがって，異なる統計モデルは同じデータを異なるやり方で説明しようと試みます．たとえば，実験計画法では実施された処理水準の配置に対応して，帰無仮説と対立仮説にそれぞれ対応する統計モデルをデータに照らして仮説検定することにより，棄却あるいは受容の意思決定を行なったことを思い出してください．

　本講では，**説明能力**という別の方向から**統計モデルのもつ性質**について考えてみましょう．とくに，複数のモデルが候補として立てられているとき，いずれの候補モデルを「**最良の説明**」として選び出せばいいのか，すなわち「データに基づく統計学的なアブダクションの基準をどのように設ければいいのか」に重点を置いて説明をします．統計モデルを説明能力の点で相互比較することは，単に統計学上の技法の問題としてとらえるのではなく，データとモデルの関係をめぐるより一般的な科学哲学上の問題とみなすべきです．

パラメーター推定問題とモデル選択問題

　　関心を惹くある現象が目の前にあらわれたとき，私たちはその現象のもつ規則性やパターンを見極め，その背後に「どのような因果があるのか」という問いかけをします．観察者である私たちは現象を理解するための一助として規則やパターンを表す「**モデル**」を仮定します．私たちは予言者ではないので，最初から"真実"を見抜いているわけではありません．私たちが立てるモデルはあくまでも考察を進めるための"**作業仮説**"とみなす方が適切でしょう．

　　しかし，たとえ暫定的な足場ではあっても，あるモデルを仮定することによって，私たちは初めて曖昧模糊とした現象に迫ることができます．ここで浮かび上がる問題のひとつは，はたしてそのモデルは何らかの意味で妥当なのだ

ろうかという疑問です．第1講で論じたように，データからの最善の推論すなわち「アブダクション」を目的とする統計データ解析にとって"真実"という言葉は手の届かない幻想にすぎません．いくら真実にたどりつこうとしても虹の根元をいつまでも追いかけるような徒労に終わるでしょう．むしろ，ここで私たちが考えなければならないのは，いま目の前にあるデータに照らしたとき，それを説明できる**最良のモデル**（それは最終的な真実である必要は何もない）は数ある候補の中のどれなのかを決めるということです．

それについて考えるためには，**データとモデルとの関係**をいま一度はっきりさせておく必要があるでしょう．**【図11−1】**は**観察者**と**観察対象**との関係を表すイメージ図です．

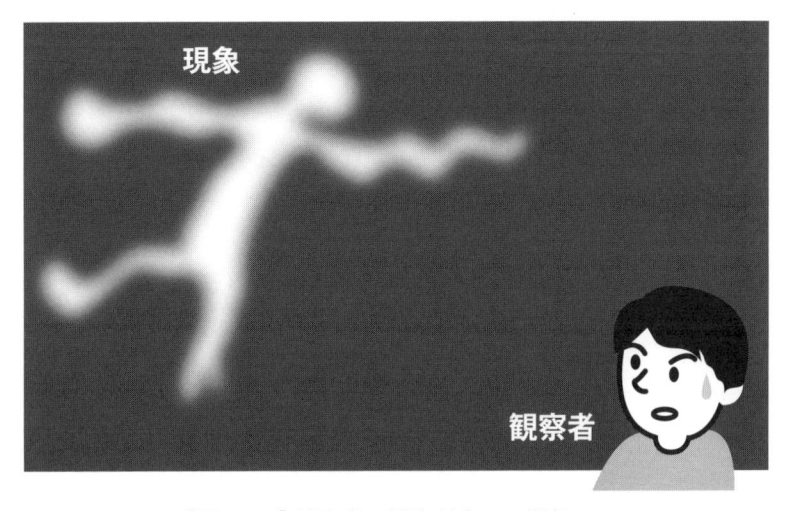

【図11−1】 観察者と観察対象との関係

ある観察者が目の前に漂っている"雲"のような物体を観察しています．もちろん，この"雲"の正体は最初の時点ではよくわかりません．しかし，観察者はそれがいったい何なのかを知ろうとしてあれこれ考えをめぐらしています．そのとき手がかりになるのは，この"雲"の中には人間型の「**骨格（スケルトン）**」があるのではないかというばくぜんとした仮定です．つまり，もやもやした"雲"の各部分に対して頭・首・背骨・手・足などの「骨」があるとみなして説明を試みようということです．この仮定こそ私たちが「モデル」と呼んできたものにほかなりません．

　ここでのモデルは観察者と観察対象とを結びつけています（【図11-2】）．私たちは仮定したモデルを当てはめる（fit）ことにより**対象に肉薄**しようとしているわけです．

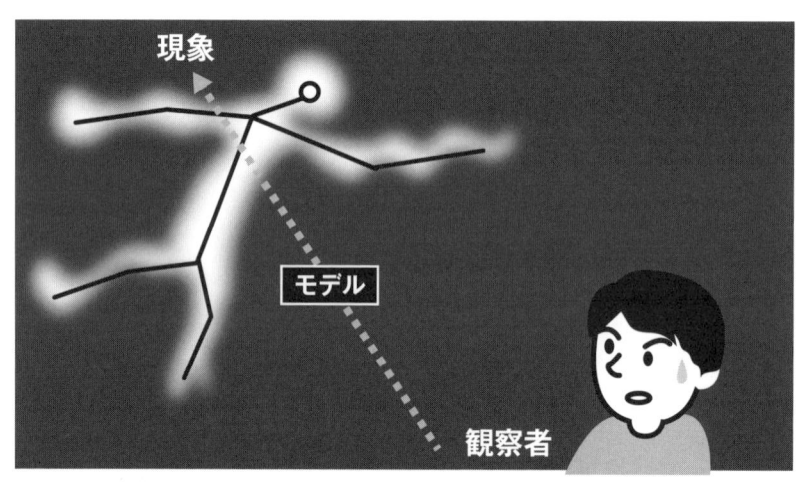

【図11-2】観察者と観察対象とをモデルが関連づける

　ここで仮定した人型骨格モデルが**真実であるかどうか**はまったく問題ではないことに注意しましょう．しかし，気がかりな点がひとつあります．それは，ここで仮定した人型骨格モデルがはたして**妥当な仮定なのか**という疑念です．もちろん，目の前の"雲"が自らの正体を明かし，私たちのモデルが正しいかどうかを告白してくれるなどとは期待できません．

　したがって，私たちは自分が立てたモデルは自分の力で検証する必要があります．すなわち，観察対象からデータを得ることにより，そのデータに照らしてモデルの当てはまり（fitting）のよしあしを判定するというやり方を採用する必要があります（【図11-3】）．

　基本方針としてはこれでよさそうですが，実際に行なうためにはもう少し詰めが必要でしょう．ひとつには，得られたデータは観察対象から無作為抽出された有限個のサンプルなので，統計的なばらつきを考慮する必要があります．また他方では観察者がどのような構造のモデルを立てたかについてあらかじめ確認する必要があります．そのモデルには複数のデータにまたがる体系的なばらつきを生む共通要因だけでなく，それぞれのデータごとに作用する個別要因も含まれると考えられるからです．

　このように仮定されたモデルをデータに照らして検証するとき，私たちは「パラメーター推定問題」と「モデル選択問題」という質的に異なるふたつの問

題に直面します．データを踏まえたアブダクション的な推論はこれらふたつの問題を解決してはじめて達成されます（【図11−4】）．

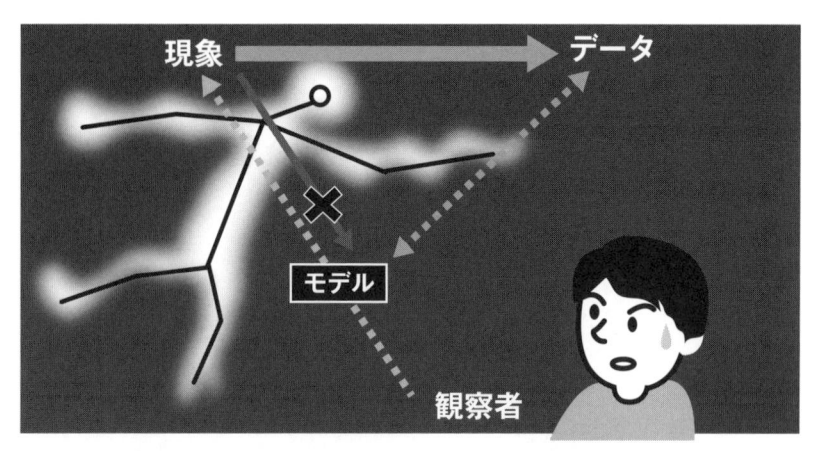

【図11−3】データに照らしてモデルの可否を判定する

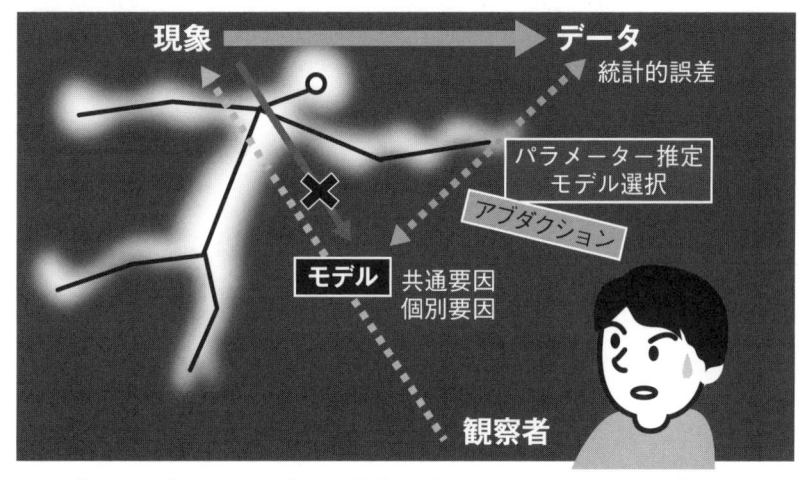

【図11−4】データに基づく最良モデルのアブダクションに向けて

パラメーター推定問題：与えられたモデルのもとでのパラメーター最適化

第一の「パラメーター推定問題」とは，観察者が仮定したモデルが含む**未知のパラメーターの値をどのように推定するか**という問題です．いまの例でいえば，人型骨格モデルを仮定したとき，そのモデルにはいくつかの未定パラメーターが含まれています．具体的には骨格を構成する各部分（頭・手・足・背骨など）の長さや角度が**未定パラメーター**となります．

【図11−5】(1) ～ (3) に示したように，人型骨格モデルという基本構造が同じであっても，各部分のパラメーターの値が異なれば骨格全体の形状にちがいが生じるでしょう．

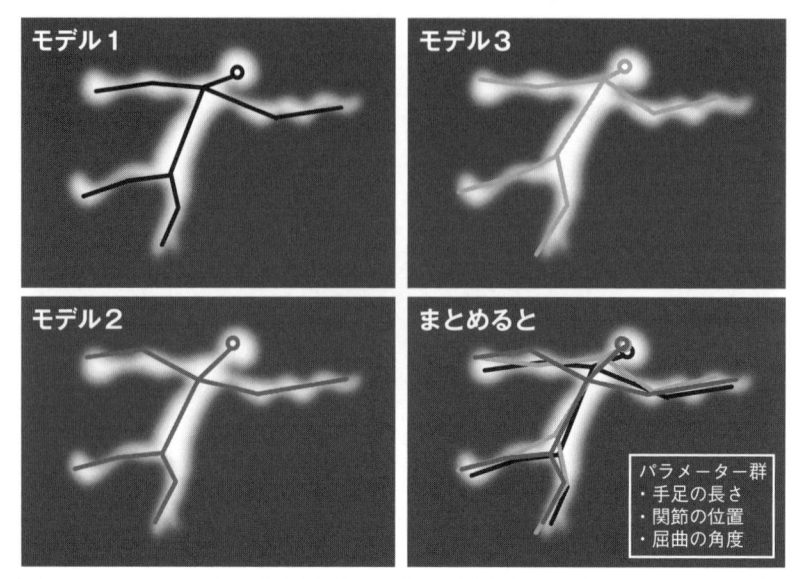

【図11−5】パラメーター推定問題．モデルを構成する可変パラメーターを変えることにより (モデル1) から (モデル3) の3通りの形状がありえる

このとき，各パラメーターの値をどのように最適化すればいいのかというパラメーター推定問題は，第3講で説明したように，データとモデルとの "ずれ" を最小化するという最適化基準を設ければ解決できるでしょう．たとえば「**最小二乗法** (least squares method)」はこのような場合に一般的に用いられる手法です．

モデル選択問題：統計モデルの構造そのものをどう選ぶか

第一の「パラメーター推定問題」はある意味で計算すれば解決できるのですが，第二の「モデル選択問題」はそれよりも難しい問題になります．最初に実験者が仮定した人型骨格モデルは，確かに私たち人間にとっては理解しやすい構造的に単純なモデルでした．しかし，そういう単純なモデルがはたして妥当なのでしょうか．

観察対象の "雲" と人型骨格モデル (【図11−6】の(1)に示した) との当てはまりのよさをチェックしてみると，とくに手足の部分での "へだたり" が大きいように見えます．つまり，実験者が仮定した単純な構造の人型骨格モデルではなく，もっと多くの骨をもつより**複雑な構造の骨格モデル** (「エイリアン型

骨格モデル」と名づけましょう）の方が"雲"のかたちをより忠実にモデル化しているとは考えられないでしょうか.

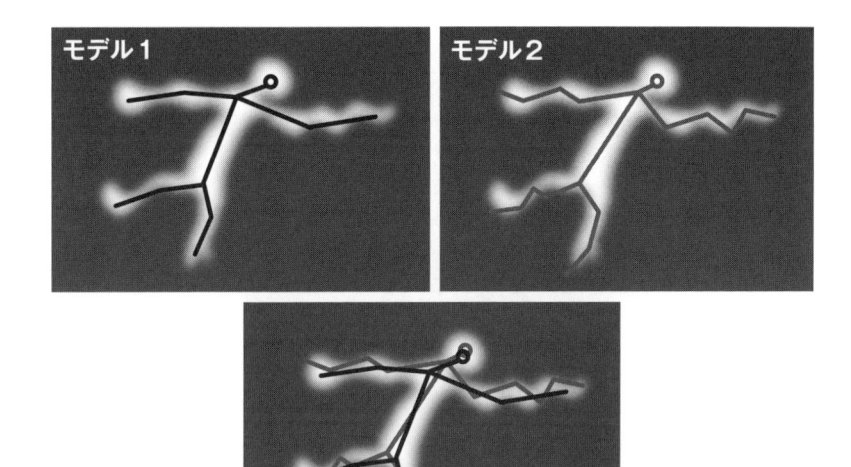

【図11−6】単純な人型骨格モデル（1）と複雑なエイリアン型骨格モデル（2）の比較

　同じデータに対して基本構造が異なるモデルが候補として立てられているとき，どの構造をもつモデルがベストであるのかを選び出す問題は「**モデル選択問題**」と呼ばれています.「パラメーター推定問題」はモデルとデータとの"ずれ"を最小化すればよかったのですが,「モデル選択問題」では計算ではなく「**そもそもよいモデルとは何か**」という原理原則から問いなおす必要があります.
　次節ではこのモデル選択の基本について説明することにしましょう.

データに対するモデルの当てはめ：尤度による評価

　与えられたデータに対してモデルをあてはめるもっとも単純な例は，第3講のはじめに挙げたある化学実験での反応基質量と生成物量に関するものでした. ある化学反応の反応基質量を実験的に変えたときに生成物量がどのように変化するかを平面にプロットしたとき（第3講【図3−1】），私たちは異論なくある**直線**をあてはめればこのデータの背後にある反応基質量と生成物量との一般的な規則性が説明できると仮定しました. つまり，そこで仮定された**モデルは1次関数**（直線）であり，そのモデルに含まれる**未知パラメーターは切片と傾き**のふたつでした.

　【図11−7】に示すように，モデルの予測値と実際の観測値との差があるとき（それがふつうなのですが），その差の総計を最小化するように切片と傾きを決めれば，全体としてデータにうまくあてはまるモデルがつくれることはすぐにわかるでしょう．上で言及した最小二乗法は，この「観測値 − 予測値」の平方和を最小化するようにパラメーターを推定する方法です．

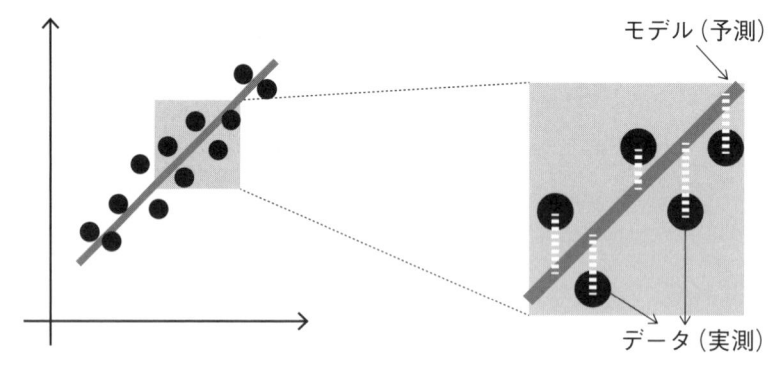

【図11−7】反応基質量（横軸）と生成物量（縦軸）のデータに直線をあてはめたときの予測値と観測値のずれ

乱数データへの直線モデルの当てはめ

　最小二乗法を用いたモデルの当てはめを数値シミュレーションでお見せしましょう．いま，閉区間 $[0, 1]$ 上の一様分布から無作為に 100 個の数値を抽出し，それぞれの値に正規分布 $N(0, 0.01)$ に従う乱数を付加することにより，ばらつきをもつ 100 データを得ました（【図11−8】）．

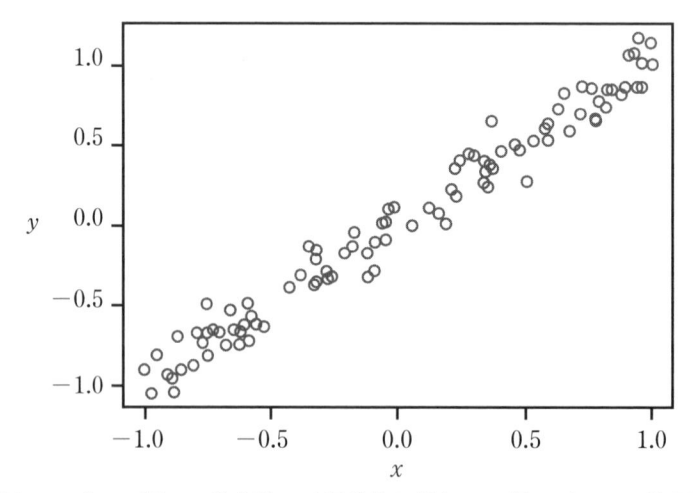

【図11−8】100個の一様乱数に正規乱数を付加して得たデータの散布図

この乱数データは式で書けば「$y = x +$ 正規乱数」となるので，直線をモデルとして当てはめるのは妥当でしょう．実際，最小二乗法を用いた直線の当てはめを行なうと【図11−9】のようになり，モデル式は「$y = 0.01665 + 1.00900x$」という1次関数で表現されます．

あてはめた直線と乱数データとのずれは【図11−10】のように図示できます．最小二乗法はこの100本の線分の平方和を最小化しているわけです．前節で述べたように，このようなパラメーター推定問題は，モデルの基本構造（この例だと直線すなわち1次関数）が決まっていれば，計算だけの問題に帰着できます．

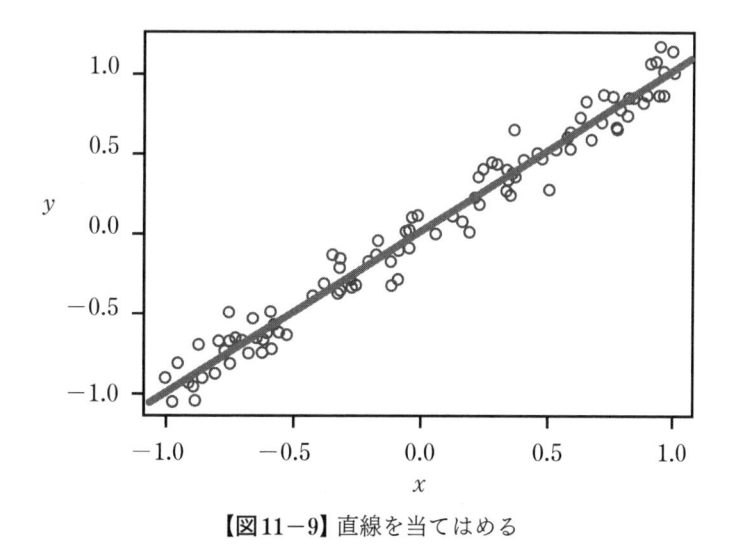

【図11−9】直線を当てはめる

【図11−10】当てはめた直線とデータとのずれ

乱数データへの多項式モデルの当てはめ

　上の乱数シミュレーションの例は直感的にとてもわかりやすいですが，いつもそうとは限りません．たとえば，別の同様の数値シミュレーションで得た乱数データを示しましょう（【図11−11】）．

　現実に得られるかもしれないこのようなデータを前にしたとき，私たちがまず取り組まなければならないのは「いったいどんな数式をモデルとして当てはめればいいのか」という**モデル選択問題**です．多項式に限定するならば，この問題は「当てはめるモデルの次数をいくつにすればいいのか」ということです．

　モデル選択問題を解決するためには「よいモデルとは何か？」について，はっきりさせておく必要があります．【図11−8】の例では直感的に「うまく当てはまりそうなモデル」が異論なく決まったからモデル選択問題を回避することができました．

　では，【図11−11】の場合にも，そういう直感的なやり方が通用するでしょうか．試しに，低い次数から順に多項式を当てはめてみましょう（【図11−12】）．

　この乱数データに対して直線の**1次関数**をむりやり当てはめるのはさすがに暴挙と言わざるをえないでしょう．しかし，放物線の**2次関数**ではまだ当てはまりはかなりわるいですね．ではもっと凹凸のある**4次関数**ではいかがでしょうか．かなり当てはまりがよくなってきたようです．

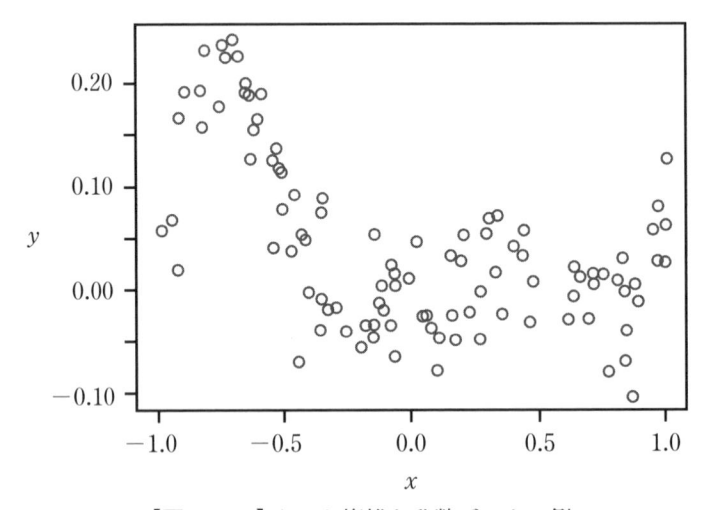

【図11−11】もっと複雑な乱数データの例

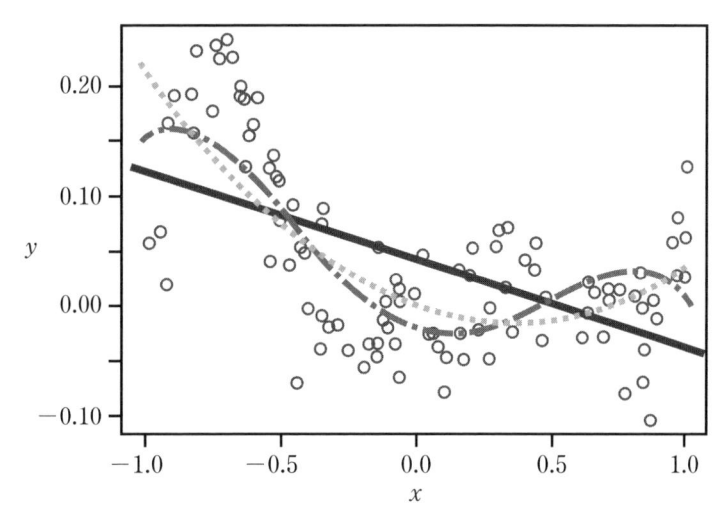

【図11－12】【図11－11】の乱数データに1次関数（実線），2次関数（破線），4
次関数（一点鎖線）を当てはめる

　しかし，ひとつの大きな問題が生じます．それは当てはまりのよしあしの基
準そのものがあいまいであるという点です．最小二乗法はモデルの構造が事前
に決まっているときにそのモデルが含む未知パラメーターをデータから推定す
るための手法であって，データの構造それ自体を決めるのに用いることはでき
ません．

　ここで登場するのが「**尤度**（likelihood）」という概念です．尤度は統計学の
理論の中で基本中の基本となる概念ですが，データに基づくモデル化に関わる
という点では，科学的推論を行なう上でもきわめて重要な概念です．

　通常の確率概念は，ある仮説を固定したときに変量（データ）がどのような
確率密度の値をとるかに着目します．しかし，ロナルド・フィッシャーは，科
学的推論においては，ある与えられたデータのもとで仮説が与える確率を手が
かりにして競合する仮説間の相対的評価をしなければならないだろうと指摘し
ました（Fisher 1925 [1950]: 10）．その目的のために，フィッシャーは，確率
とは異なり，データを固定した上で仮説を可変とする尤度の概念を新たに提唱
しました（Edwards 1992: 9）．

尤度概念を説明するために，次のような簡単な例を考えてみましょう．ある正規分布母集団（母分散は既知とします）の未知パラメーターである母平均μを推定するために，無作為抽出されたサンプルx_1, x_2, x_3から平均身長$\bar{x}$を計算したとしましょう．このとき，その母集団が従う確率分布の母平均μに関して，次の3つの仮説を立てることにします（【図11−13】）．

仮説1：「μは$\bar{x}$に等しい」
仮説2：「μは$\bar{x}$よりも大きい」
仮説3：「μは$\bar{x}$よりも小さい」

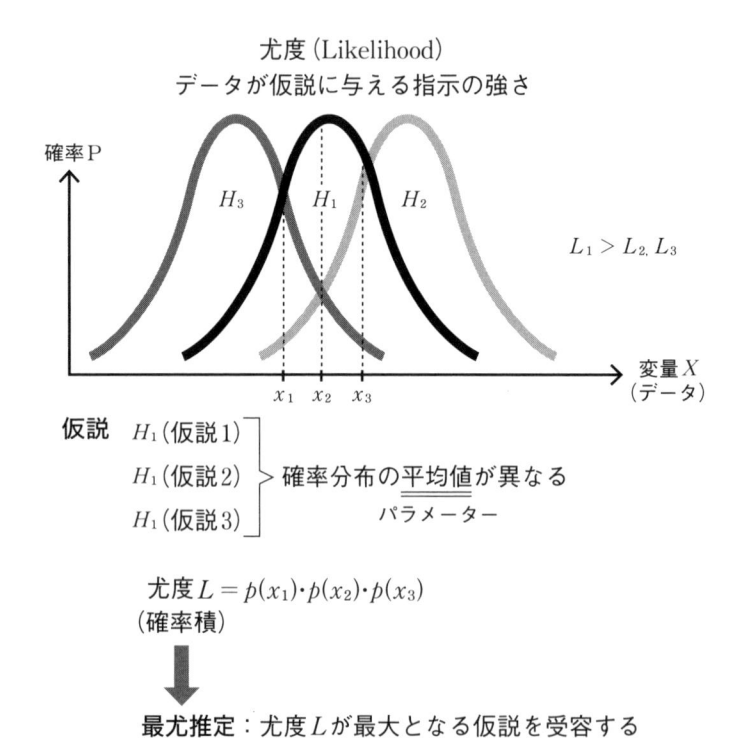

尤度（Likelihood）
データが仮説に与える指示の強さ

確率P

H_3　H_1　H_2

$L_1 > L_2, L_3$

変量X（データ）

x_1　x_2　x_3

仮説　H_1（仮説1）
　　　H_1（仮説2）　確率分布の平均値が異なる
　　　H_1（仮説3）　　　　　　パラメーター

尤度 $L = p(x_1) \cdot p(x_2) \cdot p(x_3)$
（確率積）

最尤推定：尤度Lが最大となる仮説を受容する

【図11−13】尤度概念の説明図（三中 2010, p. 217 の図32 を改変）

観察データx_1, x_2, x_3のもとでの尤度とは「ある仮説のもとで観察データが生じる確率の積」として定義されます（Edwards 1992）．この例でいえば，対立する仮説1〜3のそれぞれに対して，各データが生じる確率を考えます．ここでは正規分布の確率密度関数のもとでの確率密度$p(x_i)$ $(i = 1, 2, 3)$の積「$p(x_1) \cdot p(x_2) \cdot p(x_3)$」が尤度ということになります．未知パラメーターである母平均μの値によってこの尤度の値は変化します．したがって，尤度は**未知パ**

ラメーターの関数とみなすことができるでしょう.

このように尤度関数を定義したとき，母平均μが異なる上の3仮説を相対的に評価する数値基準として尤度の値を用いることができます．観察データのもとでそれぞれの仮説のもつ尤度を計算し，最大の尤度をもつ仮説（とそのパラメーター）を選べばいいわけです．データのもとで尤度を最大化する方法は「**最尤法**（maximum likelihood method）」と呼ばれています．この例では，仮説1が他の2つの仮説よりも明らかに尤度が大きいので，最尤法に従えば仮説1が他の2つの対立仮説と比較してベストの仮説として選択されることになります.

尤度を導入することで，データとモデルとの関係がさらにはっきり見えてきます．上の【図11−8】で用いた乱数データを見てください．私たちはこのデータに対してある直線を当てはめました（【図11−9】）．一様乱数x_iに対して，ある正規分布誤差$e_i \sim N(0, 0.01)$を付加することでデータy_iを得ました．ここでの線形統計モデルは「$y_i = \beta + ax_i + e_i$」$(i = 1, 2, ..., 100)$であり，未知パラメーターである切片βと傾きαによって直線$\beta + ax$が決まります．このモデルが仮定する正規分布のばらつきを可視化すれば【図11−14】のようになります.

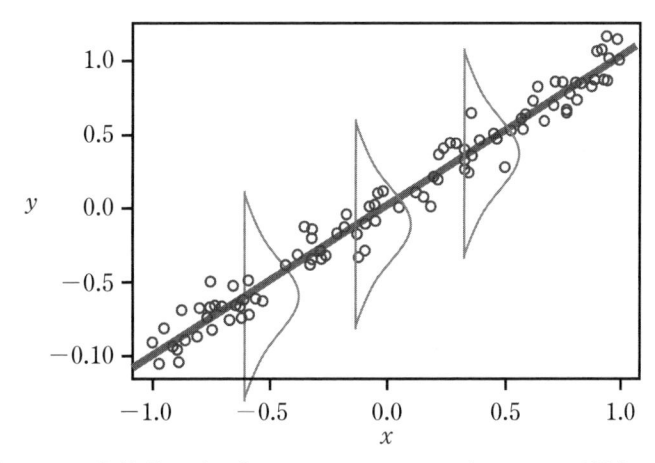

【図11−14】線形モデル「$y_i = \beta + \alpha x_i + e_i$」のばらつきを可視化する

この図を見ればわかるように，推定された回帰直線「$y = \beta + \alpha x$」の各xの値に対して，正規分布に従う誤差のばらつきがあります．これら100個の乱数データy_iの尤度ができるだけ大きくなるように未知パラメーターαとβの値を最尤推定することが最小二乗法の本質ということが理解していただけるでしょう．当てはめるモデルが一般の多項式であってもこの点は変わりません.

尤度の最適性基準がデータとモデルとの「**当てはまりのよさ（適合度）**」のよ

さを手がかりにしてパラメーター推定をすることそれ自体は何も問題はありません．しかし，尤度はどのようなモデルをそもそも仮定すべきかという点については何の制約も置きません．上の【図11−12】では，同じデータに対して，当てはめる多項式の次数を増やしたらどうなるかを示しました．1次関数の直線では一見してあまりにも当てはまりが悪いですが，次数を上げていくとそれなりによく当てはまっているように見えます．もっと高い次数の多項式を当てはめると【図11−15】のようになります．

　これらの多項式モデルの対数尤度を，図示していない3次関数も含めて計算すると次の通りです．

　　1次関数　　127.7378
　　2次関数　　149.8279
　　3次関数　　151.5704
　　4次関数　　158.8827
　　5次関数　　198.9922
　　6次関数　　198.9927

　次数が上がれば尤度の値も単調に増加するという明白な関係があります．このことから，同じデータに対して，低次の単純なモデルではなく，より**高次の複雑なモデルの方が尤度が高くなる**と結論できるでしょう．次数が高い凹凸の多い多項式はデータをより精密になぞるができるので，結果として尤度がより高くなるというのは十分に納得できることです．

　このように，尤度という基準を用いれば与えられたデータに対して私たちが立てたモデルの当てはまりのよさを数値的に示すことができ，対立するモデルの間での客観的な比較も可能になります．ところが，その一方で，複雑なモデルほど尤度が高くなるわけですから，尤度のみに基づいてモデル選択をするともっとも複雑なモデルがつねに選ばれます．上の多項式モデルの例でいえば，100個のデータがあるわけですから，極端な話，定数項を含めて100パラメーターをもつ99次関数があれば，すべてのデータを正確に通過するという意味で"完璧に当てはまる"モデルすなわち**最大尤度**をもつモデルが手に入るわけです．

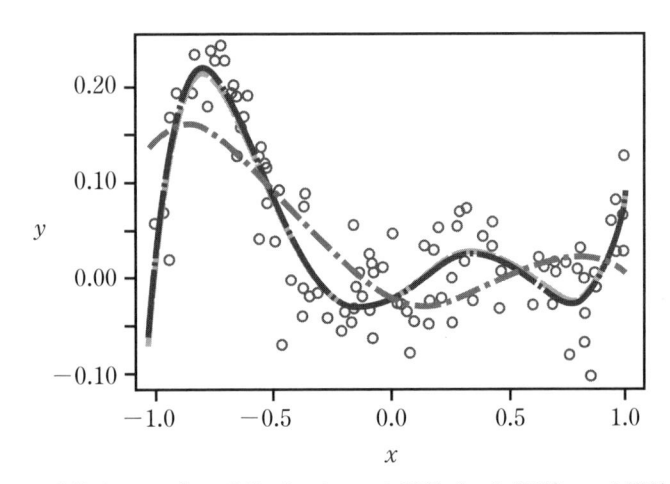

【図11−15】【図11−11】の乱数データに4次関数（一点鎖線），5次関数（長破線），6次関数（長一点鎖線）を当てはめる．この例では5次関数と6次関数はほとんど重なっている

よい統計モデルとは何か？：AICによるモデル選択

　与えられたデータに対して完璧に当てはまるモデルが尤度基準のもとで得られるのならば，それを最良のモデルとみなせばモデル選択問題はもう解決できたではないか——データに対するモデルの当てはまりのよさだけに着目するならばこのような見解もありえるかもしれません．しかし，ここで考えなければならない点は，目の前にあるデータは母集団からたまたま無作為に抽出されたサンプルであるという事実です．つまり，別の無作為抽出をしたとすれば別のデータが得られたかもしれません．したがって，あるデータに対する当てはまりのよさを尤度で数値化し，それを最大化するという最尤法によってパラメーターを推定し，モデルを確定したとしても，それは単に目の前のデータに対する**当てはまりのよさしか見ていない**ことになります．

　確かに，目の前のデータに当てはまらないモデルではまったく話になりません．だからと言って，たまたま無作為抽出されたデータに対する当てはまりがいくらよくても，**ありえたかもしれない他のデータ**に対してそのモデルがよく当てはまるかどうかはわかりません．この2つの問題を同時に解決する決定打として提唱されたのが赤池弘次の「**赤池情報量基準**（AIC：Akaike Information Criterion）」です（Akaike 1973, 坂元他 1983）．

AICを導きだす

1970年代はじめに提唱されたこのAICは，現在の**統計的モデル選択論の中核**となる概念であり（Burnham and Anderson 2002），さらには統計学の世界だけにとどまらず科学哲学の分野にも影響を広めつつあります（Forster and Sober 1994, 2004）．以下では，AICの考え方の基本を，最尤法と比較しながら，できるだけわかりやすく説明しましょう．

すでに説明したように，尤度は実際に得られたデータへの**モデルの当てはまりのよさ**を評価する基準です．これに対して，AICは母集団から無作為抽出されたときのデータに伴うばらつきを考慮して**尤度の期待値**を求めようとします．しかし，私たちが手にする情報源は実際に抽出されたデータだけですから，**得られたかもしれないデータ**のもつばらつきと言われても，いったいどのようにしてそれを知ることができるのか，すぐには理解できないでしょう．

いま，ある母集団からサンプルサイズnの無作為抽出を行ない，そのデータを$x_i (i = 1, 2, ..., n)$とします．このデータに対して未知パラメーター$\theta_1, \theta_2, ... \theta_k$（計$k$個）をもつモデルを当てはめることを考えましょう．このモデルを式で書くならば，確率密度関数$f(\boldsymbol{x} | \boldsymbol{\theta})$（データベクトル$\boldsymbol{x} = (x_1, x_2, ... x_n)$，パラメーターベクトル$\boldsymbol{\theta} = (\theta_1, \theta_2, ... \theta_k)$となるでしょう．このとき，対数尤度$L(\boldsymbol{\theta})$は

$$L(\boldsymbol{\theta}) = \log\{f(x_1 | \boldsymbol{\theta}) \cdot f(x_2 | \boldsymbol{\theta}) \cdot ... \cdot f(x_n | \boldsymbol{\theta})\} = \sum_{i=1}^{n} \log\{f(x_i | \boldsymbol{\theta})\}$$

となります．サンプルサイズnで割って得られる平均対数尤度

$$\frac{L(\boldsymbol{\theta})}{n} = \left(\frac{1}{n}\right) \cdot \sum_{i=1}^{n} \log\{f(x_i | \boldsymbol{\theta})\}$$

の期待値$E[\cdot]$を考えると

$$E\left[\left(\frac{1}{n}\right) \cdot L(\boldsymbol{\theta})\right]$$
$$= E\left[\left(\frac{1}{n}\right) \cdot \sum_{i=1}^{n} \log\{f(x_i | \boldsymbol{\theta})\}\right]$$
$$= \left(\frac{1}{n}\right) \cdot \sum_{i=1}^{n} E[\log\{f(x_i | \boldsymbol{\theta})\}]$$
$$= E[\log\{f(x_i | \boldsymbol{\theta})\}]$$

$$\therefore L^*(\boldsymbol{\theta}) = E[L(\boldsymbol{\theta})] = n \cdot E[\log\{f(x_i | \boldsymbol{\theta})\}]$$

対数尤度が最大になるようにθを動かせば，このデータのもとでのパラメーターの最尤推定値$\hat{\theta}$が得られます．この最尤推定値を代入した$L^*(\hat{\theta})$の期待値を「**期待平均対数尤度**」と命名します．

　私たちが次にやることは，この期待平均対数尤度をどのように求めるのかという難問です．上で指摘したように，データが潜在的に持っているばらつきを前もって知ることは認識論的に不可能です．赤池は平均対数尤度の統計学的な性質を駆使することでこの認識論的ハードルを超えることができたのです（Forster and Sober 1994）．その方策とは次に示すものでした．

　いま，母集団のパラメーターの真値をθ^*と表します．もちろんθ^*は私たちにとっては未知です．上の$L^*(\hat{\theta})$を真値θ^*のまわりで2次項までのテイラー展開をすると次のようになります．

$$L^*(\hat{\theta}) \fallingdotseq L^*(\theta^*) + n(\hat{\theta}-\theta^*) \cdot E\left[\frac{\partial\left[\log\{f(x\,|\,\theta)\}\right]}{\partial\,\theta}\right]_{\theta^*}$$

$$+\left(\frac{1}{2}\right)\cdot\sqrt{n}(\hat{\theta}-\theta^*)\cdot E\left[\frac{\partial^2\left[\log\{f(x\,|\,\theta)\}\right]}{\partial\,\theta^2}\right]_{\theta^*}\cdot\sqrt{n}(\hat{\theta}-\theta^*)^T$$

とても複雑な式ですが，整理すると次の式になります．

$$L^*(\hat{\theta}) \fallingdotseq L^*(\theta^*) - \left(\frac{1}{2}\right)\varDelta J^*\varDelta^T$$

$$\varDelta = \sqrt{n}\cdot(\hat{\theta}-\theta^*)$$

$$J^* = -E\left[\frac{\partial^2\left[\log\{f(x\,|\,\theta)\}\right]}{\partial\,\theta^2}\right]_{\theta^*}$$

　ここに登場する行列J^*は「**Fisher情報行列**」と呼ばれます．サンプルサイズ$n\to\infty$のとき，パラメーターベクトル$\varDelta$は漸近的に多変量正規分布$N(0,\,J^{*-1})$に従い，最尤推定値$\hat{\theta}$は真値θ^*に確率収束することが証明されています．さらに次の定理も成立します．

【**定理**】$X\sim N(\boldsymbol{\mu},\,\boldsymbol{\Sigma})$．ここで$N(\boldsymbol{\mu},\,\boldsymbol{\Sigma})$は平均ベクトル$\boldsymbol{\mu}$，分散共分散行列$\boldsymbol{\Sigma}$の多変量正規分布とする．

　$\boldsymbol{\Sigma}=LL^T$　※Lは行列

　$Y=L^{-1}(X-\boldsymbol{\mu})$

のとき，$|\,Y\,|^2=(X-\boldsymbol{\mu})^T\Sigma^{-1}(X-\boldsymbol{\mu})\sim\chi^2(k)$

　そして，$X=\varDelta^T$，$\boldsymbol{\mu}=0$，$\boldsymbol{\Sigma}=J^{*-1}=LL^T$とおくと，上の定理により$\varDelta J^*\varDelta^T\sim\chi^2(k)$が導かれます．テイラー展開式の2次項は漸近的に自由度kのカイ二乗分布に従うということです．

この結果を用いれば，上の期待平均対数尤度$L^*(k)$の式は次のようになります．

$$L^*(k)$$
$$= E[L^*(\hat{\theta})]$$
$$\fallingdotseq E\left[L^*(\theta^*)-\left(\frac{1}{2}\right)\varDelta J^* \varDelta^T\right]$$
$$= E[L^*(\theta^*)]-\left(\frac{1}{2}\right)E[\varDelta J^* \varDelta^T]$$

右辺第1項は期待値演算子がそのままはずれ，第2項は漸近的にカイ二乗分布をするのでその期待値はkとなります．よって期待平均対数尤度$L^*(k)$はきわめて単純な式

$$L^*(k) = L^*(\theta^*)-\frac{k}{2}\ \cdots\cdots\ [1]$$

となります．

次に，対数尤度$L(\theta)$を最尤推定値$\hat{\theta}$のまわりで二次項までテイラー展開すると

$$L(\theta) \fallingdotseq L(\hat{\theta})+(\theta-\hat{\theta})\cdot\left[\frac{\partial L}{\partial \theta}\right]_{\hat{\theta}}$$
$$+\left(\frac{1}{2}\right)\cdot(\theta-\hat{\theta})\cdot\left[\frac{\partial^2 L}{\partial \theta^2}\right]_{\hat{\theta}}\cdot(\theta-\hat{\theta})^T$$
$$= L(\hat{\theta})+\left(\frac{1}{2}\right)\cdot(\theta-\hat{\theta})\cdot\left[\frac{\partial^2 L}{\partial \theta^2}\right]_{\hat{\theta}}\cdot(\theta-\hat{\theta})^T$$

サンプルサイズ$n \to \infty$のとき，最尤推定値$\hat{\theta} \to$真値θ^*であり，テイラー展開式の右辺第2項は次のようになります．

$$\left(\frac{1}{n}\right)\cdot\left[\frac{\partial^2 L}{\partial \theta^2}\right]_{\hat{\theta}}$$
$$= \left(\frac{1}{n}\right)\cdot\sum_{i=1}^{n}\left[\frac{\partial^2[\log\{f(x_i\mid\theta)\}]}{\partial \theta^2}\right]_{\hat{\theta}}$$
$$\downarrow$$
$$E\left[\frac{\partial^2[\log\{f(x_i\mid\theta)\}]}{\partial \theta^2}\right]_{\theta^*}$$
$$= -J^*\ (\text{Fisher情報行列})$$

したがって，$n \to \infty$のとき上のテーラー展開式は漸近的に以下のようになります．

$$L(\theta) = L(\hat{\theta})-\left(\frac{1}{2}\right)\cdot\varDelta(\theta)J^* \varDelta(\theta)^T$$

ただし$\varDelta(\theta) = \sqrt{n}\cdot(\theta-\hat{\theta})$

ここで $\theta = \theta^*$（真値）を代入すると

$$L(\theta^*) = L(\hat{\theta}) - \left(\frac{1}{2}\right) \cdot \Delta(\theta^*) J^* \Delta(\theta^*)^T$$

となり，$\Delta(\theta^*) J^* \Delta(\theta^*)^T \sim \chi^2(k)$ なので，両辺の期待値を取ると

$$E[L(\theta^*)] = E[L(\hat{\theta})] - \left(\frac{1}{2}\right) E[\Delta(\theta^*) J^* \Delta^T]$$

ここで，

$$E[L(\theta^*)] = E\left[\sum_{i=1}^{n} \log\{f(x_i \mid \theta^*)\}\right]$$
$$= n \cdot E[\log\{f(\boldsymbol{x} \mid \theta^*)\}]$$
$$= L^*(\theta^*)$$

かつ

$$E[\Delta(\theta^*) J^* \Delta(\theta^*)^T] = k$$

なので，

$$L^*(\theta^*) = E[L(\hat{\theta})] - \frac{k}{2} \cdots\cdots [2]$$

この [2] 式を [1] 式の右辺に代入すれば

$$L^*(k) = L^*(\theta^*) - \frac{k}{2}$$
$$= \left\{E[L(\hat{\theta})] - \frac{k}{2}\right\} - \frac{k}{2}$$
$$= E[L(\hat{\theta})] - k$$
$$= E[L(\hat{\theta}) - k] \cdots\cdots [3]$$

という結論が得られます.

　この [3] 式は期待平均対数尤度 $L^*(k)$ の不偏推定値が $L(\hat{\theta}) - k$ にほかならないことを示しています. 期待平均対数尤度は背後の母集団に関する知識を必要とする点で認識論的に困難な尺度ですが，その不偏推定値 $L(\hat{\theta}) - k$ はパラメーターの最尤推定値 $\hat{\theta}$ のときの最大尤度 $L(\hat{\theta})$ とモデルの自由パラメーター数 k のみによって計算できます. したがって，あるモデルの尤度の期待値は「最大対数尤度−パラメーター数」というきわめて単純な尺度によって表現されます.

　赤池情報量基準（AIC）はこの不偏推定値を踏まえて次のように定義されます.

$$AIC = -2 \cdot (L(\hat{\theta}) - k)$$

AICを用いて対立モデルを比較する

　上では，AIC導出までの計算過程をできるだけ省略せずにたどりました．このAICをモデル選択基準として用いることにより，私たちは尤度の期待値がもっとも大きいモデルを選択することが可能になります．上のAICの定義式により，期待尤度が大きければ大きいほどAICは小さな値を取ります．たとえばすでに挙げた多項式グラフを当てはめる例に戻り，出されたモデル（1次関数〜6次関数）のAICを計算すると以下のようになります．

1次関数	-249.4756
2次関数	-291.6558
3次関数	-293.1408
4次関数	-305.7653
5次関数	-383.9845
6次関数	-381.9853

　各モデルの対数尤度は単調に増加し，高い次数の多項式ほど高い尤度をもちました．ところが，AICの値の変化をたどると，**5次関数**まではAICは単調減少するのですが，**6次関数**では逆にAICが大きくなっていることがわかります．これは，5次関数よりも6次関数の方がデータに対する当てはまりがよくなっても，パラメーターがひとつ増えたことに対する**ペナルティー**が効いてAICがかえって悪くなってしまったと解釈できます．

　一方ではデータに対するモデルの当てはまりのよさを対数尤度で評価し，他方ではモデルのもつ複雑さ（自由パラメーター数）をペナルティーとして課すことで，AICは統計モデルのもつ**予測確度**（predictive accuracy）という側面に新たな光を当てることになりました（Forster and Sober 1994）．そして，複雑なモデルを当てはめるだけでは「よい仮説」とは言えない，必要にして十分な**単純性をもつ仮説**が望ましいというAICのモデル選択基準は，中世の形而上学から継承されてきた「**オッカムの剃刀**（Ockham's Razor）」と呼ばれる**最節約原理**（principle of parsimony）の現代的効用を理論統計学から再評価したと読み取ることも可能でしょう（Sober 2015, Chapter2）．

第 **12** 講

コンピューター統計学：
データに自らを語らせる

　これまでの講義では統計モデルに関するさまざまな話題を取り上げてきました．私たちは実験や観察を通じて得たデータを説明するために，候補となるモデルを立て，尤度やAICなどの尺度に照らして対立モデル間で相互比較をしたり改良することにより，そのデータのもとで到達できる**ベストのモデル**を構築することを目指します．そのようにして最良のモデルを選び出すことは，その時点で**最良の仮説**（説明）を与えるという意味で推論様式としてのアブダクションにほかなりません．統計データ解析はアブダクションのための**強力な道具**を私たちに提供してきたのです．

　さて，本講では視点をモデルから**データ**に移すことにしましょう．私たちはこれまで母集団から「**無作為抽出（ランダム・サンプリング）されたデータが与えられた**」という前提のもとに，統計分析やモデリングの説明をしてきました．では，そもそも母集団から無作為抽出されたデータは**どのような性質**を持っているのでしょうか．以下では，母集団からのデータのサンプリングとともに，さらにそのデータからの「**再抽出**（リサンプリング：resampling）」という新たな手法について説明をします．

　この**リサンプリング統計手法**は，最近の統計データ解析で広く用いられるようになった「**計算統計学**（computational statistics）」あるいは「**計算機集約型統計学**（computer-intensive statistics）」のひとつです．現在では実際の統計計算にあたってはコンピューターのお世話になることがほとんどでしょうから，**統計学＝コンピューター**利用とつい考えてしまいます．しかし，ほんの数十年前までは統計計算は"手計算"が当たり前でした．だからこそ，数学理論を踏まえたパラメトリック統計学が興隆し，その一方で初期のノンパラメトリック統計学はコンピューターなしに大量の計算をしなければならないというハンディを背負っていたわけです．

　しかし，現在ではコンピューターの広範な普及によって，少なくとも統計計算は"手計算"で実行する必要はなくなりました．さらに，従来は数学理論に基づくしかなかった理論的な考察についても，**数値シミュレーション**の高速な実行が可能になりました．コンピューターを用いた統計学の浸透は数学理論だけが統計学の屋台骨ではないことを一般のユーザーに強く認識させるようになったのです．

　そんなわけで，本講で説明するリサンプリング統計手法と計算統計学との強い結びつきは，新たな世代の統計学がコンピューターとともに**私たちのそばまで近づいてきたこと**を痛感させます．

母集団からのサンプリング vs. データからのリサンプリング

　私たちが慣れ親しんできた「**母集団からのサンプリング**」とは，たとえばあるリンゴ畑を母集団とするとき，そこからある個数のリンゴを**無作為**にサンプリングするやり方のことです（【図12−1】）．このとき，無作為サンプリングされた有限個のリンゴをサンプル（「**標本**」）として解析することにより，もとの母集団に関する**未知パラメーター**（サイズ，糖度などの属性）について推定や検定をすることが，私たちの目的となるでしょう．

　サンプリングされたデータに基づいて計算された**統計量**（平均サイズや平均糖度など）は，たまたま抽出されたデータに基づいて計算されたものですから，サンプルが異なれば，当然その統計量の値はばらつきを持つでしょう．つまり，サンプルから計算された統計量は**確率的なばらつきを持っている**ということです．そのばらつきの大きさ，すなわち統計量の持つ**誤差の大きさ**がどれくらいかを評価することが問題になります．

　母集団から無作為抽出されたサンプルに基づく統計量の確率分布については伝統的なパラメトリック統計学で詳細に調べあげられてきました．とくに，母集団が正規分布に従うと仮定できる場合を考えてみましょう（【図12−2】）．

　リンゴのサイズを確率変数Xとします．母集団がサイズに関して母平均μ，母分散σ^2の正規分布に従うならば（$X \sim N(\mu, \sigma^2)$），サンプルサイズnの無作為標本$X_1, X_2, ..., X_n$から計算された標本平均$\overline{X} = (X_1 + X_2 + ... + X_n)/n$は，正規変量の線形結合であることから，平均$\mu$，分散$\sigma^2/n$の正規分布に従う（$\overline{X} \sim N(\mu, \sigma^2/n)$）ことが容易に証明できます．母分散$\sigma^2$の不偏推定値は$\sum_{i=1}^{n} (X_i - \overline{X})^2/(n-1)$ですから，標本平均$\overline{X}$の標本分散の不偏推定値は$(1/n) \times \sum_{i=1}^{n} (X_i - \overline{X})^2/(n-1)$となります．

　要するに，サンプルサイズnの無作為標本が手元にあれば，標本平均が計算できるだけではなく，標本分散の値も容易に計算できるというわけです．

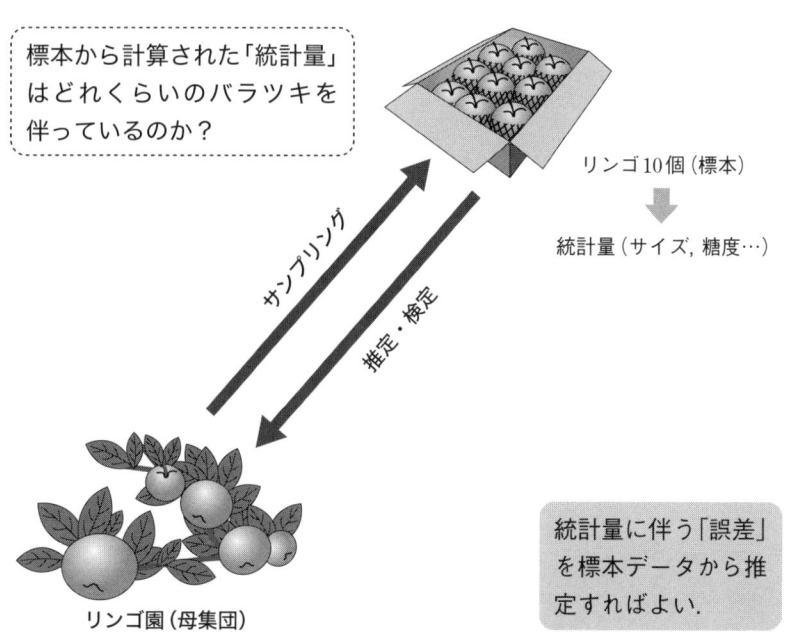

【図12−1】母集団からのサンプリング

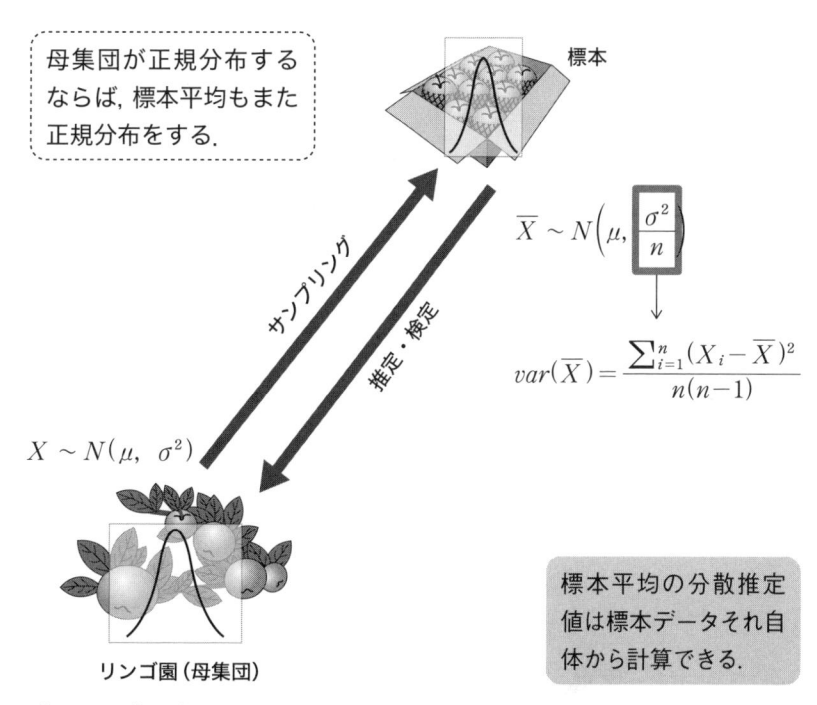

$$\overline{X} \sim N\left(\mu, \boxed{\dfrac{\sigma^2}{n}}\right)$$

$$var(\overline{X}) = \dfrac{\sum_{i=1}^{n}(X_i - \overline{X})^2}{n(n-1)}$$

$$X \sim N(\mu, \ \sigma^2)$$

【図12−2】母集団が正規分布をしていれば標本平均もまた正規分布をする

　このように，母集団が正規分布をしていれば標本平均という統計量の確率分布が自動的に決まりますので，その誤差評価はとても容易になります．ところが，世の中にはそう簡単にはことがすまない状況はけっして少なくありません．まずはじめに，**母集団の正規性が仮定できない場合**について考えてみましょう（【図12−3】）．

　母集団が正規分布に従わないときには，たとえ標本平均のような単純な統計量であったとしても，その確率分布はわからないことが多いでしょう．つまり，**標本平均の値**はデータから計算すれば求められたとしても，その**標本分散の値**を簡便に求める式は**ないかもしれない**ということです．

　あるいは，【図12−4】のような状況もありえます．この例では母集団は正規分布をしていると仮定できるのですが，何らかの理由で複雑な統計量が定義されたとします．ここでは，無作為サンプル X_1, X_2, ..., X_n を大小順にソート $X(1) \leqq X2 \leqq ... \leqq X(n)$ した上で，標本統計量 $\tilde{X} = X(1)^n + X(2)^{n-1} + ... + X(n)^1$ という複雑な式を定義しました．このとき，統計量 $\tilde{X}$ の値は計算できるのですが，その分散推定値を与える式は存在しないと考えた方がいいでしょう．

　このように，得られた無作為標本のデータから標本統計量の誤差まで計算できるのは，もとの母集団が正規分布に従い，統計量の定義式が単純であるという比較的**めぐまれた状況**に限られることがわかります．

　では，【図12−3】や【図12−4】のような場合，私たちはどうすれば標本統計量のばらつきを評価することができるでしょうか．ひとつの解決策は，もとの**母集団から繰り返し無作為サンプリングをする**という手です（【図12−5】）．

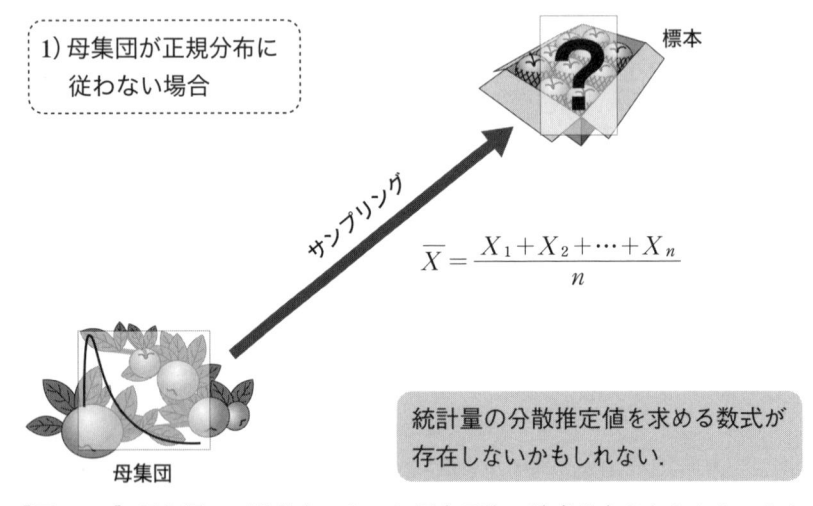

1) 母集団が正規分布に従わない場合

標本

サンプリング

$$\overline{X} = \frac{X_1 + X_2 + \cdots + X_n}{n}$$

母集団

統計量の分散推定値を求める数式が存在しないかもしれない．

【図12−3】　母集団が正規分布しないと標本平均の確率分布がわからないかもしれない

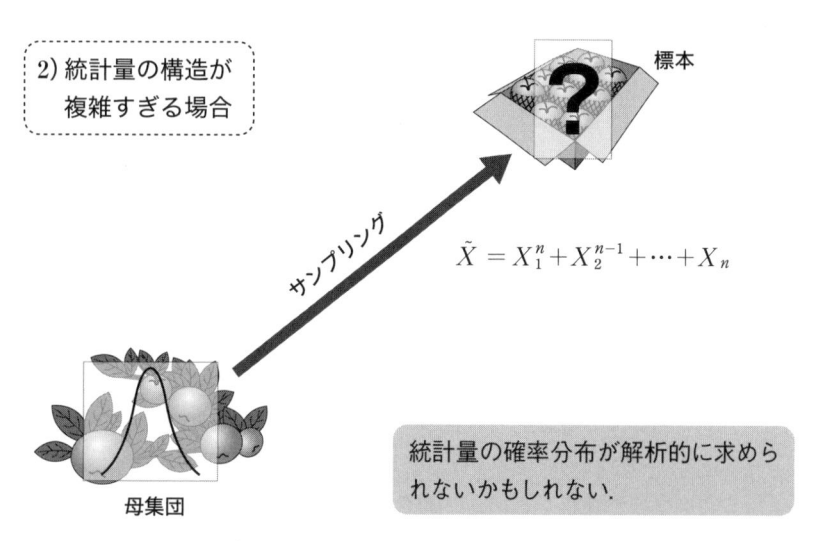

2) 統計量の構造が
　複雑すぎる場合

標本

サンプリング

$$\tilde{X} = X_1^n + X_2^{n-1} + \cdots + X_n$$

統計量の確率分布が解析的に求められないかもしれない.

母集団

【図12−4】 標本統計量が複雑な場合にはその確率分布がわからないかもしれない

母集団からの"力技"サンプリング
やってやれないことはないのだが…

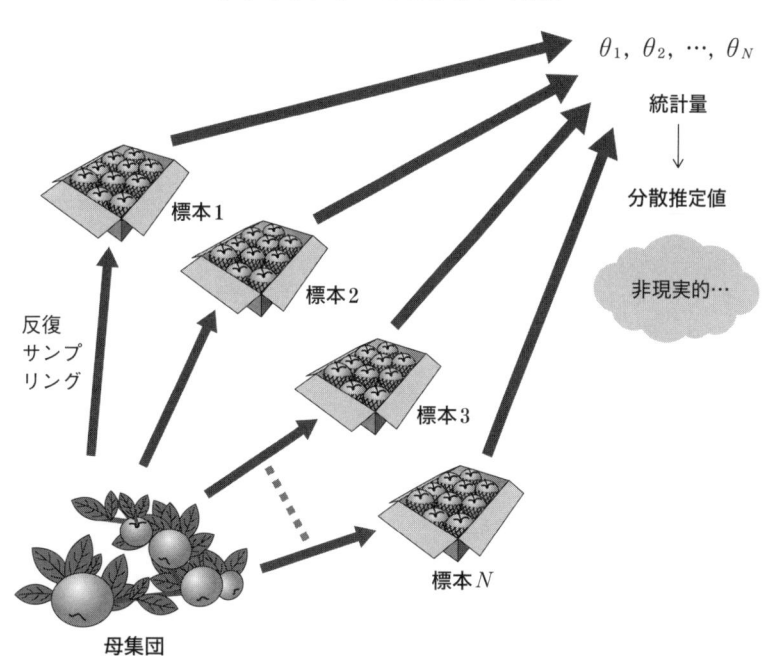

$\theta_1, \theta_2, \cdots, \theta_N$

統計量
↓
分散推定値

非現実的…

標本1

標本2

反復
サンプ
リング

標本3

標本N

母集団

【図12−5】 母集団からの無作為サンプリングを反復して標本統計量のばらつきを求める

　　この**力づくのやり方**をすれば，N回の無作為サンプリングから計算されたN個の標本統計量θ_1, θ_2, ..., θ_Nに基づいて，そのばらつきを計算することはやれないことではありません．しかし，このやり方を実行するにはいくつかの困難が立ちはだかります．リンゴの品種育成をしているような農業試験場ならば，大きなリンゴ園からの反復サンプリングは可能かもしれません．しかし，野外生物集団の場合にはもとの集団を特定して，そこから繰り返しサンプリングするというのは時間的にも経費的にも難度が高いでしょう．しかも，たとえ同一の母集団であったとしても，サンプリングの時期や場所が異なれば得られた無作為標本の属性が変化するため，計算された統計量のばらつきに対しては，それらの時間的・空間的要因の影響が無視できなくなるかもしれません．

　　私たちが慣れ親しんできた**もとの母集団**からのサンプリングに代わる方法として登場したのが，**無作為標本からのリサンプリング**という新たな考え方です（**【図12−6】**）．母集団からの無作為サンプリングを繰り返すのは，現実問題として難しい点があることは上で指摘しました．しかし，母集団からいったん無作為サンプリングした標本はすでに私たちの手元にあります．そこで，その標本からの再抽出（リサンプリング）を無作為に行なうのであれば，わざわざもとの母集団に戻る必要はないだろうというのが，ここでの**発想の転換**です．

　　しかも，コンピューターを利用すれば，標本のデータからの無作為リサンプリングは容易にいくらでも反復できます（**【図12−7】**）．コンピューター上でデータから無作為リサンプリングを反復すれば，先ほど母集団からの力技の無作為サンプリングの反復と**同等の作業が手軽に実行**できます．このようにリサンプリング手法は**コンピューター統計学**と密接に結びついているのです．

　　では，このようなリサンプリングの手法は実際にはどのようにして行われているのでしょうか．次の節ではその説明に進みましょう．

リサンプリング統計手法：ブーツストラップとジャックナイフ

　　母集団から無作為サンプリングされた標本からの無作為リサンプリングを考える際にまず問題になるのは，有限個の限られた数の標本からいかにしてリサンプリングをするのかという点です．無限の大きさをもつと仮定される母集団からならばサンプリングするたびに標本のばらつきが生じることが期待されます．

　　一方，有限の標本からリサンプリングしたところではたしてばらつきがあるのかどうかという疑念がついてまわります．そこで，実際に標本からのリサンプリングをするときは，もとになる標本を“揺する”ことで人為的にばらつきを発生させるのがふつうです．以下では，リサンプリングの手法によってこの“揺すり方”にちがいがあることをジャックナイフ法とブーツストラップ法を例にとって説明を進めましょう．

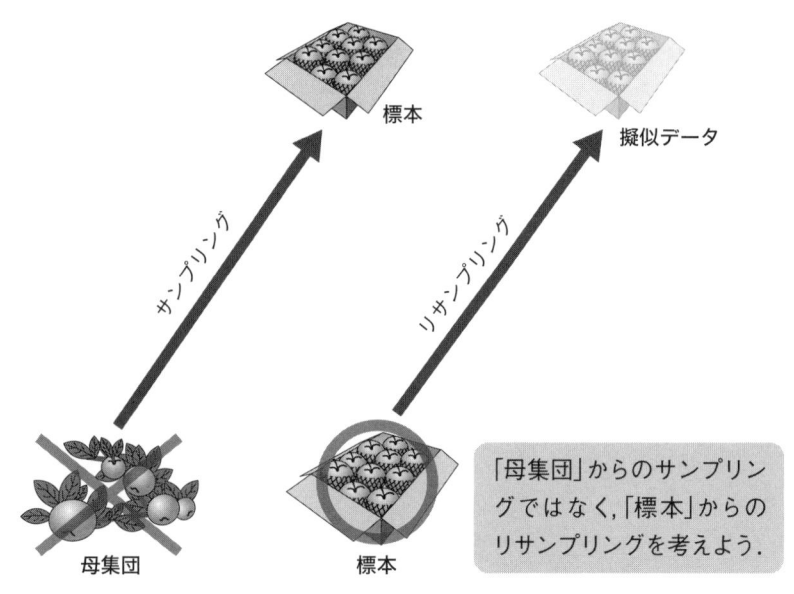

【図12−6】母集団からのサンプリング（左）の代わりに，標本からのリサンプリング（右）をする

標本を仮想的母集団とみなしてしまおう

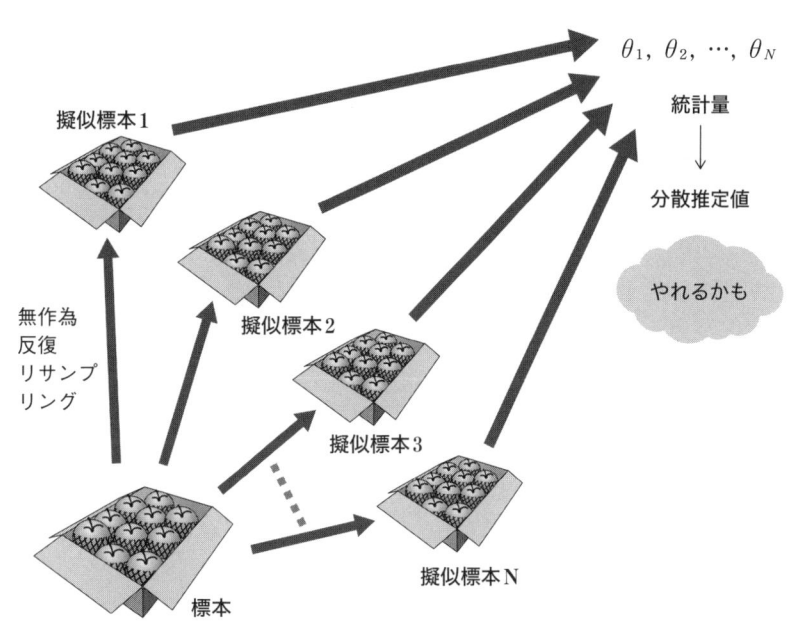

【図12−7】標本データからの無作為リサンプリングを反復することにより統計量の誤差を評価する

ジャックナイフ法：重複を許さず無作為削除リサンプリングを反復する

　「ジャックナイフ法（jackknife）」は1950年代に John W. Tukey によって開発されたリサンプリング手法です（Tukey 1958, Miller 1974）．ジャックナイフ法の手順を【図12−8】に示しました．

重複を許さず無作為リサンプリングを反復する

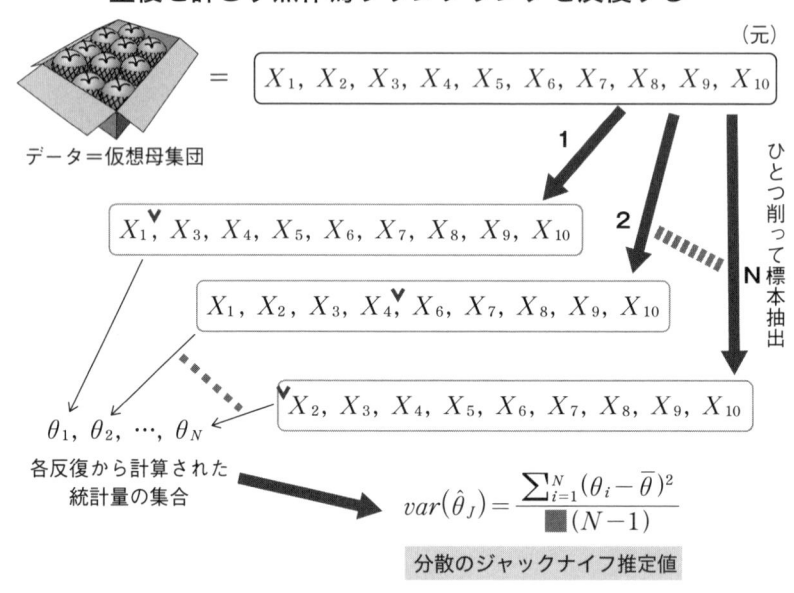

$$var(\hat{\theta}_J) = \frac{\sum_{i=1}^{N}(\theta_i - \overline{\theta})^2}{\blacksquare (N-1)}$$

分散のジャックナイフ推定値

【図12−8】ジャックナイフ法のリサンプリング手順

　あらかじめサンプリングされた**標本のデータセット**$\{X_1, X_2, ..., X_n\}$に対して，ジャックナイフ法はこのn個のデータからの**無作為削除**を行ないます．無作為にあるひとつのデータを削除する「**単一削除ジャックナイフ法（delete-one jackknife）**」によるリサンプリングを行なうと，もとのn個からひとつ少ない$n-1$のデータセットが得られます．このデータセットは「**ジャックナイフ反復（jackknife replicate）**」という擬似データです．同様の無作為削除リサンプリングを何度も繰り返すとそのつどジャックナイフ反復が得られます．N回のリサンプリングのそれぞれから計算された統計量$\theta_1, \theta_2, ..., \theta_N$を用いて**分散推定値**を求めることができます．

　毎回のリサンプリングの際にいくつのデータを無作為削除するかはユーザーが決める必要があります．上では単一削除ジャックナイフの手順を説明しましたが，もっと多くのデータを一度に削除することもできます．元データが大きい場合は，無作為にデータ全体の半分を削除する「**半数削除ジャックナイフ法**

(delete-half jackknife)」というリサンプリングも使われることがあります.

ブーツストラップ法：重複を許して無作為同数リサンプリングを反復する

「**ブーツストラップ法**（bootstrap）」は1970年代にBradley Efronによって提唱されたリサンプリング手法です（Efron 1979, 1982, Efron and Tibshirani 1993）. 上述のジャックナイフ法とブーツストラップ法のもっとも大きなちがいは，データからの無作為リサンプリングにおいて，重複を許容して元データと同数のデータをもつ「**ブーツストラップ反復**（bootstrap replicate）」をつくるという点です. ブーツストラップ法の手順を【図12−9】で説明しましょう.

重複を許して無作為同数リサンプリングを反復する

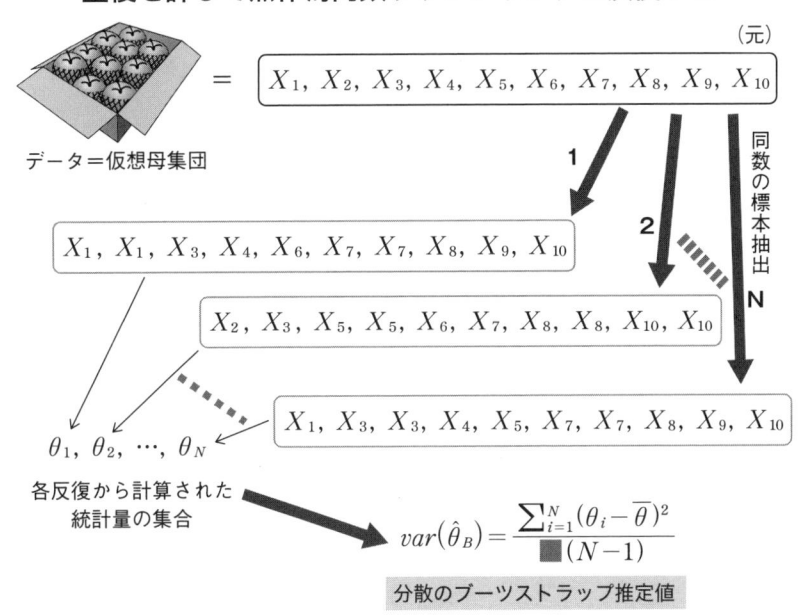

【図12−9】ブーツストラップ法のリサンプリング手順

　ジャックナイフ法と同じく，標本のデータセット$\{X_1, X_2, ..., X_n\}$を用意します. このデータに対してブーツストラップ法は同一のデータが複数反復抽出されることを許容して無作為リサンプリングを行ない，元と同じn個からなる**擬似データセット**を作成します. この手順を全N回繰り返すと，ブーツストラップ反復によっては同一のデータが複数回含まれることもあれば，それがまったく出現しないこともあるでしょう. これらのリサンプリングから計算された統計量$\theta_1, \theta_2, ..., \theta_N$を用いて**分散推定値**を求めることができます.

　ジャックナイフ法とブーツストラップ法の手順を見ると，統計量のばらつきを計算するまでの過程のどこにも確率分布をはじめパラメトリック統計学を必要とする手順はありません．すなわち，これらの手法は「**ノンパラメトリック・リサンプリング法**（nonparametric resampling methods）」と総称することができます．

　しかし，リサンプリング法は必ずしもそのすべてがノンパラメトリック統計学に含まれるわけではありません．パラメトリック統計学における未知パラメーターを含むモデルに対してもリサンプリング法を適用することができます．たとえば【図12−10】の例をごらんください．

パラメーター推定値に基づくデータ生成シミュレーション

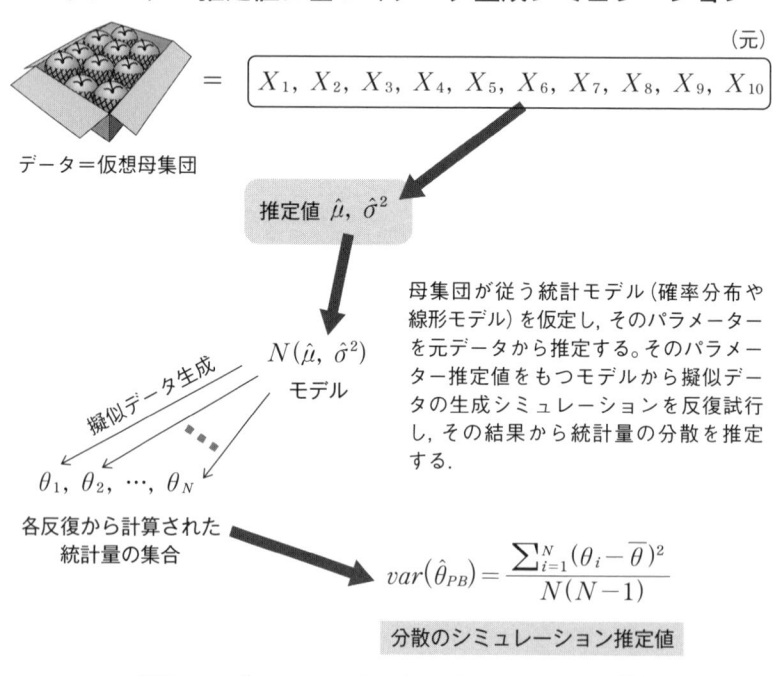

【図12−10】パラメトリック・ブーツストラップ法

　この例では，上の2つの例とまったく同じく，母集団からサンプリングされたデータを出発点としています．しかし，そのデータに対してノンパラメトリック・リサンプリングをするのではなく，**ある統計モデルを想定**します．ここでは，もとの母集団がある正規分布 $N(\mu, \sigma^2)$ に従うというモデルを立てます．その未知パラメーターである平均 μ と分散 σ^2 に対してデータから推定した平均推定値 $\hat{\mu}$ と分散推定値 $(\hat{\sigma})^2$ を代入すれば正規分布 $N(\hat{\mu}, \hat{\sigma}^2)$ が得られます．推定パラメーター値をもつ正規分布から，元のデータセットと同数の乱数を繰り返しコンピューター上で発生させれば，**擬似データセット**がいくつでも

得られ，最終的に目指す統計量の誤差が評価できます．

　数値シミュレーションによるこの方法は「**パラメトリック・ブーツストラップ法**（parametric bootstrap）」，パラメトリック・モデルのパラメーター推定にリサンプリング法を用いるという特徴があります．これに対して，上で説明した元データのノンパラメトリック・リサンプリングによるブーツストラップ法は「**ノンパラメトリック・ブーツストラップ法**（nonparametric bootstrap）」と区別されます．

　母集団からサンプリングされたデータセットはそれだけではひとつの統計量しか計算できません．しかし，上で説明したような諸手法はいずれも元データセットにそれぞれ特有の方法で"揺さぶり"をかけることにより，最終的に統計量のばらつきを評価することができます．データセットを"**仮想的な母集団**"とみなすことにより，私たちはコンピューター上で母集団からのサンプリングに相当するさまざまなリサンプリングを実行しているわけです．元データを"揺する"ことで母集団に関する**未知の属性に関する知識**を得るために，私たちは計算統計学の新しいツールを手にしています．それらのツールは既存のパラメトリック統計学とノンパラメトリック統計学の双方に影響を与えつつあります．

データははたしてものを言うのか：理想と現実

　サンプリングされたデータから**リサンプリングを繰り返す**という発想はさまざまな可能性を秘めています．実際，正規分布に従わない母集団に関する複雑な構造をもつ統計量の誤差評価や信頼区間構築を数値的に行えるのはリサンプリング統計手法しかないという場合も少なくありません．コンピューターに全面依存する計算統計学の浸透がこれらのリサンプリング手法の強力な推進力となっていることはまちがいないでしょう．

　しかし，リサンプリング統計手法の優位性ばかりを強調するのは不公平かもしれません．というのも，大きく夢が広がるこれらの手法のよりどころはあくまでも母集団からサンプリングされた**元データ**にあるからです．ここで，私たちは元データの素性について十分に注意した上で，リサンプリング手法を適用する必要があるからです．

　次の【図12−11】を見てください．これは母集団とそこから無作為サンプリングされたデータとの関係をイメージ的に図示したものです．

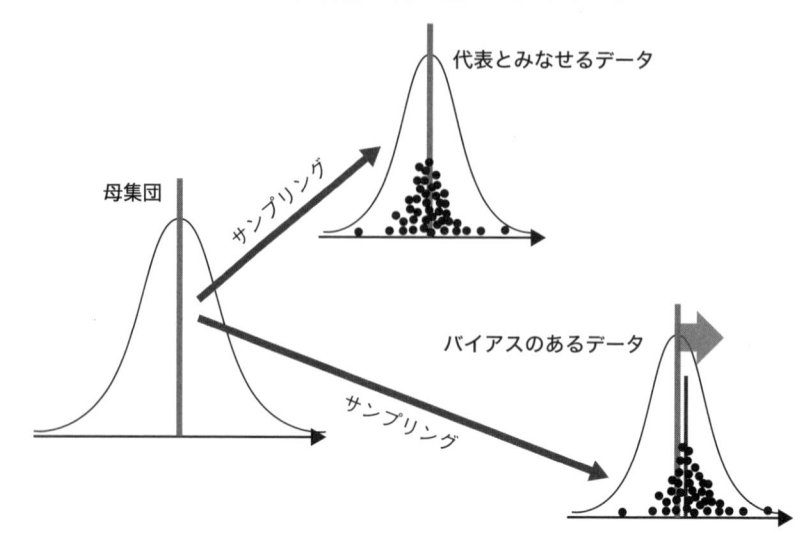

リサンプリング統計学の陥穽
元データの「出自」を隠し通せるわけではない

【図12−11】 母集団と無作為サンプリングされたデータとの関係．データを仮想的母集団とみなしてかまわない場合（上）とそうではない場合（下）

　母集団から有限個の標本を無作為サンプリングしたとき，得られたデータセットが平均あるいは分散の点で母集団と相似なミニチュア版であったならば（上図），私たちはそのデータセットを母集団の "代理" としての **仮想的母集団** とみなすことができるでしょう．そのとき，私たちはデータからのリサンプリングは母集団からのサンプリングと "事実上" 同じであるという安心感があるからです．一方，母集団から無作為サンプリングされたデータセットの標本平均が母平均とはややずれた場合，そのようなバイアスのあるデータセットに基づくリサンプリングはやはりバイアスのある **擬似データセット** しか生まないこともまたすぐに理解していただけるでしょう．

　つまり，リサンプリング統計手法はデータセットが **母集団の "身代わり"** としてふるまうことを暗黙のうちに（あるいは明示的に）仮定しているので，それらを使おうとする私たちは自分のデータセットがはたして母集団とどれくらい近いのかあるいは遠いのかを考えないわけにはいきません．

　ところが，第11講のモデル選択論の説明で言及したように，得られたデータセットのみから背後の母集団における **データセットの潜在的なばらつき** を知ることは認識論的に不可能です．それでも，何とかしてデータセットの "品質" あるいは "癖" を知ることはできないでしょうか．本講の最後はこの点について考察することにしましょう．

母集団から無作為サンプリングされたデータセットのふるまいについて知るために，標準正規分布 $N(0, 1)$ から乱数をサンプリングするというシミュレーションを実行してみます（【図12-12】）．

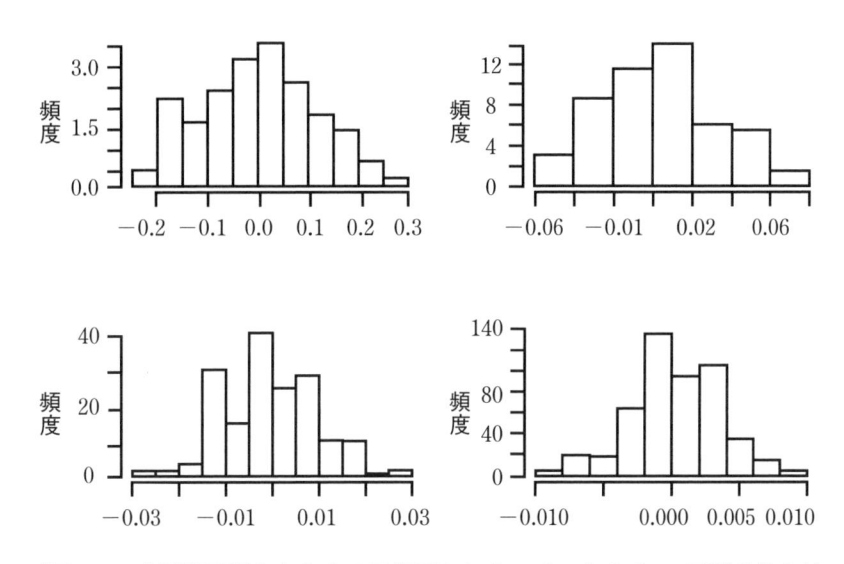

【図12-12】標準正規分布をする母集団からサンプルサイズ n の正規乱数を抽出する試行を100回反復し，標本平均のヒストグラムを描画した．$n=100$（左上），1000（右上），10000（左下），100000（右下）

このシミュレーションは標準正規分布をする母集団からサンプルサイズ n の乱数データセットを抽出するという試行を100回反復して，データセットの標本平均のヒストグラムを描画しました．サンプルサイズ n を100, 1000, 10000, 100000と増やしていくと，標本平均のばらつくようすが変化していくことがわかります．このシミュレーションでの母平均は0であることがわかっているので，標本平均が正または負の値を取ることはバイアスが生じていることを意味します．

各シミュレーションでの標本平均の分散値を示しておきましょう．

$n = 100$ のとき　0.01286104
$n = 1000$ のとき　0.0008183306
$n = 10000$ のとき　9.350631×10^{-5}
$n = 100000$ のとき　1.077142×10^{-5}

　このように**可視化**すると，ある母集団から無作為サンプリングされたデータセットのもつバイアスがひと目で分かります．みなさんに注意していただきたい点は，ひとつひとつのデータセットから計算された標本平均が母平均0とどれくらい異なるのかということではありません．標本平均が多かれ少なかれ母平均とは異なる値をもつことは当たり前のことだからです．

　むしろ確認していただくのは，その**バイアスの範囲**です．たとえばサンプルサイズ$n = 100$のとき標本平均の範囲は± 0.2を超える大きなばらつきをもっています．これは$n = 100$という**小さなサンプルサイズ**では母平均の真値が0であるにもかかわらず，絶対値にして0.2を超える大きなバイアスをもつ標本平均が見られることがあるという意味です．そのような大きなバイアスのあるデータセットではリサンプリングを実施しても**バイアスのある計算結果**しか期待できないでしょう．

　ところが，このバイアスはサンプルサイズnが**大きくなる**とともに劇的に減少します．母平均0と標本平均とのちがいの絶対値を大まかに見ていくと，$n = 1000$ならば± 0.06，$n = 10000$ならば± 0.03，そして$n = 100000$ならば± 0.01であることが**【図12－12】**からわかるでしょう．つまり，サンプルサイズが大きくなればなるほど，母集団から無作為サンプリングされたデータセットは母集団からの**バイアスが小さく**なります．リサンプリング統計分析の拠り所としてより安心度が高まるということです．

　リサンプリング統計手法が目の前のデータセットに全面的に依存している以上，そのデータセットの**"品質"**のよしあしは無視できない問題です．バイアスのあるデータセットからいかに頑張ってリサンプリングしたところで，もとのデータセットのバイアスを洗浄して"きれいな"推定値が得られるわけではないことは，上に示した単純なシミュレーションからもわかります．けれども，得られたデータセットが**真の母集団**からどれほどのバイアスをもっているのかを私たちは知るすべはありません．ただし，そのデータセットがどれくらいの大きさのサンプルサイズなのかがデータセットのもつ平均的なバイアスの大きさと密接に関連していることは明白です．

　以上より，リサンプリング統計手法を用いて分析をしようとするときには，手元のデータセットがどれくらい信頼できるのかについて**事前に十分な検討をする**ことが先決と言えるでしょう．ブーツストラップ法が"法螺吹き話"に堕したりジャックナイフ法が"砂上の楼閣"を削りだしたりしないためには，私たちユーザーは慎重の上にも慎重を期す必要があるのです．

ベイズの世界：論よりラン

母集団から無作為サンプリングされた標本に基づいて，私たちはさまざまな推定・検定・モデリングを行ないます．前講で説明した標本からの無作為リサンプリングという計算統計学の手法を使うときも母集団から無作為サンプリングされた**標本が手元にある**ことが前提です．いずれの場合でも，抽出された標本が**"唯一"の情報源**であるという点では何のちがいもありません．私たちは一貫して既知のデータから未知のパラメーターを推定してきました．

では，サンプリングされた**標本が何もない**とき私たちはどうすればいいのでしょうか．標本がないということは**データがない**のと同じです．情報がなければどうしようもない——つまり「徒手空拳ではなすすべがないではないか」と多くの読者は思うかもしれません．しかし，たとえある実験や観察を行なう「前」であっても，調査対象に関する何らかの情報はすでにあるかもしれません．世の中の万事はけっして何も書かれていないタブラ・ラサ（白板）ではないので，標本もデータもなかったとしても，ある仮説やモデルあるいはパラメーターに関する**「事前」の情報**があっても私たちは不思議には思わないでしょう．

ただし，これまで私が説明してきたなかでは，これらの事前情報を統計データ解析に組み込むすべはありませんでした．標本が得られてはじめて"統計マシン"のスイッチがオンになり，計算がおもむろにスタートしていたわけです．

本講でお話する**ベイズ統計学**は，まさにこの事前情報を統計分析に取り込もうとします．そして，「事前」の情報と実験観察によって得られた「データ」のもつ情報とを結合することにより，ある仮説（モデル）の「事後」の妥当性を確率によって評価するという枠組みを提示します．

ベイズの定理：条件付き確率からの出発

残念なことに，「ベイズ統計学（Bayesian statistics）」は多くの基礎統計学の講義やカリキュラムからは漏れ落ちてしまうことが現在でも多いように思われます．ここでは，そのもっとも基礎となる「**ベイズの定理**（Bayes' theorem）」から出発してベイズ的な推論への道のりをあまり脇道には迷い込まないようにしながら要点をかいつまんで説明していくことにしましょう．

　まずは**積事象の確率**と**条件付き確率**の定義からはじめましょう（【図13−1】）．いまある全事象の集合を考えましょう．単純な例を挙げるならば，ひとつのサイコロを投げたときに出る目1〜6の集合がわかりやすいでしょう．この全事象の集合をふたつの排反的な部分集合$A=$「2以下の目の集合」と$B=$「3以上の目の集合」に分割します．具体的に集合として書けば$A=\{1, 2\}$，$B=\{3, 4, 5, 6\}$となります．さらに，$R=$「偶数の目の集合」と定義すれば$R=\{2, 4, 6\}$となるでしょう．

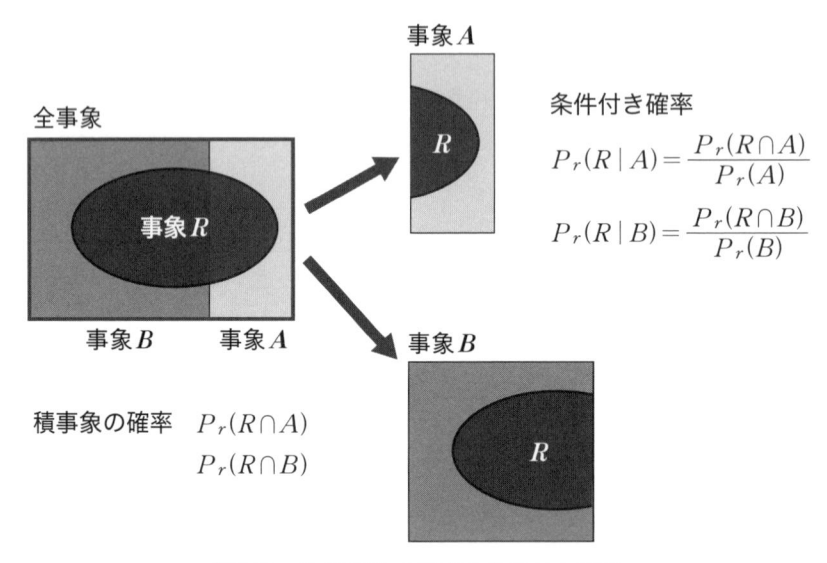

【図13−1】積事象の確率と条件付き確率

　ここで，次のふたつの積事象を考えます．

$R\cap A=$「2以下の目かつ偶数の目の集合」
$R\cap B=$「3以上の目かつ偶数の目の集合」

　このとき，それぞれの積事象の確率は次の通りです．

$$Pr[R\cap A]=Pr[\{2\}]=\frac{1}{6}$$

$$Pr[R\cap B]=Pr[\{4, 6\}]=\frac{2}{6}=\frac{1}{3}$$

　全事象の集合での積事象の場合の数の比を取ればその確率が求められます．

いま，部分集合AとBそれぞれを全体集合から切り出し，AとBそれぞれの条件のもとで事象Rが生じる確率を「**条件付き確率**（conditional probability）」と定義します．式で書けば次のように定義されます．

$$Pr[R \mid A] = \frac{Pr[R \cap A]}{Pr[A]}$$

$$Pr[R \mid B] = \frac{Pr[R \cap B]}{Pr[B]}$$

右辺の確率の値はすべて求められるので，条件付き確率はそれぞれ次のようになります．

$$Pr[R \mid A] = \frac{Pr[\{2\}]}{Pr[\{1,\ 2\}]} = \frac{1}{2}$$

$$Pr[R \mid B] = \frac{Pr[\{4,\ 6\}]}{Pr[\{3,\ 4,\ 5,\ 6\}]} = \frac{2}{4} = \frac{1}{2}$$

積事象の確率は「全事象の世界の中での確率」であるのに対し，条件付き確率は「条件となる部分集合で切りだされた世界の中での積事象の確率」であるというちがいに注意してください．

いまから二世紀半前のイングランドの**トーマス・ベイズ**師（Reverend Thomas Bayes: 1701〜1761）が死後に王立協会で発表した論文（Bayes and Price 1763）の中で，彼はふたつの事象（ここではR, Aとします）とその積事象$R \cap A$の確率の関係を考察しました．彼が得た結果は次の通りです．

$$[命題3]\ Pr[R \mid A] = \frac{Pr[R \cap A]}{Pr[A]}$$

$$[命題5]\ Pr[A \mid R] = \frac{Pr[R \cap A]}{Pr[R]}$$

積事象の確率$Pr[R \cap A]$はこのふたつの命題での共通項ですから，移項して整理すると

$$Pr[R \cap A] = Pr[R \mid A] \cdot Pr[A] = Pr[A \mid R] \cdot Pr[R]$$

となり，2番目の等号に着目すると次の式が得られます．

$$Pr[A \mid R] = Pr[R \mid A] \cdot \frac{Pr[A]}{Pr[R]}$$

この関係式を「**ベイズの定理**（Bayes' Theorem）」と呼びます（【図13−2】）.

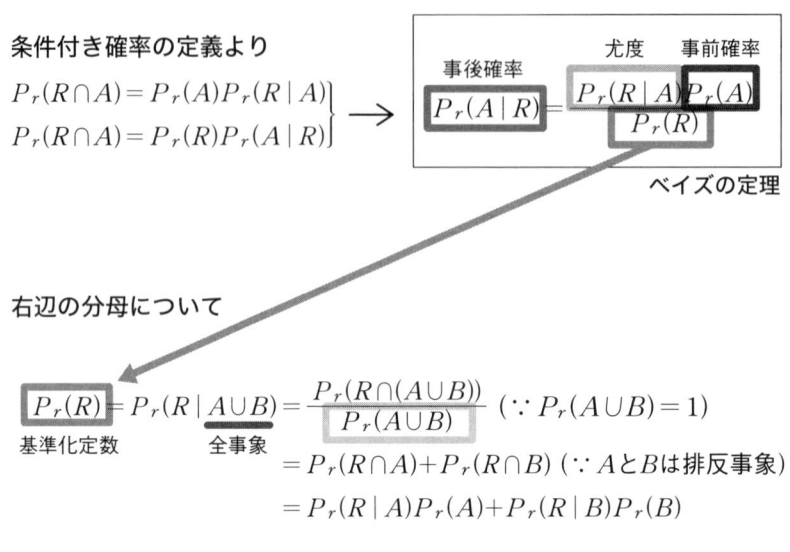

条件付き確率の定義より

$$Pr(R \cap A) = Pr(A)Pr(R \mid A)$$
$$Pr(R \cap A) = Pr(R)Pr(A \mid R)$$

事後確率　　　尤度　事前確率

$$Pr(A \mid R) = \frac{Pr(R \mid A)Pr(A)}{Pr(R)}$$

ベイズの定理

右辺の分母について

$$\underset{\text{基準化定数}}{Pr(R)} = Pr(R \mid \underset{\text{全事象}}{A \cup B}) = \frac{Pr(R \cap (A \cup B))}{Pr(A \cup B)} \ (\because Pr(A \cup B) = 1)$$
$$= Pr(R \cap A) + Pr(R \cap B) \ (\because A と B は排反事象)$$
$$= Pr(R \mid A)Pr(A) + Pr(R \mid B)Pr(B)$$

【図13−2】ベイズの定理の説明

　しかし，この式そのものは単に条件付き確率の関係式をいじっただけですから，ちょっと見ただけではどこが重要なのかはわからないでしょう．そこで，事象 A を「**仮説**」，事象 R を「**データ**」と置き換えてみましょう．このとき，ベイズの定理の右辺の分子の $Pr[A]$ はデータ R がないときに仮説 A がもつ確率を意味するので，それを「**事前確率**（prior probability）」と呼ぶことにしましょう．分子のもうひとつの項 $Pr[R \mid A]$ は仮説 A という条件を与えたときにデータ R がもつ確率ですから，すでに説明した「**尤度**（likelihood）」とみなすことができます．さらに右辺分母の $\mathrm{Pr}[R]$ はデータそのものの確率で「**基準化定数**（normalizing constant）」と名づけられています．【図13−2】に示したように基準化定数は尤度と事前確率の積の総和として表現できます．一方，左辺の $Pr[A \mid R]$ はデータ R のもとでの仮説 A の「**事後確率**（posterior probability）」と呼ばれます．

　このようにして，【図13−1】の場合であれば，あるデータ R に対してふたつの対立仮説 A と B があるときには，各仮説ごとにベイズの定理の式を書き下すことができます．対立仮説がもっとたくさんあってもまったく同様にベイズの定理を一般化することができます【図13−3】.

一般に，全事象が互いに排反な n 事象 $H_1 \sim H_n$ に分割されるとき

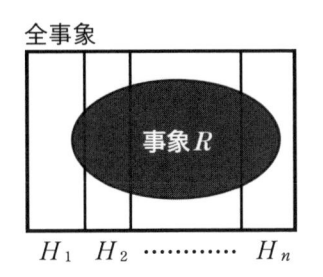

全事象

ベイズの定理（一般）

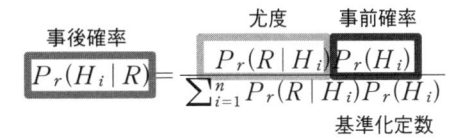

R をデータ，$H_1 \sim H_n$ を対立仮説とすると，ベイズの定理から，データによって各仮説が支持される程度を事後確率の値で示すことができる．仮説の事後確率は仮説の事前確率と尤度に比例する．

【図13−3】 ベイズの定理の一般形

　対立仮説がいくつあっても，ベイズの定理の右辺分母である**基準化定数はつねに同一の値を取ります**．したがって，左辺の事後確率の大きさを決めているのは右辺分子の事前確率と尤度のみであることがわかります．ベイズの定理を言葉で言うとするならば，「事後確率は，事前確率と尤度の積に比例する」（McGrayne 2011 訳書：30）と簡潔に表現できるでしょう．

　このように，数学の一定理としてのベイズの定理を構成する部分にはそれぞれ名前がつけられているのですが，それだけでは深い理解にはつながらないでしょう．そこで，この定理が意味するところを別の方向から考えてみることにしましょう．

ベイズ的推論：事前から事後へ

　本講冒頭の【図13−1】の事象 A, B を「対立仮説」，事象 R を「データ」と読みかえたとき（【図13−4】），仮説 A と B によって部分世界に切り出されたデータ R の条件付き確率は尤度を定義します．

　　$Pr[R \,|\, A]$：仮説 A のもとでのデータ R の尤度
　　$Pr[R \,|\, B]$：仮説 B のもとでのデータ R の尤度

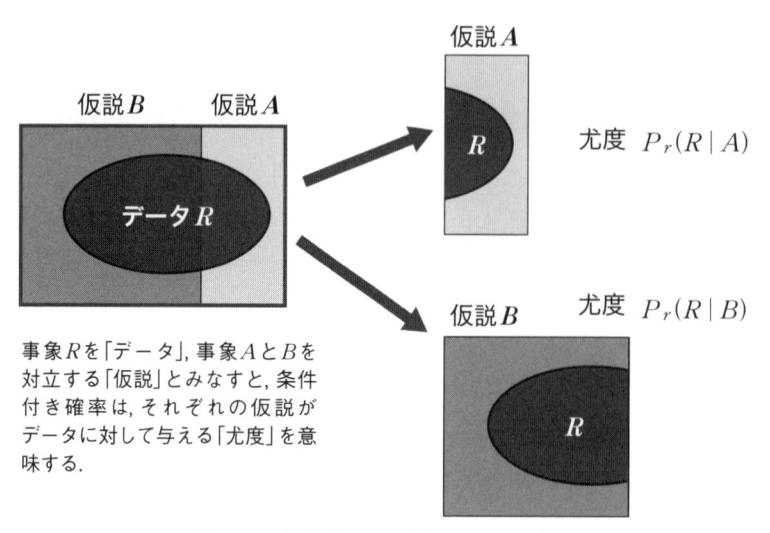

事象Rを「データ」，事象AとBを
対立する「仮説」とみなすと，条件
付き確率は，それぞれの仮説が
データに対して与える「尤度」を意
味する.

【図13−4】条件付き確率としての尤度

　このように，これまでの講義で用いてきた尤度の概念は「仮説を条件とする
データ」の条件付き確率としてうまく定義できます.
　一方，同じ図を用いて，今度はベイズの定理の事前確率と事後確率を説明し
ましょう（【図13−5】）.

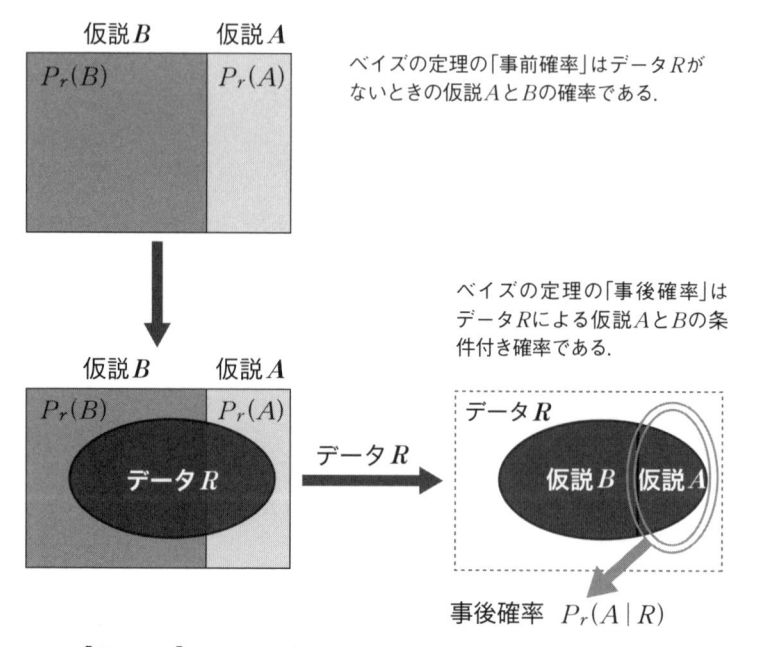

ベイズの定理の「事前確率」はデータRが
ないときの仮説AとBの確率である.

ベイズの定理の「事後確率」は
データRによる仮説AとBの条
件付き確率である.

事後確率　$P_r(A\,|\,R)$

【図13−5】ベイズの定理の事前確率（上）と事後確率（下）

私たちの出発点はデータがない「**事前**」の状態（【図13−5】上）です．このとき私たちはデータをまったくもっていないので，何らかの外部情報あるいは個人的な信念や主観に従って，私たちはふたつの仮説AとBの「事前確率」$Pr[A]$と$Pr[B]$を決めることになります．さて，この事前の状態のもとで，ある実験や観察に伴うデータがやってきたとしましょう．これが「**事後**」の状態です（【図13−5】下）．

　ここで注意すべき点は，尤度であれば**対立仮説**AとBによって世界を切り取るのですが，「事後確率」は**データ**Rによって世界を切り取るというちがいです．たとえば，事後確率$Pr[A\,|\,R]$はデータRが切り取った世界の中で仮説Aが説明する部分の条件付き確率と解釈する必要があります．したがって，事後確率$Pr[A\,|\,R]$と尤度$Pr[R\,|\,A]$では，条件付き確率の分子$Pr[R\cap A]$は同一であっても，**世界の広さを表す分母**が異なっているわけです．この【図13−5】を見れば，上述のベイズの定理によって，データが降臨する前後のふたつの確率（事前確率と事後確率）が結びつけられていることが理解できるでしょう．

　尤度を用いた推論では，ある時点で得られたデータRをどの対立仮説がうまく説明できるかを，尤度の大小を用いて比較すれば即座に決着がつきます．一方，ベイズの定理を用いた推論ではデータがないとき（事前確率）とあるとき（事後確率）との比較をする必要があります．

　上で示したように，ベイズの定理そのものは**数学的定理として真**であることが証明されていますので，異論を差し挟む余地はまったくありません．しかし，事後確率を用いた**ベイズ的推論**（「**ベイズ主義**」Bayesianism）がはたして妥当かどうかは推論の仮説選択基準に関わるひとつの立場であり，ベイズの定理とは無関係のことです（Sober 2002: 21）．**最尤法が尤度を基準**にするのに対し，**ベイズ主義は事後確率を基準**として採用しているというだけのことです（Earman 1992, Howson and Urbach 2006, Chapter 4）．事後確率が仮説選択の基準として妥当かどうかはそれ自体として検討されるべきでしょう．

　仮説選択基準の問題とは別に，ベイズ主義に帰せられる「**主観確率**（subjective probability）」をめぐっては「**頻度確率**（frequency probability）」を支持する伝統的な頻度主義（frequentism）寄りの統計学との間で激しい論争が長年にわたって戦わされてきました（この論争史についてはMcGrayne 2011を参照）．母集団の確率分布に基づく無限回の試行によって確率を定義する頻度主義と，個人的あるいは集団的な信念が確率の本質であると主張するベイズ主義が根本的な部分で折りあいがつく見通しはいまのところありません．

　ベイズ主義者たちは，従来の頻度主義統計学では無視されてきた事前情報を取り込んだ上で，実験や観察で得られたデータをも組み込んで総合的に判断を下せるという点で優れていると主張します．確かに，従来の理論統計学の枠組

みでは利用できなかった情報があるというベイズ主義の指摘はまちがいないでしょう．それらの事前情報とデータをベイズの定理「事後確率∝尤度×事前確率」によって結びつけることができるという点ではベイズ主義は評価できるかもしれません．実際，あとで触れるように統計データ解析の現場でベイズ的手法がいま大流行している背景には，**未利用の事前情報をどんどん組み込める**というベイズ主義の利点があることは否定できません．

その一方で，主観的かもしれない事前情報はあくまでもある個人（ないし集団）のみに通用することであって，みだりに一般化できるものではないだろうという批判があります．たとえば，Sober は次のように指摘しています．

> 「自分の家の中でベイズ主義を使う分には何も言うことはない．事前確率をデータによって更新しながら，自分の信念を確認し続けるのは個人の自由だ．しかし，公共の場で，相異なる主観的な事前情報をもつ個人どうしの結論がいったん対立してしまうと，それを解決するすべはない．もはや同意できないことを同意したと言うしかない」
>
> (Sober 2002: 24)

もともと“パーソナル”であるはずのベイズ主義を“パブリック”に一般化する根拠はどこにあるのかという Sober の批判は，事前情報なしにデータを重視する彼の立場（「**尤度主義**」likelihoodism）の反映でもあります．

> 「尤度をよりどころに推論する尤度主義者の立場は，事後確率をよりどころとするベイズ主義のような野望はもたない穏健な立場を堅持する．仮説がデータをサポートする程度は尤度によって数値化できるが，仮説そのものの妥当性（plausibility）はそのようには形式化できないと尤度主義者は考えるからである．「あらゆる」認識論的概念を確率をもつものとしてとらえようとする（強い意味での）ベイズ主義とは大違いである」
>
> (Sober 2002: 25)

手元のデータが対立仮説のいずれを支持しているかを尤度によって比較する穏健な尤度主義にとどまるか，それとも主観的信念である事前情報をも加味した事後確率に基づくベイズ主義を採るか ── 私たちがデータ解析の理論体系としてのベイズ統計学に向きあうときにはこの決断を迫られているのです．

事後確率分布＝尤度 × 事前確率分布

　前節ではベイズの定理を事前から事後への推移としてとらえ，ベイズ主義が目指している事後確率に基づくベイズ的観点について説明しました．頻度主義統計学からのベイズ統計学への攻撃や科学哲学からのベイズ確証理論への批判そしてベイズ主義からの反論ははてしなく続くのですが，以下ではそれらの論争を横目にして，ベイズ統計学に基づく統計データ解析の手順について話を進めることにしましょう．

　ある対立仮説 H_i が統計モデルであるならば，そのモデルを構成する**パラメーター群**を決める必要があります．そこで，この仮説のパラメーター群を θ と表記し，**観測データ**を確率変数ベクトル x によって表します．このとき，事前確率 $Pr[H_i]$ は θ の値によって可変の事前確率密度関数 $\pi[\theta]$ に置換され，尤度 $Pr[R\,|\,H_i]$ は与えられた θ のもとで確率変数ベクトル x の尤度関数 $f[x\,|\,\theta]$ と置き換わります．そして，事後確率 $Pr[H_i\,|\,R]$ もまた θ に関する事後確率密度関数 $\pi[\theta\,|\,x]$ になり，ベイズの定理を適用すると次式が得られます．

$$\text{事後確率}\quad \pi[\theta\,|\,x]=f[x\,|\,\theta]\cdot\frac{\pi[\theta]}{\sum\limits_{i}\{f[x\,|\,\theta]\cdot\pi[\theta]\}}$$

　このようにベイズの定理を事前と事後のパラメーター群の確率分布の関係式として書き換えることにより，統計モデルのパラメーターに対するベイズ推定の手順を示すことができます（【図13−6】）

ベイズの定理をパラメトリック確率分布にあてはめる

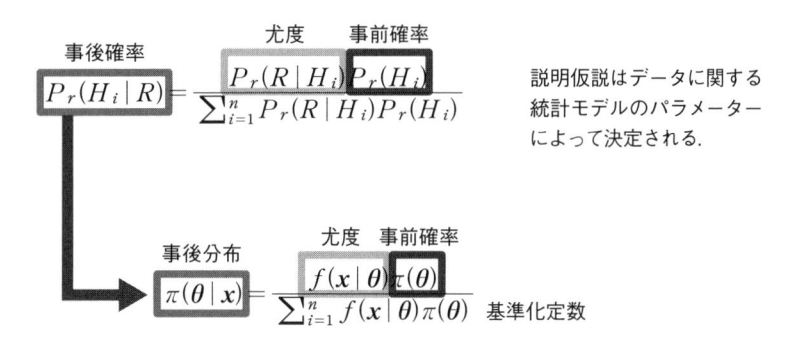

データ x に関する確率密度関数のパラメーター θ がある事前確率分布 π に従うと仮定する．x の尤度を f とするとき、パラメーター θ の事後確率分布はベイズの定理により与えられる．

【図13−6】　ベイズの定理を統計モデルのパラメーター群の確率分布として書き直す

　先に進む前に，ここでベイズ統計学が何を推定しようとしているのかについてはっきりさせておきましょう．事前と事後の確率をともにパラメーター群 θ の確率密度関数と解釈するということは，私たちがしなければならないことは，θ のある点推定値（たとえばベイズ事後確率を最大化するパラメーター値）をピンポイントで求めることではありません．パラメーター θ に関する事前確率分布の密度関数とデータから求められた尤度関数をベイズの定理によって結合した θ の**事後確率分布の密度関数**を求めるのが，私たちに科せられた仕事です．

　以下では，ふたつの例を通して，さらに説明を進めることにしましょう．

ベータ事前分布をもつ二項分布パラメーターの事後分布

　表の出る確率が p であるコインを n 回投げたとき，表が x 回出る確率は二項分布 $B(n, p)$ に従います．二項分布の確率密度関数 $f(n, p)$ は次式の通りです．

$$f(n, p) = \binom{n}{x} \cdot p^x (1-p)^{n-x}, \ x = 0, \ 1, \ 2, \ ..., \ n$$

　いま頻度主義的な最尤法に従って二項分布のパラメーター p を推定するには，実際にコイン投げ試行したときの表の出た回数のデータがあれば【図13−7】のように計算することができます．

　　データ「$n = 10 \ x = 6$」から，最尤度でパラメーター p を推定してみる

1）尤度関数　　$f(6, p) = \binom{10}{6} p^6 (1-p)^4$ をパラメーター p で微分する．

2）尤度方程式　$\dfrac{\partial f(6, p)}{\partial p} = 420 p^5 (1-p)^3 (3-5p) = 0$　を解く．

3）最尤推定値 $\hat{p} = \dfrac{3}{5}\left[= \dfrac{6}{10}\right]$ が与えられる．

　その標本分散は近似的に

$$-\left.\frac{\partial^2 f(6, p)}{\partial p^2}\right|_{p=\hat{p}} = \frac{6}{\hat{p}^2} + \frac{4}{(1-\hat{p})^2} = \frac{3}{125}$$

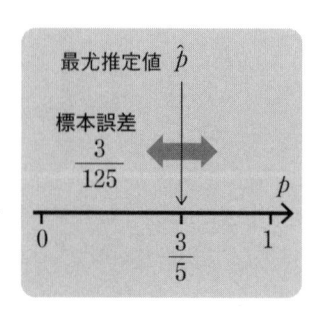

【図13−7】コインの表が出る確率 p を最尤推定する

たとえば $n = 10$ と設定し，10回コインを投げたら $x = 6$ 回表が出たとしましょう．このときの尤度関数は $x = 6$ を代入した $f(10, p) = \binom{10}{6} \cdot p^6 (1-p)^4$ となります．p に関して微分すると

$$\frac{\partial f(10, p)}{\partial p} = 420 p^5 (1-p)^3 (3-5p)$$

となるので，尤度関数の極大値（最大値）は $\hat{p} = 3/5 (= 6/10)$ で得られることがわかります．簡単に言えば10回中6回表が出れば，その比 $6/10$ がパラメーター p の最尤推定値 $\hat{p}$ であるということです．

このように，二項分布パラメーター p を最尤推定するときは，ピンポイントで最尤推定値 $\hat{p}$ という点推定値が計算できた時点で目的は達成されます．もちろん，その最尤推定値の誤差を知る必要があるときは，尤度関数の二次微分 $\partial^2 f(10, p) / \partial p^2$ から近似的な標本分散の値を計算することも可能です．

次に，この二項分布のパラメーター推定問題をベイズ統計学の枠組みで考えてみましょう．まず必要になるのは目的とするパラメーター p の事前確率分布です．以下ではパラメーター p の事前確率分布は「ベータ分布」であると仮定します（【図13−8】ベータ分布がなぜ選ばれたかはあとで説明します）．

[例] ベータ事前分布をもつ二項分布パラメーターの事後分布

二項分布（期待値 np）

$$f(x, p) = \binom{n}{x} p^x (1-p)^{n-x}$$

例）オモテの出る確率が p であるコインを n 回投げたときに，オモテの x 回出る確率は，この二項分布に従う．

ベータ分布（期待値 $\dfrac{a}{a+b}$）

$$\pi(x\,;\,a,\,b) = \frac{x^{a-1}(1-x)^{b-1}}{\displaystyle\int_0^1 x^{a-1}(1-x)^{b-1}\,dx}$$

ベータ分布のふたつのパラメーター a と b を変えると，二項分布のパラメーター p の分布が変化する．$a = b = 1$ のとき一様分布（無情報事前分布）となる．

二項分布を決めるパラメーター p がベータ分布に従う事前分布をすると考える．そのココロは，p に関する事前情報（または背景仮定）を推定に組み込もうとするベイズ主義の精神の発露である．

【図13−8】ベータ分布を事前分布とするパラメーターをもつ二項分布

ベータ分布とは次の確率密度関数によって決まる確率分布で，a と b のふたつのパラメーターをもっています．

$$\pi(x \; ; \; a, \; b) = x^{(a-1)} \cdot \frac{(1-x)^{(b-1)}}{k}$$

$$ただし k = \int_0^1 x^{(a-1)} \cdot (1-x)^{(b-1)} dx$$

この確率密度関数のふたつのパラメーターaとbの値を変えると，ベータ分布の形状が変化します（【図13−9】）．

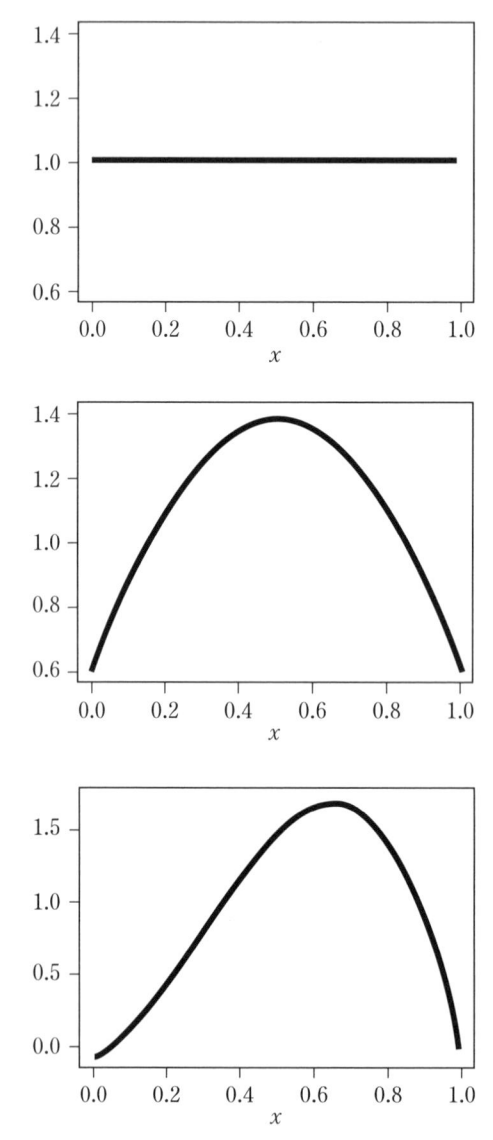

【図13−9】 ベータ分布のパラメーターa, bを変化させる
上：$a=b=1$,　中：$a=b=2$,　下：$a=3, b=2$

たとえば$a=b=1$のとき事前確率分布は**水平の「一様分布」**となります．これはpの事前確率が$0 \leqq p \leqq 1$の任意の値に対してすべて等しいことを意味し，**「無情報事前分布**（flat prior）」と呼ばれます．$a=b=2$の場合は区間中央の$p=0.5$で最大値を取る形状になります．これは$p=0.5$を嗜好する主観的な確率がもっとも高いという意味です．あるいは$a=3, b=2$と設定すると，別のp値に対する主観的確率が最大となります．このように，二項分布パラメーターpの事前確率分布をベータ分布と仮定すると，ベータ分布のパラメーターの設定によってさまざまな事前情報の"形状"を設定することが可能になります．

　尤度関数はすでに求められているので，ベイズの定理を用いて事後確率分布を計算できます（**【図13−10】**）．

[例] ベータ事前分布をもつ二項分布パラメーターの事後分布

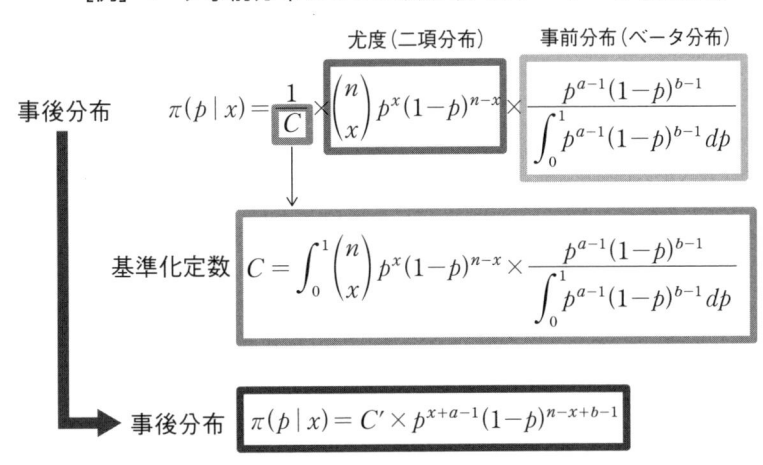

データxのもとでのpの事後分布はベータ分布であり，
そのパラメーターは$x+a, n-x+b$である．

【図13−10】 ベータ事前確率分布をもつパラメーターpの事後確率分布

　尤度関数と事前確率密度関数の積を基準化定数で割ると，事後確率密度関数$\pi(\theta \mid x)$はふたつのパラメーターを$x-a$と$n-x+b$とするベータ分布となることが示されます．つまり，事後確率密度関数が解析的に求められたわけです．

【図13−11】には事前確率分布が$a=b=1$と$a=b=2$のふたつの場合についてそれぞれの事後確率分布を示しました.

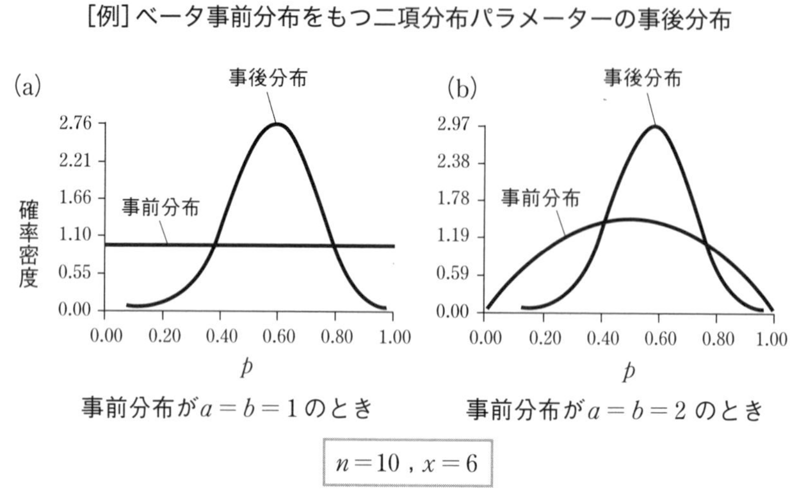

[例] ベータ事前分布をもつ二項分布パラメーターの事後分布

事前分布が$a=b=1$のとき　　事前分布が$a=b=2$のとき

$$n=10 , x=6$$

【図13−11】事前確率分布が$a=b=1$と$a=b=2$のときのパラメーターpの事後確率分布

無情報事前分布（$a=b=1$）の場合，事後確率分布の最大値は最尤推定値0.6と一致します．しかし，事前に$p=0.5$への主観的確率が高い $a=b=2$の場合，事後確率分布は0.6よりも小さな値となります．pに関する事前情報を取り込もうとするベイズ主義の精神はこのように発現していることがわかります．

正規事前分布をもつ正規分布の平均パラメーターの事後分布

続く第二の例は連続型確率変数の正規分布を取り上げます．いま，ある正規分布$N(\mu, \sigma^2)$に従う母集団からn個の独立な無作為標本$X_1, X_2, ..., X_n$を取ると仮定します．このとき母集団のパラメーターであるμを推定するという問題を立てましょう．頻度主義の立場からいえばμの最尤推定値は標本平均$\overline{X}=(X_1+X_2+...+X_n)/n$にほかなりません．しかし，ベイズ主義の立場ではパラメーターμの事前分布が必要になります．ここではその正規分布の平均μは別のある正規分布$N(\mu_0, \sigma_0^2)$を事前確率分布としてもつと仮定します（【図13−12】）．

[例] 正規事前分布をもつ正規分布の平均パラメーターの事後分布

正規分布　$X_1,\ X_2,\ \cdots,\ X_n \sim N(\mu,\ \sigma^2)$

$$f(x_i \mid \mu,\ \sigma^2) = \frac{1}{\sqrt{2\pi}\ \sigma} \exp\left[-\frac{1}{2}\left(\frac{x_i-\mu}{\sigma}\right)^2\right]$$

ある正規分布に従う母集団から n 個の孤立な標本を取ると仮定する.

μ の正規事前分布　$\mu \sim N(\mu_0,\ \sigma_0^2)$

$$\pi(\mu) = \frac{1}{\sqrt{2\pi}\ \sigma_0} \exp\left[-\frac{1}{2}\left(\frac{\mu-\mu_0}{\sigma_0}\right)^2\right]$$

その正規分布の平均 μ は別のある正規分布を事前分布としてもつと仮定する.

> 得られた標本データのもとで，μ の事後分布はどうなるか？

【図13−12】平均パラメーター μ が正規事前分布をもつ

このとき，得られたデータのもとで μ の事後確率分布はどうなるでしょうか．ベイズの定理に基づいて事前確率密度関数と尤度関数を結びつけると，【図13−13】に示したように，事後確率密度関数はある正規分布 $N(\mu_1,\ \sigma_1^2)$ に比例することが示されます．その分散は $\sigma_1^2 = 1/(n/\sigma^2 + \sigma_0^2)$，平均は $\mu_1 = \sigma_1^2(\sum x_i/\sigma^2 + \mu_0/\sigma_0^2)$ となります．

[例] 正規事前分布をもつ正規分布の平均パラメーターの事後分布

μ の事後分布　　　　　尤度　　　　　　　　　　事前分布

$$\pi(\mu \mid X) \propto \prod_{i=1}^{n} \frac{1}{\sqrt{2\pi}\ \sigma} \exp\left[-\frac{1}{2}\left(\frac{x_i-\mu}{\sigma}\right)^2\right] \times \frac{1}{\sqrt{2\pi}\ \sigma_0} \exp\left[-\frac{1}{2}\left(\frac{\mu-\mu_0}{\sigma_0}\right)^2\right]$$

$$\propto \frac{1}{\sqrt{2\pi}\ \sigma_1} \exp\left[-\frac{1}{2}\left(\frac{\mu-\mu_1}{\sigma_1}\right)^2\right]$$　事後分布の確率密度関数

$$\therefore \mu \sim N(\mu_1,\ \sigma_1^2) \quad \text{ただし} \quad \sigma_1^{-2} = \frac{n}{\sigma^2} + \sigma_0^{-2},\ \mu_1 = \sigma_1^2\left(\frac{\sum_{i=1}^{n} x_i}{\sigma^2} + \sigma_0^{-2}\mu_0\right)$$

> μ の事後分布もまた正規分布となることがわかる

【図13−13】正規事前分布をもつ正規分布の平均パラメーターの事後分布

　具体的な数値例を示しましょう（【図13−14】）．平均パラメーターμの事前確率分布を正規分布$N(0, 10)$とします．得られた標本データが$\{4.348, 5,461,$ $4.609, 4,351, 4.347, 5.754, 6.088, 5.998, 5.572, 4.792\}$だったとき，$\mu$の事後確率分布は$N(5.08, 0.099)$となります．

[例] 正規事前分布をもつ正規分布の平均パラメーターの事後分布

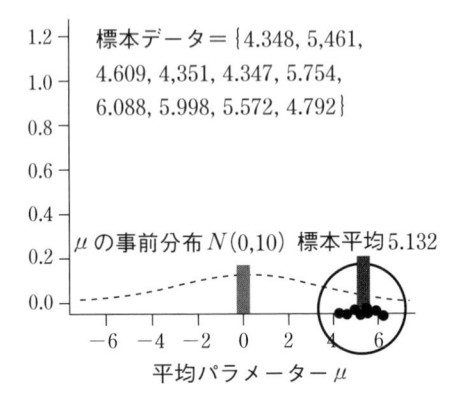

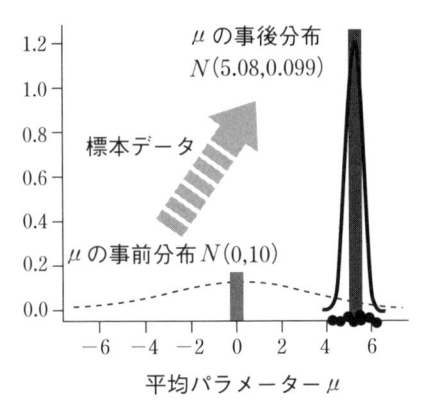

【図13−14】正規分布の平均パラメーターの事後確率分布を求める例

　μの最尤推定値である標本平均は5.132ですが，事後確率分布の平均は5.08なので，事前確率分布の平均0に引っ張られていることがよくわかります．
　上で説明した二項分布と正規分布の例では，事後確率分布が解析的にきれいに求まりました．その理由は，二項分布に対してはベータ分布を事前分布として，正規分布に対しては正規分布を事前分布として選んだことにあります．これらの事前分布は「**共役事前分布**（conjugate priors）」と呼ばれています．

ベイジアン MCMC：福音か災厄か

前節の共役事前分布を用いたふたつの例では，事前分布の確率密度関数は解析的に表示できました．つまり，事前分布と尤度を与えればベイズの定理により事後分布が数式として求まるということです．ところが，現実のデータ解析では事後分布の数式を決めることは簡単ではないことが多々あります．

たとえば，分子系統学の例をひとつ挙げましょう（【図13−15】）．遺伝子の配列情報に基づいて生物の系統関係を推定する分子系統学はDNA塩基配列を決定する技術の進歩とともに1990年代以降急速に普及しました（三中2018）．塩基配列の進化的な変化は確率的なモデル化が比較的容易であったため，近年の分子系統学ではさまざまな先端的統計モデリングの手法が適用されています（Felsenstein 2004）．ベイズ統計学もまた分子系統樹の推定に大きく貢献しています（Yang 2014）．

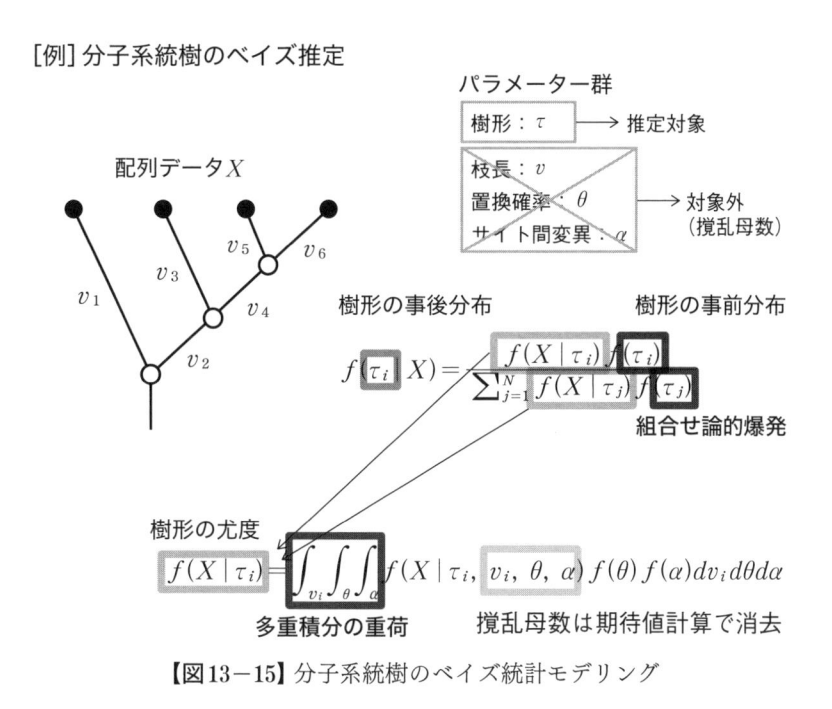

【図13−15】 分子系統樹のベイズ統計モデリング

この例では黒丸（●）で示した4種の生物について，ある遺伝子の**DNA塩基配列**がデータとしてあるとします．このとき，これら4種の生物の間にどのような系統関係があるのかが私たちの関心です．その系統関係は**仮想共通祖先（○）**を適宜配置することにより系統樹として可視化できます（三中・杉山

2012, Lima 2014，三中2017）．【図13-15】に示した分子系統樹は数ある場合の
ひとつに過ぎません（この場合，相異なる系統樹の総数は15通りとなります）．

　さて，ベイズ統計学を用いてこの分子系統樹のモデルを立てようとすると
き，まず最初に考えるべき点は「パラメーターをどのように設定するか」とい
うことです．ここでいうパラメーターはもっとも関心のある「**樹形**」τ という
離散的パラメーターだけではありません．系統樹を構成するひとつひとつの
「**枝**」v の長さもまた「**分子進化速度×経過時間**」という連続型パラメーターで
す．さらに，塩基配列を構成するひとつひとつの**座位**（サイト）については，
AGCTの4塩基間の置換確率θひとつひとつが**連続型パラメーター**となります．
タンパク質をコードする遺伝子ならば，三塩基暗号（トリプレット）の何番目
かによって淘汰圧が異なるのでそれに対応して進化速度αを連続型パラメー
ターとして仮定する必要もあるでしょう．

　分子系統樹という複雑きわまりない統計モデル（系統樹という離散構造にさ
まざまな確率が付与されている）を構成するこれらのパラメーター群につい
て，ベイズの定理によって事前分布と事後分布とを関連づけることは理屈の上
では可能です．しかし，前節で示したような**確率分布の共役性**が必ずしも仮定
できないとき，事後分布の確率密度関数を求めることはきわめて困難になりま
す．いま私たちの関心が樹形τのみにあり，それ以外のパラメーターは不要な
攪乱パラメーター（nuisance parameters）であるとしましょう．この場合，積
分することにより攪乱パラメーターを尤度関数から除外することはできるで
しょうが，それでも分子の尤度計算は必要ですし，分母の基準化定数の総和
（あるいは積分）計算は避けては通れません．樹形τの事前分布が無情報事前分
布でなかったならば，事後分布式の算出はさらに困難になるでしょう．

　このように，私たちが実際に出会う状況では，ベイズの定理に従って"解析
的"に事後確率分布を算出するという理屈がほとんど通用しないのが現実で
す．1990年代までのベイズ統計学は，確かにそういう理論が頻度主義統計学
との論争の中で培われてきたことは確かですが，統計データ解析のツールとし
ては使い物にならなかったというのが実情だったようです．

　そのようなベイズ統計学の閉塞状況を打破したブレークスルーが1990年代
に実用化された「**マルコフ連鎖モンテカルロ**（MCMC: Markov Chain Monte
Carlo）」と呼ばれる方法でした（Gelman et al. 2014）．事後確率分布を"解析
的"に計算するのではなく，"数値的"に構築するという**MCMCアルゴリズム**
はベイズ統計モデリングを一気に実用的なツールの地位に押し上げたと言える
でしょう（岩波データサイエンス刊行委員会 2015 参照）．

以下では，MCMCの考え方を説明するために，ふたつのパラメーターをもつ事後分布の例を考えましょう（【図13−16】）．

[例] 正規事前分布をもつ正規分布の平均パラメーターの事後分布

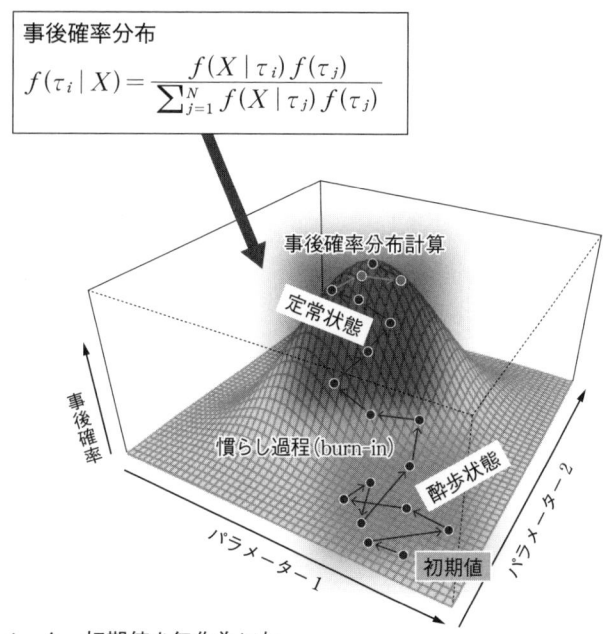

事後確率分布

$$f(\tau_i \mid X) = \frac{f(X \mid \tau_i)\, f(\tau_j)}{\sum_{j=1}^{N} f(X \mid \tau_j)\, f(\tau_j)}$$

事後確率分布計算

定常状態

慣らし過程(burn-in)

酔歩状態

初期値

パラメーター 1

パラメーター 2

事後確率

パラメーター初期値を無作為に与え，マルコフ過程を用いて事後確率分布を系統的にサンプリングし，定常状態になるまで探索させる．

マルコフ連鎖モンテカルロ法
（Markov Chain Monte Carlo：MCMC）

【図13−16】 ふたつのパラメーターからなる事後分布曲面の形状をMCMCによって求める

　この例ではパラメーターθの2本の横軸が張る平面に対して，あるデータxのもとで得られる事後確率を縦軸に取ることで立体的な事後確率曲面を描くことができます．事後分布の確率密度関数$\pi[\theta \mid x]$が解析的に決まるならば，私たちはデータxを与えたときのパラメーターθの事後確率を容易に求めることができます．しかし，事後分布の解析解がない，いまの状況で，MCMCアルゴリズムはある初期値からの数値的な探索を実行します．

　いま，あるパラメーター初期値θ_0を出発点としましょう．このとき，次のパラメーター候補値θ_1が提案されます．元のθ_0と次のθ_1に関して事後確率の比を考えます．

$$\frac{\pi[\theta_1 \mid x]}{\pi[\theta_0 \mid x]} = \frac{f[x \mid \theta_1] \cdot \dfrac{\pi[\theta_1]}{\sum\limits_i f[x \mid \theta] \cdot \pi[\theta]}}{f[x \mid \theta_0] \cdot \dfrac{\pi[\theta_0]}{\sum\limits_i f[x \mid \theta] \cdot \pi[\theta]}}$$

基準化定数$\sum[i]\{f[x \mid \theta] \cdot \pi[\theta]\}$は相殺されて消えるので，この比は次のようになります．

$$\frac{\pi[\theta_1 \mid x]}{\pi[\theta_0 \mid x]} = \frac{f[x \mid \theta_1]}{f[x \mid \theta_0]} \cdot \frac{\pi[\theta_1]}{\pi[\theta_0]}$$

この事後確率比の右辺第一項の尤度比はベイズ統計学では「**ベイズ因子（Bayes factor）**」と呼ばれます．また，右辺第二項は事前確率比です．尤度比はデータから計算でき，事前確率比も容易に求められるので，この比の値の計算は簡単です．

θ_0とθ_1に関するこの比の値$r[0, 1]$が計算されたとき，次のような**移動規則**を設けます．

　規則1)　$r[0, 1] \geqq 1$ならば必ずθ_0からθ_1へ移動する

　規則2)　$r[0, 1] < 1$ならば確率$r_{0,1}$でθ_0からθ_1へ移動する

つまり，事後確率の比が1よりも大きい（すなわち提案されたパラメーター値θ_1の事後確率がより大きい）ならば，初期値のθ_0から提案されたθ_1へ移動するということです．その比が1よりも小さい（提案されたθ_1の事後確率がより小さい）場合でも確率$r_{0,1}$で移動することがあります．この場合，提案パラメーターの事後確率が初期値とほとんど変わらなければ移動する確率は高まるのに対し，提案パラメーターの事後確率がひどく劣っていれば**移動確率**はそれだけ小さくなります．

このような移動確率を設けることで，あるパラメーター初期値から新たに提案されたパラメーター値への移動が生じたり生じなかったりすることになります．移動してもしなくてもさらに新しいパラメーター値の提案がなされます．一般に，第i段階のパラメーター値θ_iとその次に提案された第$i+1$段階のパラメーター値θ_{i+1}の間の移動規則は，同様に，次の形式で書かれます．

　規則1)　$r_{i,i+1} \geqq 1$ならば必ずθ_iからθ_{i+1}へ移動する

　規則2)　$r_{i,i+1} < 1$ならば移動せず確率$r_{i,i+1}$でθ_iからθ_{i+1}へ移動する

上で説明した移動規則は「メトロポリス・アルゴリズム（Metropolis algorithm）」と呼ばれます．そして，このような移動規則によって生成された，初期値θ_0を出発点とするパラメーター値の確率的な無限移動系列θ_1, θ_2..., θ_n, ...が「マルコフ連鎖（Markov chain）」を形成します．

規則1に従えばより事後確率が高くなる方向にのみマルコフ連鎖は伸びていきます．事後確率を最大化するのが唯一の目的ならばこの規則1さえあればいいことになるでしょう．しかし，ベイズ主義はある最適値の点推定が目的ではなく，事後分布全体の構築こそが最終の目的です．したがって，規則2を付加することであえて事後確率が小さくなる方向への確率的移動を許容することにより，事後分布の"山"に登るだけではなく，"谷"を越える可能性をも担保することができます．

　パラメーター初期値からの確率的な移動規則を伴ったマルコフ連鎖の生成法を「**マルコフ連鎖モンテカルロ（MCMC）**」と呼びます．MCMCを用いると，初期値から出発する最初の段階は山の裾野を酔歩しているだけですが（「慣らし状態」burn-in），そのうち事後分布の山を発見して登りはじめます．よくある数値最適化アルゴリズムでは山の頂上である最適値に到達すればそこで停止しますが，マルコフ連鎖は無限なので，たとえ山頂に到達してもその近傍をいつまでも動き回ります（「**定常状態**」）．

　マルコフ連鎖が収束した時点で集計をとれば，マルコフ連鎖が通過した回数に"粗密"のちがいが生じます．たとえば，すでに説明したベータ事前分布に従う二項分布パラメーターの事後分布は解析的にはベータ分布になるのですが，ここで説明したMCMCアルゴリズムによって数値的に事後分布を構築すると【図13−17】のようになります．

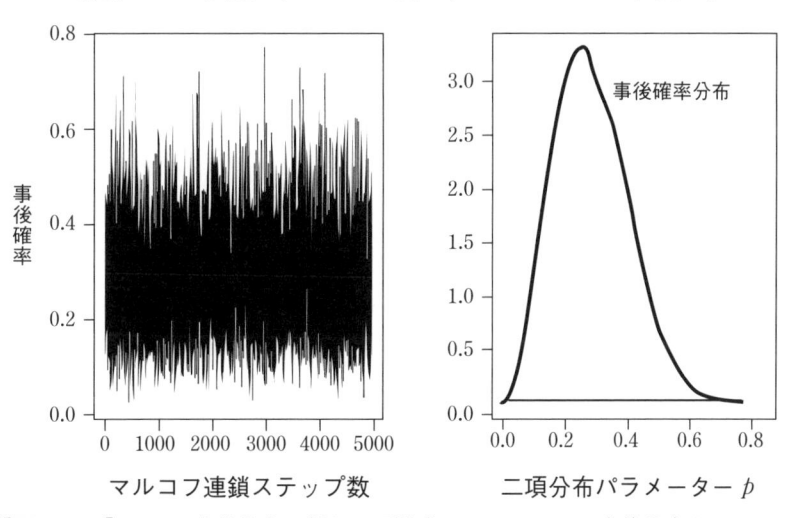

[例] ベータ事前分布をもつ二項分布パラメーターの事後分布

【図13−17】ベータ事前分布に従う二項分布パラメーターの事後分布をMCMCで構築する．定常状態の事後確率変遷図（左）とその集計ヒストグラム（右）

　マルコフ連鎖の最初の部分は慣らし状態なので集計には含まず，定常状態以後の部分だけ集計すると事後確率分布の形状が数値的に求められることになります．

　以上でベイジアンMCMCによる事後分布の数値的な構築法の説明はおしまいです．たとえ，多くのパラメーターを含む複雑な統計モデルであったとしても，MCMCアルゴリズムを収束するまで計算を続けるだけで，各パラメーターの事後分布がいつかは数値的に構築できるというのは，ある意味で"福音"と言うしかありません．ベイジアンMCMCが統計データ解析の道具箱に常備されるようになってから，まだ20年ほどしか経っていないにもかかわらず，その実用性はすでに生物学・医学の広い領域に浸透しつつあります．ベイジアンMCMCは現代の統計データ解析にとってきわめて有効なツールであることは明らかですので，習得する価値はおおいにあるでしょう．

　その一方で，以下の問題点が（昔から）指摘されています．

1）　事前分布をどのように設定するのか，その妥当性あるいは結果への影響はどのようにして評価されるのか
2）　MCMCが収束したかどうかはいつどのようにして判定すればいいのか
3）　ベイズ主義をめぐる"哲学的"な問題点は何ひとつ解決していない．

　ベイジアンMCMCに限ったことではありませんが，大多数の統計ユーザーは手近にある役に立つ統計手法に手を伸ばしているにすぎません．ベイジアンMCMCに手を染めたからといってそのままベイズ主義に転向するわけではないでしょう．役に立つ統計ツールの背後に潜む理論的問題あるいは哲学的問題にときには目を向けることも必要だと私は心から言いたいです．

多変量解析の細道をたどる

統計思考にまつわるさまざまな話題について延々と話してきましたが，いよいよ最後の講義になってしまいました．

私たちが日々体験するいろいろな現象やできごとに関して，得られたデータをふまえて考察を進めるとき，研究や実験の対象となる確率変数（変量）がたったひとつではなく**複数にわたること**も場合によってはありえるでしょう．

たとえば，サンプリングされた標本の身長と体重を同時に計測すれば二変量データが得られます．

身長と体重はそれぞれが確率分布をもつと考えれば，これまで説明してきたような一変量の確率分布や統計理論に帰着することはもちろん可能です．しかし，二変量あるいはそれ以上の**多変量のばらつき**を同時に考えることにより，多次元空間の中での多変量データの挙動がより正確に理解できるでしょう．ここで登場するのが「**多変量解析**（multivariate analysis）」の理論です．

これまでの講義では一変量の統計データ解析の説明に終始してきましたが，本講ではさらに一歩先に進んで**複数の変量**を扱う多変量解析の諸手法についてその基本的な考え方を解説しましょう．

多変量解析が目指しているものはどうすれば"目に見えない"多変量高次元の世界を可視化できるのかという一点です．以下ではこの点に着目して説明しましょう．

変量間の共変動：その視覚化と定量化

「多変量」という言葉を耳にすると，私たちは「50変量」とか「100変量」みたいな"とにかく多くの変量"をつい脳裏に浮かべ途方に暮れてしまいます．しかし，そんな心配には及びません．「二変量」以上はすべて「多変量」ですから．

まずはじめに**二変量の統計学**について考えてみることにしましょう．【**図14-1**】を見てください．

　いま横軸と縦軸にそれぞれ別の変量X_iとX_jを取ります．両軸の交点は変量X_i, X_jの期待値$E[X_i]$, $E[X_j]$とします．変量X_iとX_jが別々の確率分布に従うとき，点(X_i, X_j)は両軸が張る二次元平面上のどこかにあることになります．この二次元平面は両軸によって4分割され，右上の第1象限からはじまって反時計回りに第2象限，第3象限，第4象限と名づけられます．

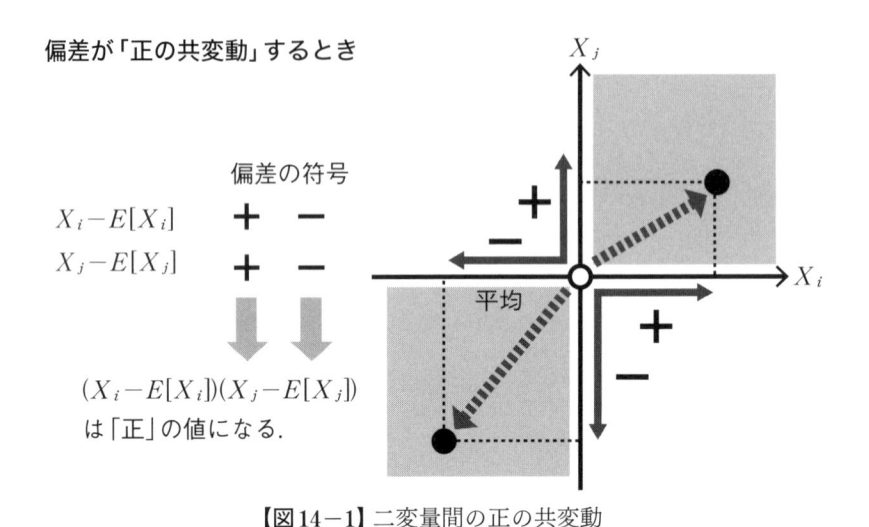

【図14−1】二変量間の正の共変動

　点(X_i, X_j)が**第1象限**にあるとします．両軸への正射影X_iとX_jはいずれも原点の期待値から見て**正の方向**にずれています．すなわち期待値との差である偏差

$$X_i - E[X_i]$$
$$X_j - E[X_j]$$

はいずれも**正の値**になります．X_iが正の方向にずれれば連動してX_jも正の方向にずれています．このように変量間で連動した変化があるとき，両変量は正の「**共変動 (covariation)**」の関係にあるといいます．第1象限にある点では，一方の変量が増加すれば他方の変量も増加するので正の共変動が見られます．

　しかし，正の共変動は第1象限だけに見られることではありません．点(X_i, X_j)が**第3象限**にある場合を考えると，ふたつの変量はどちらも期待値を下回るので**偏差の値は負**となります．この場合は一方の変量が減少すれば他方の変量も同調して減少するという意味で**正の共変動**をしているとみなせます．

　このように，正の共変動は第1象限と第3象限の点について成り立ちますが，象限が異なっていても正の共変動を特徴づける共通点はないでしょうか．それぞれの変量の偏差の積を考えると，第1象限ならば「正×正」，第3象限では「負×負」

となり，いずれの場合も**偏差積の符号は正**になることがわかります．したがって，正の共変動であるための必要十分条件は偏差積が正であることと結論できます．

　正の共変動の逆の関係である「**負の共変動**」も同様に説明できます．【図14−2】を見てください．点(X_i, X_j)が第2象限にあるとき，横軸のX_iは偏差が負ですが，縦軸のX_jの偏差は正です．この場合，一方の変量が減少したとき他方の変量は逆に増加します．これを**負の共変動**と名づけます．点が第4象限にあるときも負の共変動が見られます．負の共変動をする点の偏差は一方が負ならば他方は正となるので，**偏差積の符号が負になる**共通性があります．

　以上から，二変量データ点が二次元平面のどの象限にあるかで偏差積の符号の正負が決まり，**共変動の正か負か**が自動的に求まることがわかるでしょう（【図14−3】）．

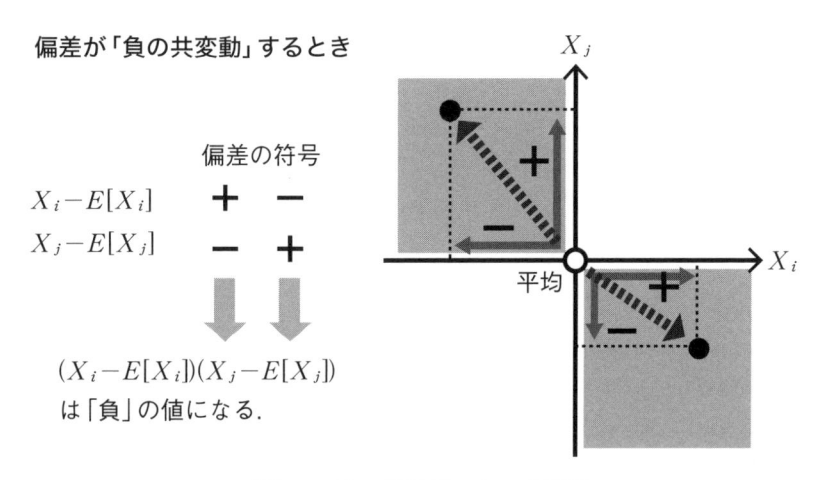

【図14−2】二変量間の負の共変動

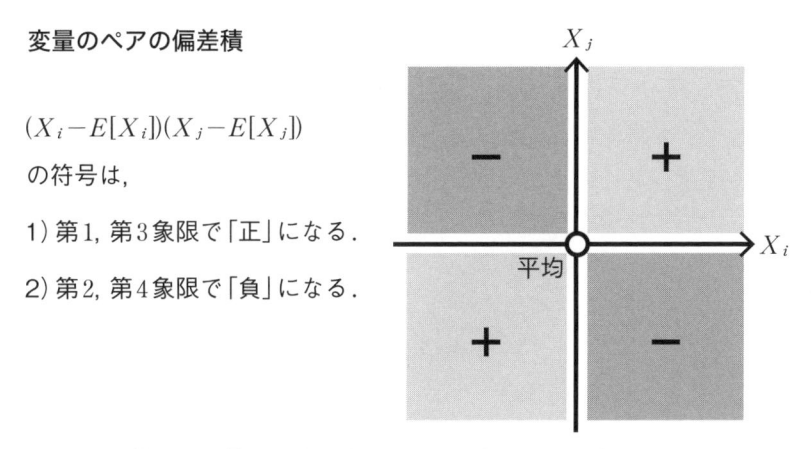

【図14−3】偏差積の符号の正負は象限ごとに変化する

　あるデータ点(X_i, X_j)の偏差積が**正負のいずれであるか**はひとつひとつの点についてはすぐにわかるのですが，私たちが知りたいことはデータセット"全体"として**共変動の傾向**がどのようであるかという点です．それを知るには，偏差積のデータセット全体にわたる平均値を求めるのがもっとも近道でしょう．

　そこで，二変量X_i, X_jの偏差積の期待値を「**共分散（covariance）**」と定義し，$cov(X_i, X_j)$と表しましょう（**【図14−4】**）．

$$cov[X_i, X_j] = E[(X_i - E[X_i])(X_j - E[X_j])]$$

偏差積の期待値である共分散

$E(X_i - E[X_i])(X_j - E[X_j])$

の値によって，二変量の間の
共変動のパターンが明らかに
なる．

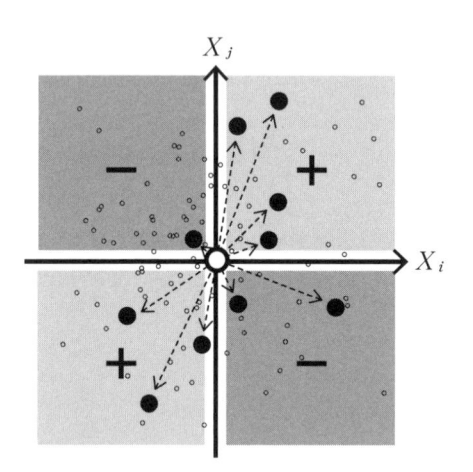

【図14−4】偏差積の期待値としての共分散

　次節で説明するように，この共分散の値は二変量X_i, X_jの確率分布の"形状"を決める上できわめて重要な役割を果たします．この点を直感的に理解するために，**【図14−5】**を見てください．

共分散が「負」　　　　　共分散が「0」　　　　　共分散が「正」

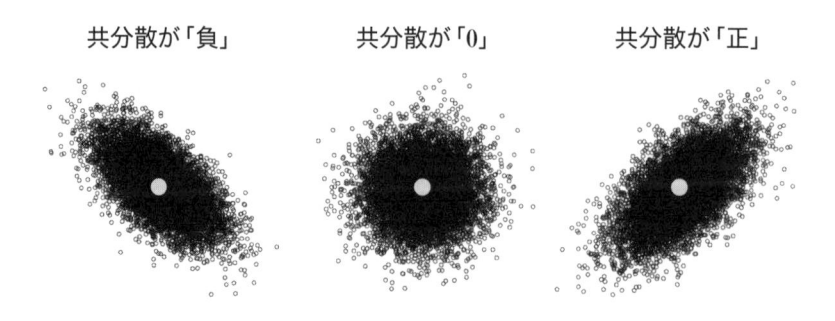

【図14−5】共分散がゼロ（中図），正（右図），負（左図）のときの散布図

この【図14−5】は，共分散の値によって，二変量の平面散布図のパターンが大きく異なることを図示しています．たとえば，共分散がゼロ（【図14−5】中図）の場合をみてください．中央の丸は両変量の期待値の座標（原点）を表しています．いま，この原点を通る直交軸によって平面は4つの象限に分割されます．点の散布パターンを見ると，どの象限も等しく点が分布し，**原点に近いほど高密度**に分布するのに対し，どの方向についても原点から離れるほど点の密度が低下していることがわかります．つまり，どの象限も点のばらつきが同じであるため，期待値（平均）を取れば偏差積の正負が平均的に相殺されて**ゼロになる**ことが理解できるでしょう．

　では，右図の場合はどうなるでしょうか．この図は**右上がりに傾斜した楕円型**の散布図を示しています．ということは，右上の第1象限と左下の第3象限により多くの点が分布しているわけですから，全体を平均すれば偏差積が正である点の方が多いことになります．したがって，共分散が**正になる**ことは納得できるでしょう．その逆の場合が左図です．**右下がりの楕円型**を示すこの散布図は偏差積が負になる第2象限と第4象限により多くの点が分布するので共分散は**負の値**になります．

　このように，共分散の符号を見れば，変量間の**共変動のタイプ**がわかります．ただし，共分散の値そのものは各変量の偏差の大きさ（絶対値）に制約がありません．これでは不便だということで，共分散の値を各変量の標準偏差（分散の平方根）によって基準化した「**相関係数**（correlation coefficient）」が広く用いられています．相関係数ρは次式で定義されます．

$$\rho = \frac{cov[X_i,\ X_j]}{\sqrt{var[X_i]} \cdot \sqrt{var[X_j]}}$$

　この式の$var[X_i]$と$var[X_j]$はそれぞれX_iとX_jの分散を表します．相関係数ρの変域は$-1 \leqq \rho \leqq +1$でその符号は共分散と一致します．

一変量から二変量へ，そして多変量へ

　前節では，ふたつの変量の間の共変動のようすは共分散によって数値化できると説明しました．本節ではさらにもう一歩進めて，それらふたつの**変量の同時確率分布**を導入しましょう．二変量X_i, X_jの「同時分布（joint distribution）」とは点$(X_i,\ X_j)$がもつ確率密度を表す関数によって定義されます．たとえば，**二変量正規分布の確率密度関数**は次のように定義されます（【図14−6】）．

二変量正規分布の確率密度関数

変量ベクトル $\quad X = \begin{pmatrix} X_1 \\ X_2 \end{pmatrix}$

平均ベクトル $\quad \mu = \begin{pmatrix} E[X_1] \\ E[X_2] \end{pmatrix} = \begin{pmatrix} \mu_1 \\ \mu_2 \end{pmatrix}$

分散共分散行列 $\quad \sum = \begin{pmatrix} var[X_1] & cov[X_1,\ X_2] \\ cov[X_2,\ X_1] & var[X_2] \end{pmatrix} = \begin{pmatrix} \sigma_1^2 & \rho\sigma_1\sigma_2 \\ \rho\sigma_1\sigma_2 & \sigma_2^2 \end{pmatrix}$

確率密度関数

$$f(x_1,\ x_2) = \frac{1}{2\pi\sigma_1\sigma_2\sqrt{1-\rho^2}} \exp\left[-\frac{1}{2}\frac{1}{1-\rho^2}\left\{ \left(\frac{x_1-\mu_1}{\sigma_1}\right)^2 \right.\right.$$
$$\left.\left. -2\rho\left(\frac{x_1-\mu_1}{\sigma_1}\right)\left(\frac{x_2-\mu_2}{\sigma_2}\right) + \left(\frac{x_2-\mu_2}{\sigma_2}\right)^2 \right\} \right]$$

【図14−6】二変量正規分布の確率密度関数

二変量からなるベクトル$(X_i,\ X_j)$に対して，その平均ベクトル$(E[X_i],$ $E[X_j]) = (\mu_1,\ \mu_2)$が決まることは一変量の場合の自然な拡張です．しかし，一変量の分散に相当するものは，ふたつ以上の変量を考えるときには，もっと複雑になります．二変量それぞれの分散$(var[X_i],\ var[X_j]) = (\sigma_1{}^2,\ \sigma_2{}^2)$のほかに，変量間の共分散$cov[X_i,\ X_j]$を考える必要があります．この共分散は相関係数$\rho$を用いると$cov[X_i,\ X_j] = \rho\sigma_1\sigma_2$と表されます．そこで，対角要素に分散，非対角要素に共分散を配置した行列を構築し，「**分散共分散行列**（variance-covariance matrix）」と名づけます．一変量の場合は単一の分散だったものが，二変量になると**分散と共分散を含む行列**として拡張されるというわけです．

これらを用いて定義された二変量正規分布の確率密度関数は，ベクトルと行列を用いない数式として展開表示すると，とても複雑なかたちになります．しかし，**グラフを描いてみる**と意外なほどわかりやすいので，以下ではそのいくつかの例を示しましょう．

二変量の平均ベクトルは零ベクトル$(0,\ 0)$とします．各変量の分散は1とした上で，次の三通りの分散共分散行列を次のように設定します．

1）共分散がゼロのとき
$$\begin{pmatrix} 1 & 0 \\ 0 & 1 \end{pmatrix}$$

2) 共分散が0.6のとき

$$\begin{pmatrix} 1 & 0.6 \\ 0.6 & 1 \end{pmatrix}$$

3) 共分散が-0.6のとき

$$\begin{pmatrix} 1 & -0.6 \\ -0.6 & 1 \end{pmatrix}$$

このように分散共分散行列を設定することにより，それぞれの場合の共変動のようすを可視化することができます．まずはじめに共分散がゼロであるときの二変量正規分布から10,000個の乱数ベクトルをサンプリングします（【図14-7 (1)】）．各変量ごとにヒストグラムを描くと上のふたつの図になります．これは二変量正規分布（下左）の「**周辺分布**（marginal distribution）」と呼ばれる分布です．同時分布を各変量軸に射影することにより周辺分布が求められ，二変量正規分布の周辺分布は一変量正規分布になります．二変量正規分布の各点のもつ確率密度を縦軸に表示することにより，**三次元的に**プロットすることができます（下右）．二変量正規分布の確率密度関数の曲面は，平均ベクトルの原点$(0, 0)$を頂点として，原点から離れるに従って同心円的に確率密度が減少していきます．

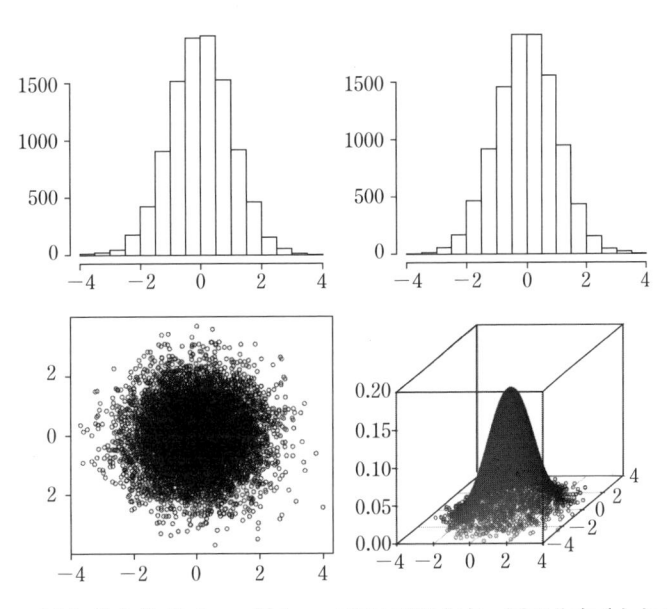

【**図14-7 (1)**】共分散がゼロの場合の二変量正規分布．周辺分布（上左と上右），同時分布（下左），そして各点の確率密度の三次元プロット（下右）

　　二変量正規分布の共分散が正値(＋0.6)と負値(−0.6)の場合についても同様のやり方でシミュレーションを実行できます（【図14−7 (2)】，【図14−7 (3)】）．

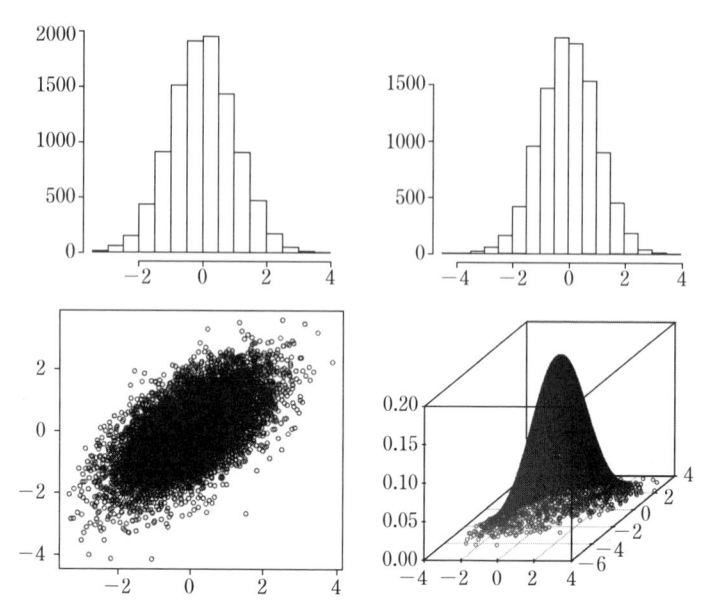

【図14−7 (2)】 共分散が正値(＋0.6)の場合の二変量正規分布．周辺分布（上左と上右），同時分布（下左），そして各点の確率密度の三次元プロット（下右）

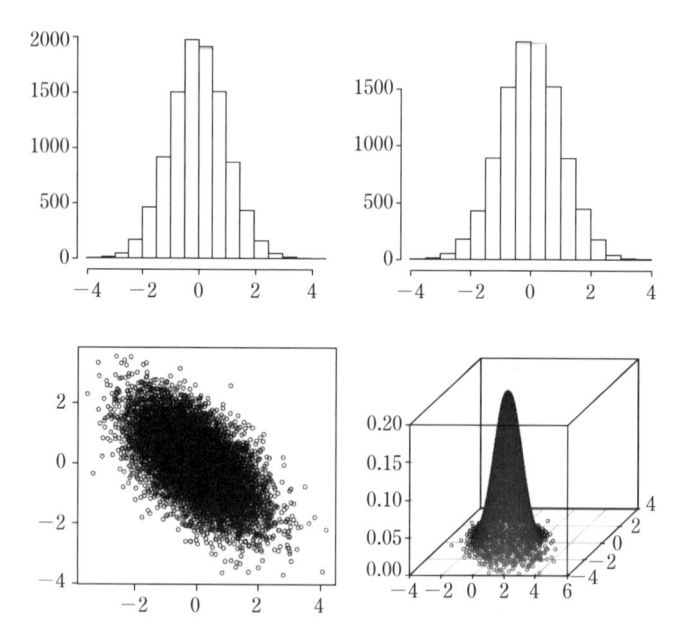

【図14−7 (3)】 共分散が負値(−0.6)の場合の二変量正規分布．周辺分布（上左と上右），同時分布（下左），そして各点の確率密度の三次元プロット（下右）

共分散の符号の確率分布の **“形状”** への影響はいずれの場合も一変量の周辺分布からはまったく検出できないことに注意しましょう．変量間の共変動の効果は各変量の挙動にはまったく反映されず，**同時分布**の確率密度関数にのみ発現します．実際，二変量平面散布図の各点を生成する同時分布の確率密度関数の正確な “形状” は【**図14−8**】のようになります．

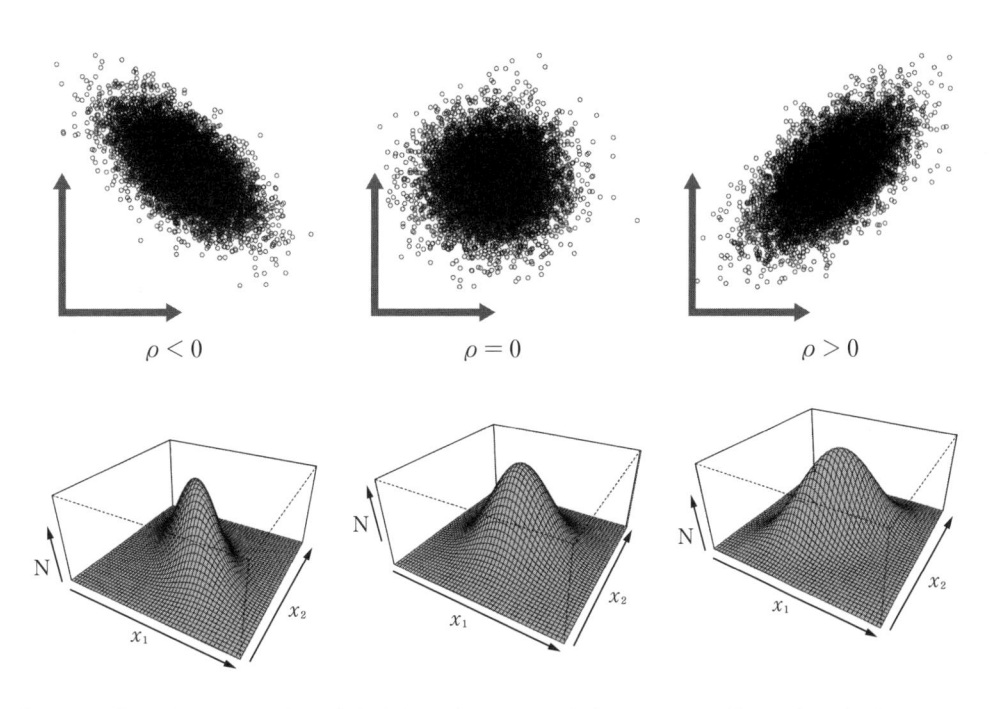

【図14−8】 二変量正規分布の確率密度関数の二次元散布図と三次元描画を相関係数 ρ がゼロ（中図），正（右図），負（左図）の場合について示した

　　ここまで説明してきたように，一変量から二変量への移行する際には**変量間の共変動**（共分散と相関係数）ならびに**同時分布**と**周辺分布**という新たな概念が登場しました．二変量よりもさらに多くの変量を考察する多変量解析はこの方向に沿っての一般化にほかなりません．ただし，一般の多変量確率分布を記述するためには，ベクトルと行列に関する線形代数の知識（ラオ 1977，Morrison 1990，竹村 1991）が不可欠になるので，以下では正規分布を例にとって要点のみをかいつまんで説明します．

　一変量と多変量（p変量）の正規分布の確率密度関数を対比して示すと【図14−9】のようになります．

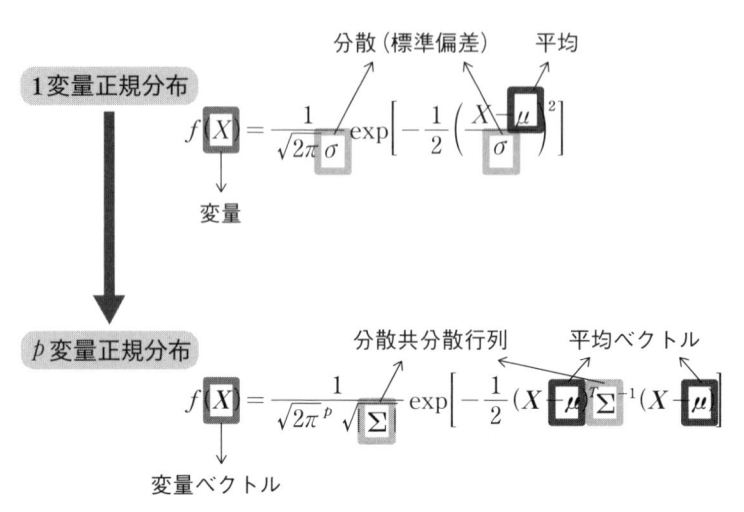

【図14−9】一変量とp変量の正規分布の確率密度関数

　平均μ，分散σ^2の一変量正規分布$N(\mu, \sigma^2)$の指数部分を見ると，偏差平方$(X-\mu)^2$を分散σ^2で割っています．この部分が正規分布の挙動を決めるもっとも重要な部分です．平均μは位置を表すパラメーターであり，分散σ^2はばらつきを表すパラメーターであることは第6講で説明しました．いま，この一変量正規分布をp変量に一般化した多変量正規分布の確率密度関数はベクトルと行列によって表現されます（【図14−10】）．

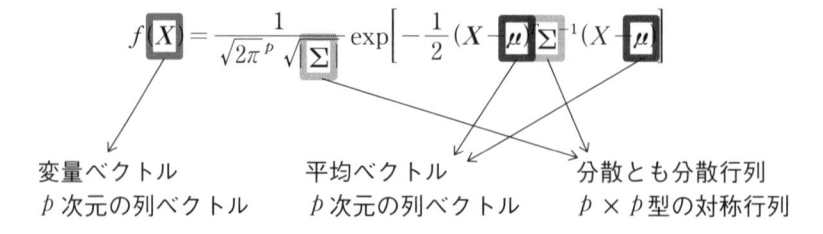

【図14−10】多変量正規分布をベクトルと行列で表す

多変量になると，変量Xと平均μはp変量ではともにp次元のベクトルとなり，分散もまた$p \times p$型の分散共分散行列Σに置き換えられます．しかし，形式的には，一変量と多変量の正規分布の密度関数は類似点があります．指数部分を見ると偏差ベクトルの「**二次形式**」の中に分散共分散行列の逆行列Σ^{-1}が含まれています．この二次形式はp変量データが平均からどれくらいずれているのかを表す「**マハラノビス汎距離**（Mahalanobis' generalized distance）」と呼ばれ，直感的に言うならば，分散によって基準化された偏差平方の多変量バージョンと考えられます．多変量正規分布はマハラノビス汎距離によって確率密度の値を決めているということです．

p変量とその平均がベクトルで表現できることは直感的にわかりやすいですが，分散共分散行列についてはさらなる説明が必要です（【**図14-11**】）．

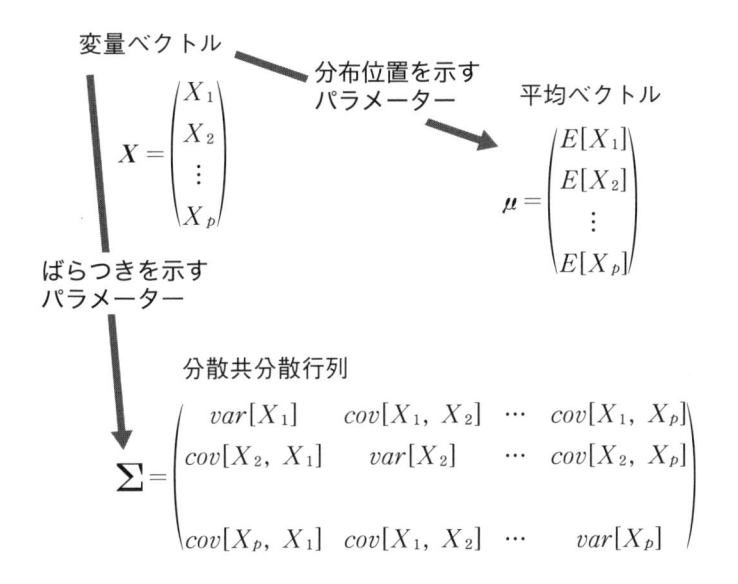

【**図14-11**】多変量ベクトルとその平均ベクトル，そして分散共分散行列

$p \times p$型の正方行列である分散共分散行列は，対角要素に各変量の分散が並び，非対角要素に行と列によって指定される変量間の共分散が配置されます．

　一般に$cov(X, Y) = cov(Y, X)$なので，分散共分散行列は対称行列となります（【図14-12】）．

変量間の共分散とは何か

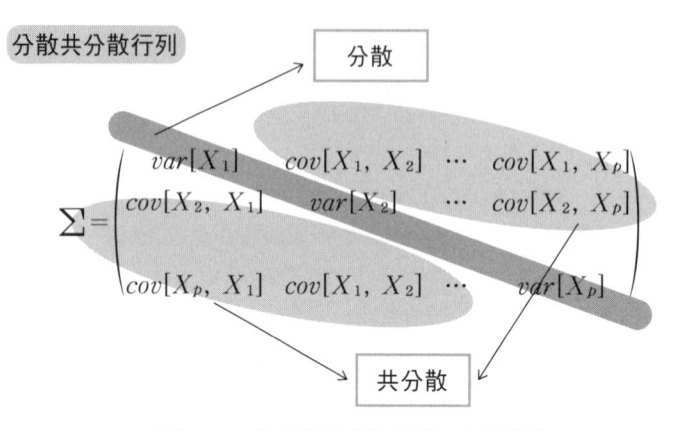

【図14-12】分散共分散行列の内部構造

　すでに定義したように共分散は変量X_iとX_jの偏差積の期待値$E[(X_i - E[X_i])(X_j - E[X_j])]$ですが，$i = j$の特別な場合を考えると$E[(X_i - E[X_i])^2]$すなわち分散となります．したがって，分散と共分散は同一の式の**添字**の**条件が異なる**だけであることが理解できるでしょう（【図14-13】）．

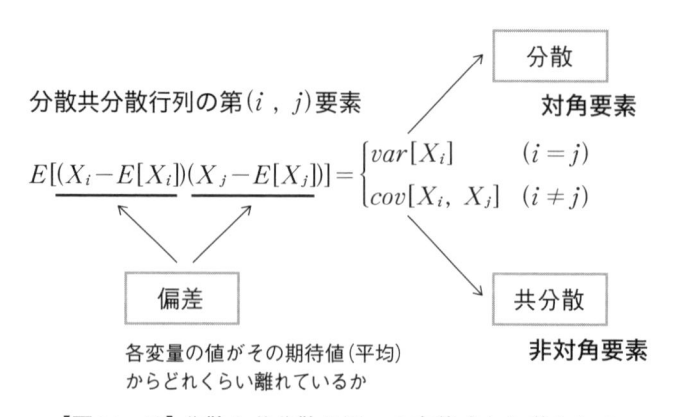

【図14-13】分散と共分散は同一の定義式から導かれる

このように，一般のp変量に関する多変量確率分布のパラメトリック理論は一変量の場合と同様に展開することができます．しかし，私たちが多変量データを扱う場合にまず必要となるのは，このような多変量統計理論ではなく，むしろ高次元のデータをどのように実感をもってとらえることができるのかという点にあると私は考えます．次節では，高次元の多変量データはどのようにすれば私たちにも "見る" ことができるかについて考えることにしましょう．

高次元データの攻略に向けて

本書第2講で私はデータをきちんと "見る" ことが計算に先立ってもっとも重要な点であると述べました．自分がどのようなデータの分析に取り組もうとしているのかを理解しないまま，いたずらに統計計算をしようとするのはまちがいであるというのが私の持論です．データを可視化し，情報を視覚化する姿勢は多変量解析においてはよりいっそう重みをもちます．多変量データは高次元空間の中に存在する点なので，常人である私たちにとってはデータセットの全体像が "見えない" のはもちろんその規則性やパターンを "読み取る" こともできません．

なぜ私たち人間は多変量データを読めないのか——それは私たちのもつ「**次元感覚**」が日々の生活空間を構成するたかだか三次元以下の低次元空間でしか使いものにならないからです．みなさんがきっと経験したであろう過去のことを思い起こしていただくならば，中学や高校の数学の時間に「図形問題」を解くのに苦労したことはありませんか．とりわけ空間図形のこみいった問題で三次元的な位置関係がなかなかイメージできなかったことはないでしょうか．私たちふつうの人間はたかが三次元でさえ場合によっては苦労するのです．ましてや，多変量解析が吹聴する「**p次元**」と言われても，まったく実感できないとしても無理はありません．

そういう現実を考えるならば，多変量データをさもわかったような顔をして "解析" したふりをするというのはとても危ないことだと言わざるを得ません．見えていない対象，読めていないデータは恥ずかしがらずに「見えません」「読めません」と口にした方がすっきりするでしょう．その上で，私たちはどうすれば見ることができるのか，読むことができるのかをしっかり考える必要があります．

しかし，その前に，**高次元の世界**がいかにやっかいなものか，私たち人間にとって生きづらい空間であるかを実感していただく必要があります．【図14－14】を見てください．

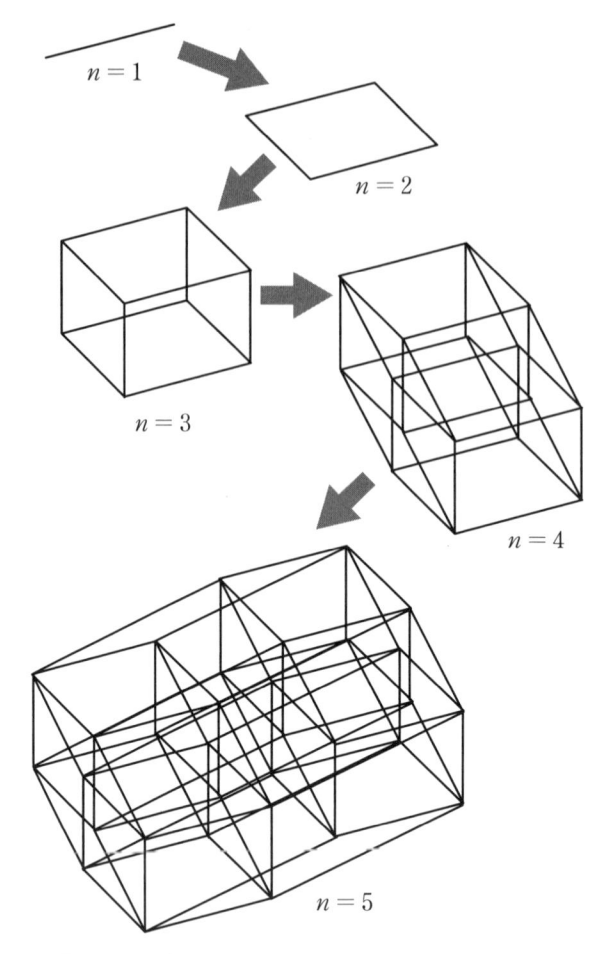

【図14−14】一次元〜五次元を逐次的に構築する
（三中 1997, p. 308, 図4−70 より）

　もっとも低次元である**一次元**から出発しましょう．一次元とは「線」の世界です．一次元の「線」をある方向にずらすことにより，ひとつ上の**二次元**すなわち「平面」の世界がつくれます．さらに，二次元の「面」を移動させれば，もうひとつ上の**三次元**である「立体」の世界が生まれます．次元数は各頂点から発する軸の本数を見ればすぐにわかります．一次元ならばその数は1本であり，二次元ならば縦方向と横方向の2本，そして三次元ではさらに高さ方向を含めて3本となるからです．ここまでの説明については多くの読者はすぐにわかっていただけるでしょう．

　さて，前の段落では，ある次元の図形をある方向に移動させることにより，その軌跡はひとつ上の次元の図形になるという規則を導きました．一次元から

二次元，そして二次元から三次元への移動ができたのであれば，さらにもう一歩進めて，三次元の「立体」をある方向に移動させれば**四次元**の「超立体」がつくれるでしょう．【**図14−14**】では実際にこの四次元超立体を描いてみました．各点からは確かに4本の軸が出ているので，この超立体が四次元空間内にあることはまちがいありません．読者のみなさんにはこの四次元が"見えた"でしょうか．ひょっとしたら"見えない"人もいるのではないかと思います．【**図14−14**】の三次元立体を斜め右下方向にずらすことにより四次元超立体がつくれます．逆に，移動軸をすべて除去すればふたつの三次元立体すなわち移動前と移動後の三次元立体が残るでしょう．それが読み取れれば成功です．三次元立体から四次元超立体へのハードルが乗り越えられればしめたもの，四次元超立体から**五次元**超々立体へのさらなる移行もきっと理解できるようになると思います．

　こうして一段ずつはしごを上るように，より高次元を目指すことはけっして不可能ではありません．しかし，このようなやり方では多変量データの世界を理解する道はまだまだ遠いと言わざるを得ません．というのは，【**図14−14**】に示したのはそれぞれの次元での座標空間にすぎないからです．多変量データは**多次元空間の座標系**の中に散在します．したがって，私たちは文字通り"ジャングルジム"のような座標系の中にもぐりこんで，そこに散らばる多変量データセットの規則性やパターンを見ぬかなければなりません．それはきわめてきびしい試練です．

　前節では，多変量確率分布の理論を足がかりにして，多変量データを分析する道があると説明しました．しかし，その段階にいたる前に，私たちはそもそも目の前の多変量データがいかなるものなのかが"見えて"いなければ確率分布の理論を使うことすらできないでしょう．つまり，多変量解析のツールに求められる重要な役割は**"見る"ための手段**を提供するという点にあります．

　以下では，第2講でも取り上げた Fisher (1936) のアヤメ (*Iris* 属) 3種 *setosa, versicolor, virginica* 各50標本の4形質「外花弁長 (sepal length)」「外花弁幅 (sepal width)」「内花弁長 (petal length)」「内花弁幅 (petal width)」のデータセットを用います（【**表14−1**】）.

【表14−1】*Iris* 属3種の形態計測データ（単位 cm）．出典：Fisher (1936)

標本番号	外花弁長	外花弁幅	内花弁長	内花弁幅	種名	標本番号	外花弁長	外花弁幅	内花弁長	内花弁幅	種名	標本番号	外花弁長	外花弁幅	内花弁長	内花弁幅	種名
1	5.1	3.5	1.4	0.2	*setosa*	51	7.0	3.2	4.7	1.4	*versicolor*	101	6.3	3.3	6.0	2.5	*virginica*
2	4.9	3.0	1.4	0.2	*setosa*	52	6.4	3.2	4.5	1.5	*versicolor*	102	5.8	2.7	5.1	1.9	*virginica*
3	4.7	3.2	1.3	0.2	*setosa*	53	6.9	3.1	4.9	1.5	*versicolor*	103	7.1	3.0	5.9	2.1	*virginica*
4	4.6	3.1	1.5	0.2	*setosa*	54	5.5	2.3	4.0	1.3	*versicolor*	104	6.3	2.9	5.6	1.8	*virginica*
5	5.0	3.6	1.4	0.2	*setosa*	55	6.5	2.8	4.6	1.5	*versicolor*	105	6.5	3.0	5.8	2.2	*virginica*
6	5.4	3.9	1.7	0.4	*setosa*	56	5.7	2.8	4.5	1.3	*versicolor*	106	7.6	3.0	6.6	2.1	*virginica*
7	4.6	3.4	1.4	0.3	*setosa*	57	6.3	3.3	4.7	1.6	*versicolor*	107	4.9	2.5	4.5	1.7	*virginica*
8	5.0	3.4	1.5	0.2	*setosa*	58	4.9	2.4	3.3	1.0	*versicolor*	108	7.3	2.9	6.3	1.8	*virginica*
9	4.4	2.9	1.4	0.2	*setosa*	59	6.6	2.9	4.6	1.3	*versicolor*	109	6.7	2.5	5.8	1.8	*virginica*
10	4.9	3.1	1.5	0.1	*setosa*	60	5.2	2.7	3.9	1.4	*versicolor*	110	7.2	3.6	6.1	2.5	*virginica*
11	5.4	3.7	1.5	0.2	*setosa*	61	5.0	2.0	3.5	1.0	*versicolor*	111	6.5	3.2	5.1	2.0	*virginica*
12	4.8	3.4	1.6	0.2	*setosa*	62	5.9	3.0	4.2	1.5	*versicolor*	112	6.4	2.7	5.3	1.9	*virginica*
13	4.8	3.0	1.4	0.1	*setosa*	63	6.0	2.2	4.0	1.0	*versicolor*	113	6.8	3.0	5.5	2.1	*virginica*
14	4.3	3.0	1.1	0.1	*setosa*	64	6.1	2.9	4.7	1.4	*versicolor*	114	5.7	2.5	5.0	2.0	*virginica*
15	5.8	4.0	1.2	0.2	*setosa*	65	5.6	2.9	3.6	1.3	*versicolor*	115	5.8	2.8	5.1	2.4	*virginica*
16	5.7	4.4	1.5	0.4	*setosa*	66	6.7	3.1	4.4	1.4	*versicolor*	116	6.4	3.2	5.3	2.3	*virginica*
17	5.4	3.9	1.3	0.4	*setosa*	67	5.6	3.0	4.5	1.5	*versicolor*	117	6.5	3.0	5.5	1.8	*virginica*
18	5.1	3.5	1.4	0.3	*setosa*	68	5.8	2.7	4.1	1.0	*versicolor*	118	7.7	3.8	6.7	2.2	*virginica*
19	5.7	3.8	1.7	0.3	*setosa*	69	6.2	2.2	4.5	1.5	*versicolor*	119	7.7	2.6	6.9	2.3	*virginica*
20	5.1	3.8	1.5	0.3	*setosa*	70	5.6	2.5	3.9	1.1	*versicolor*	120	6.0	2.2	5.0	1.5	*virginica*
21	5.4	3.4	1.7	0.2	*setosa*	71	5.9	3.2	4.8	1.8	*versicolor*	121	6.9	3.2	5.7	2.3	*virginica*
22	5.1	3.7	1.5	0.4	*setosa*	72	6.1	2.8	4.0	1.3	*versicolor*	122	5.6	2.8	4.9	2.0	*virginica*
23	4.6	3.6	1.0	0.2	*setosa*	73	6.3	2.5	4.9	1.5	*versicolor*	123	7.7	2.8	6.7	2.0	*virginica*
24	5.1	3.3	1.7	0.5	*setosa*	74	6.1	2.8	4.7	1.2	*versicolor*	124	6.3	2.7	4.9	1.8	*virginica*
25	4.8	3.4	1.9	0.2	*setosa*	75	6.4	2.9	4.3	1.3	*versicolor*	125	6.7	3.3	5.7	2.1	*virginica*
26	5.0	3.0	1.6	0.2	*setosa*	76	6.6	3.0	4.4	1.4	*versicolor*	126	7.2	3.2	6.0	1.8	*virginica*
27	5.0	3.4	1.6	0.4	*setosa*	77	6.8	2.8	4.8	1.4	*versicolor*	127	6.2	2.8	4.8	1.8	*virginica*
28	5.2	3.5	1.5	0.2	*setosa*	78	6.7	3.0	5.0	1.7	*versicolor*	128	6.1	3.0	4.9	1.8	*virginica*
29	5.2	3.4	1.4	0.2	*setosa*	79	6.0	2.9	4.5	1.5	*versicolor*	129	6.4	2.8	5.6	2.1	*virginica*
30	4.7	3.2	1.6	0.2	*setosa*	80	5.7	2.6	3.5	1.0	*versicolor*	130	7.2	3.0	5.8	1.6	*virginica*
31	4.8	3.1	1.6	0.2	*setosa*	81	5.5	2.4	3.8	1.1	*versicolor*	131	7.4	2.8	6.1	1.9	*virginica*
32	5.4	3.4	1.5	0.4	*setosa*	82	5.5	2.4	3.7	1.0	*versicolor*	132	7.9	3.8	6.4	2.0	*virginica*
33	5.2	4.1	1.5	0.1	*setosa*	83	5.8	2.7	3.9	1.2	*versicolor*	133	6.4	2.8	5.6	2.2	*virginica*
34	5.5	4.2	1.4	0.2	*setosa*	84	6.0	2.7	5.1	1.6	*versicolor*	134	6.3	2.8	5.1	1.5	*virginica*
35	4.9	3.1	1.5	0.2	*setosa*	85	5.4	3.0	4.5	1.5	*versicolor*	135	6.1	2.6	5.6	1.4	*virginica*
36	5.0	3.2	1.2	0.2	*setosa*	86	6.0	3.4	4.5	1.6	*versicolor*	136	7.7	3.0	6.1	2.3	*virginica*
37	5.5	3.5	1.3	0.2	*setosa*	87	6.7	3.1	4.7	1.5	*versicolor*	137	6.3	3.4	5.6	2.4	*virginica*
38	4.9	3.6	1.4	0.1	*setosa*	88	6.3	2.3	4.4	1.3	*versicolor*	138	6.4	3.1	5.5	1.8	*virginica*
39	4.4	3.0	1.3	0.2	*setosa*	89	5.6	3.0	4.1	1.3	*versicolor*	139	6.0	3.0	4.8	1.8	*virginica*
40	5.1	3.4	1.5	0.2	*setosa*	90	5.5	2.5	4.0	1.3	*versicolor*	140	6.9	3.1	5.4	2.1	*virginica*
41	5.0	3.5	1.3	0.3	*setosa*	91	5.5	2.6	4.4	1.2	*versicolor*	141	6.7	3.1	5.6	2.4	*virginica*
42	4.5	2.3	1.3	0.3	*setosa*	92	6.1	3.0	4.6	1.4	*versicolor*	142	6.9	3.1	5.1	2.3	*virginica*
43	4.4	3.2	1.3	0.2	*setosa*	93	5.8	2.6	4.0	1.2	*versicolor*	143	5.8	2.7	5.1	1.9	*virginica*
44	5.0	3.5	1.6	0.6	*setosa*	94	5.0	2.3	3.3	1.0	*versicolor*	144	6.8	3.2	5.9	2.3	*virginica*
45	5.1	3.8	1.9	0.4	*setosa*	95	5.6	2.7	4.2	1.3	*versicolor*	145	6.7	3.3	5.7	2.5	*virginica*
46	4.8	3.0	1.4	0.3	*setosa*	96	5.7	3.0	4.2	1.2	*versicolor*	146	6.7	3.0	5.2	2.3	*virginica*
47	5.1	3.8	1.6	0.2	*setosa*	97	5.7	2.9	4.2	1.3	*versicolor*	147	6.3	2.5	5.0	1.9	*virginica*
48	4.6	3.2	1.4	0.2	*setosa*	98	6.2	2.9	4.3	1.3	*versicolor*	148	6.5	3.0	5.2	2.0	*virginica*
49	5.3	3.7	1.5	0.2	*setosa*	99	5.1	2.5	3.0	1.1	*versicolor*	149	6.2	3.4	5.4	2.3	*virginica*
50	5.0	3.3	1.4	0.2	*setosa*	100	5.7	2.8	4.1	1.3	*versicolor*	150	5.9	3.0	5.1	1.8	*virginica*

このデータセットは四変量からなるので，四次元空間内に散らばっています．このデータセットのもつ構造を見るために，四つの形態形質のうち外花弁長・内花弁長・内花弁幅の三つを選び，**三次元散布図**を描画すると【**図14－15**】のようになります．

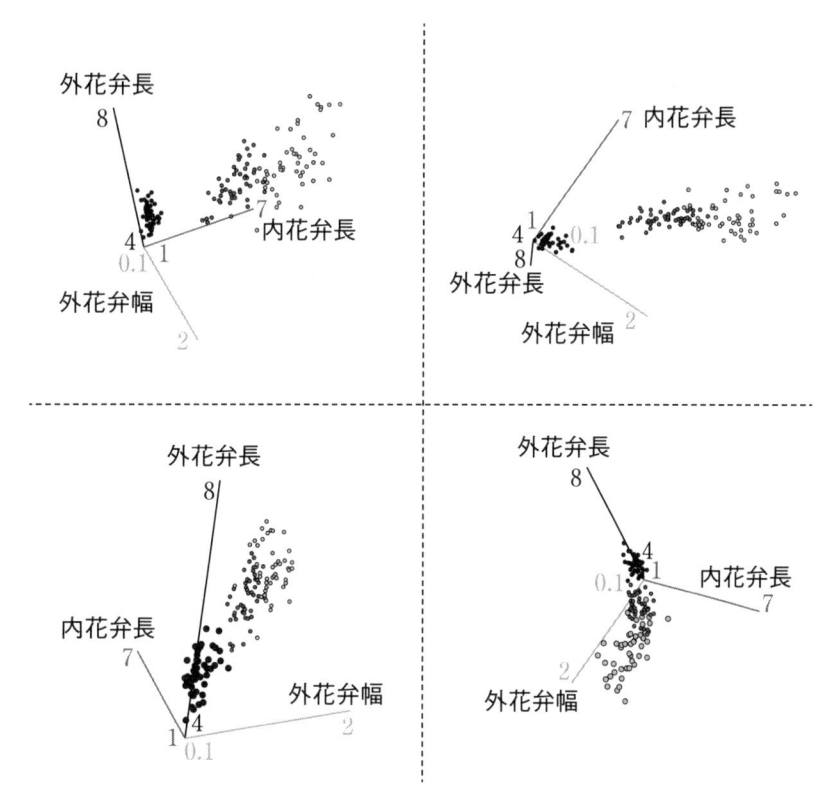

【図14－15】 *Iris* 属3種のデータセットの外花弁長・外花弁幅・内花弁長についての三次元散布図を異なる四方向から描く

　この多変量データセットを"見る"ためにはいったいどのような技を使えばいいのでしょうか．この【**図14－15**】は四次元空間にあるデータセットを三次元空間によって切り取った部分に関する可視化ですが，それを手がかりにして私たちは次の2点に気がつきます．

1）　多次元空間内の点どうしの位置は互いに近かったり遠かったりする．点間の遠近をたとえばユークリッド距離によって定義するならば，点がどんなに高次元であったとしても距離の値それ自体はひとつのスカラー（実数）にすぎない．

2）　データセットは多次元空間の中で必ずしも無秩序に散らばっているわけではない．見る方向によってはデータセットの形状はごく限られた部分空間（より低次元の直線や平面）の中におさまっているように見える．

　第一の知見は高次元データを点間距離の大小に帰着させて「**グラフ化**」するという方策につながります．また第二の知見は多変量データのばらつきを理解する上で重要な次元だけを抽出し，残る余分な次元を削り落とすという「**次元削減**」の方針につながります．以下では，それぞれの方法について説明しましょう．

[1] グラフ化による可視化：クラスター分析の例

　ここでいう「グラフ化」とは多変量データをうまく**可視化する手法**を総称します．高次元空間内に散らばる多変量データはそのままでは私たちの理解を超えています．しかし，点間距離に着目してデータセットの形状をグラフによって可視化することができれば，きっと役に立つでしょう．そのための代表的な手法のひとつが「**クラスター分析 (cluster analysis)**」です．もともと，生物の分類体系を全体的類似度に基づいて統計的に構築しようとする数量表形学派 (numerical phenetics) によって1950年代末に開発されたクラスター分析の技法 (Sokal and Michener 1958) は，その後，生物分類学だけにとどまらず，自然科学から人文社会科学に及ぶ広範な研究分野に浸透し，いまではデータに基づく定量的な分類のための基本的手法のひとつとみなされています．クラスター分析の歴史的背景と方法論（アルゴリズム）の詳細については三中 (2017) の第3章 (pp. 114-138) ならびに三中 (2018) でくわしく考察しました．

　以下では，クラスター分析のアルゴリズムのひとつである「**群平均法** (UPGMA: Unweighted Pair Group Method using Arithmetic mean)」を用いて説明します (Sokal and Sneath 1963)．四変量データ点 $X = (X_1, X_2, X_3, X_4)$ と $Y = (Y_1, Y_2, Y_3, Y_4)$ に対して次のユークリッド距離 $d(X, Y)$ を定義します．

$$d(X, Y) = \sqrt{(X_1 - Y_1)^2 + (X_2 - Y_2)^2 + \ldots + (X_4 - Y_4)^2}$$

　任意の点間でこのユークリッド距離を計算し，近い点から順にグループ化（「**クラスタリング**」clustering）を進めます．

クラスター間距離を各クラスターに帰属する点間距離の平均によって定義するのが**UPGMAアルゴリズム**の特徴です．このクラスタリングを実行すると【図14−16】のような**樹形図**（「**デンドログラム**」dendrogram）が得られます．

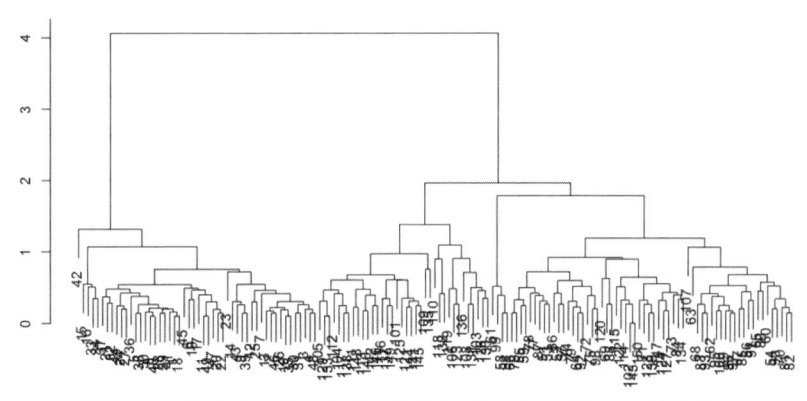

【図14−16】クラスター分析の結果をデンドログラムで表示する

デンドログラムの下端にぶら下がった各点は*Iris*属のある標本を表します．クラスターを形成する点の集合は二分岐叉によって表示され，分岐叉の横軸の値が小さいほどより距離の小さなクラスターであることを意味します．このデンドログラムの全体により全150標本が遠近関係のみによって可視化され，高次元空間内の多変量データセットの形状が把握できます．

[2] 次元削減による可視化：主成分分析の例

高次元空間の中で私たちが迷子になってしまう大きな理由のひとつは，錯綜する**座標軸のどれを見ればいいのか**見当がつかないことです．三次元までの低次元ならば座標軸とデータセットのばらつきの関係がすぐに見えることもあるでしょうが，より高次元空間内の多変量データセットになると，もうそういう直感は働かなくなってしまいます．しかし，上の【図14−15】からわかるように，高次元空間といっても実際にデータセットが分布している**部分空間**はもっと次元が低い可能性があります．次元が低ければ常人である私たちにも**“読める”可能性**はぐっと高まるでしょう．では，そのようなより低次元の部分空間はどうすれば見つけることができるでしょうか．

【図14−15】の三次元プロットをもう一度見直すと，150個すべての四次元データ点がほぼ一直線上に並んでいるように見える方向があります．つまり，データセットが"串刺し"になるような**直線**があるということです．直線は傾きと切片のふたつのパラメーターによって決まりますが，その"串刺し"直線

の方向に沿ったデータセットのばらつきは最大になるでしょう．この点に着目した一世紀前のカール・ピアソンはデータセットの分散を最大化する直線を「**主成分**（principal component）」と呼び，そのパラメーターの推定方法を開発しました（Pearson 1901）．【図14−17】に示したのは Pearson 自身による主成分の概念図です．

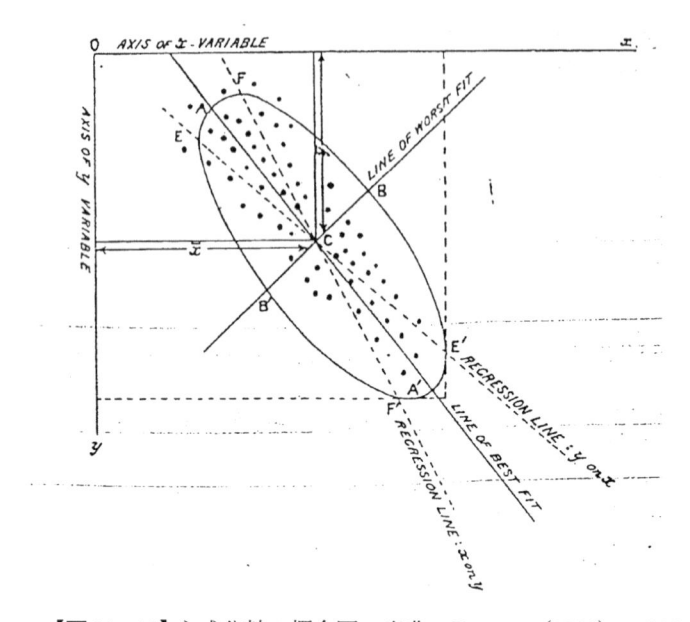

【図14−17】主成分軸の概念図．出典：Pearson (1901), p. 566

　ピアソンは次のような手順を与えました．元変量 X_1, X_2, ..., X_n の線形結合

$$a_1 \cdot X_1 + a_2 \cdot X_2 + \ldots + a_n \cdot X_n$$

を考え，この線形結合が最大の分散をもつような係数の組 a_1, a_2, ..., a_n を求めます（係数ベクトルは長さ1の単位ベクトルと仮定します）．その線形結合を「**第一主成分**」と名づけます．次に，第一主成分軸と直交するという制約条件のもとで，次に分散がもっとも大きな係数の組を求め，それによって決まる元変量の線形結合を「**第二主成分**」と呼びます．この手順を繰り返すことにより，変量の総数に等しい主成分の組が逐次的に求められます．これが「**主成分分析**（principal component analysis）」です．線形代数的にいえば，多変量データセットから計算された分散共分散行列または相関係数行列の推定値を出発点として，その固有値と固有ベクトルを求め，行列の直交分割をすることになります（Morrison 1990）．

　上の *Iris* データセットに対して，その相関係数行列の推定値から出発する主成分分析を実行すると，元変量と同数の第一主成分〜第四主成分が計算されます．

元の四変量を線形結合する係数は下記の通りです.

	第一主成分	第二主成分	第三主成分	第四主成分
外花弁長	0.5804131	0.02449161	0.1421264	0.8014492
外花弁幅	0.5648565	0.06694199	0.6342727	-0.5235971
内花弁長	0.5210659	0.37741762	-0.7195664	-0.2612863
内花弁幅	-0.2693474	0.92329566	0.2443818	0.1235096

各主成分を決める係数ベクトルは相関係数行列の固有ベクトルであり,その主成分の固有値が分散の値となります.*Iris* データセットから計算された固有値は次の通りです.

第一主成分	第二主成分	第三主成分	第四主成分
2.91849782	0.91403047	0.14675688	0.02071484

これらの主成分の固有値を「**スクリー・プロット**（Scree plot）」によって図示されます（**【図14−18】**）.

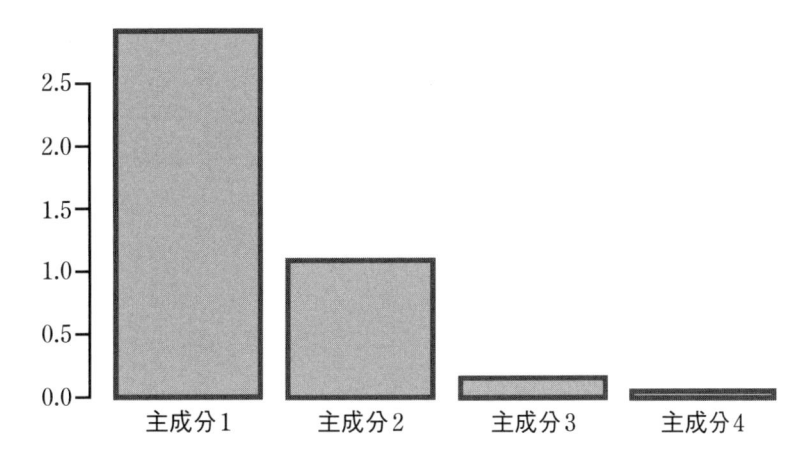

【図14−18】 *Iris* データセットの各主成分の固有値をスクリー・プロットとして図示する

上位の主成分から順に固有値を積み重ねていけば,その総和は元データセットの分散と一致します.では,上位の主成分はデータセットの分散のどれくらいの割合を説明できているでしょうか.各主成分が説明している分散の割合とその累積は次の通りです.

	第一主成分	第二主成分	第三主成分	第四主成分
分散割合	0.7296245	0.2285076	0.03668922	0.005178709
累積割合	0.7296245	0.9581321	0.99482129	1.000000000

　この表を見ると，第一主成分だけで全分散の73％が説明され，第二主成分によって23％が説明されるので，これら上位ふたつの主成分だけで実に全体の96％の分散が説明できていることになります．つまり，見かけは確かに四次元空間内の多変量データセットではありますが，そのばらつきを説明するためならば上位ふたつの主成分が張る平面を見れば，その部分空間内に150個の点がきれいにおさまっているということです．下位の第三および第四主成分はこの平面からのちょっとしたずれを表すだけですから安心して無視することができます．このように，主成分分析がうまくいけば，情報損失をできるだけ少なくして高次元空間をより低次元の部分空間に落としこむことができます．

　主成分分析の威力は散布図行列を描けば一目瞭然です．*Iris* データセットの元変量に関する散布図行列は【図14－19】のようになります．どの変量ペアに関しても点のばらつくパターンやまとまりが検出できます．これは，元変量のどれもが情報をもっているということです．

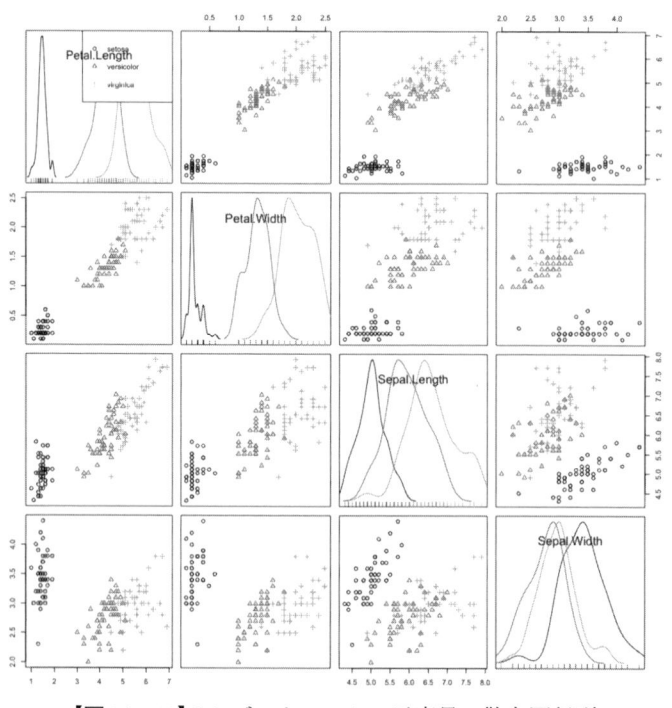

【図14－19】*Iris* データセットの元変量の散布図行列

一方，四つの主成分に関する散布図行列である【図14−20】を見ると，第一主成分（「PC1」）が関係する散布図にはいずれもきれいなパターンが見えるのに対し，第一主成分を含まない散布図は例外なく混沌とした無情報のランダムなパターンしか現れません．このデータセットでは第一主成分が分散全体のおよそ3/4まで説明してしまっているので，下位の主成分は"搾りかす"のようなものだと考えてもらえばいいでしょう．

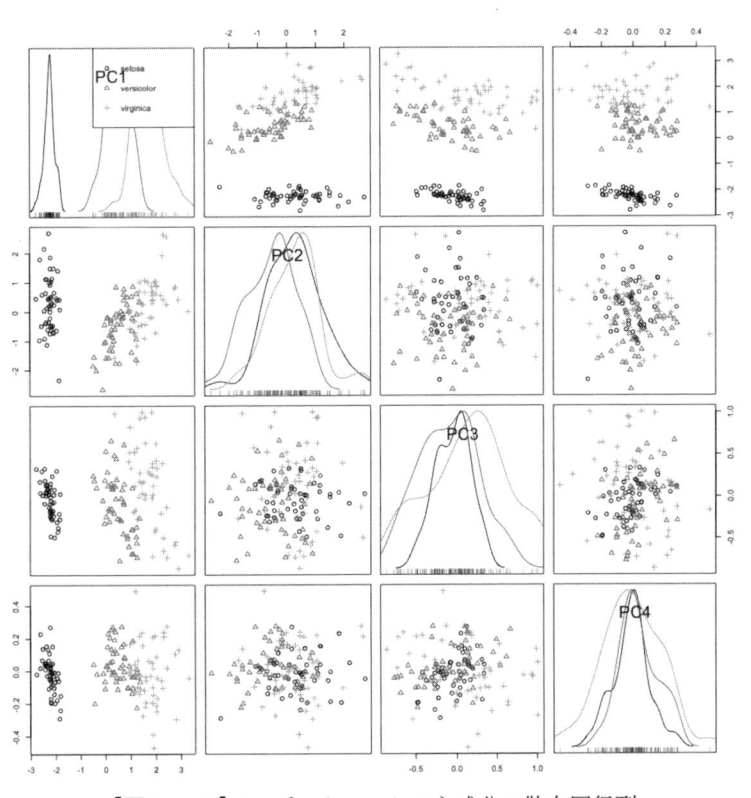

【図14−20】*Iris* データセットの主成分の散布図行列

　したがって，*Iris*の四変量データセットを主成分分析によって調べると，第一主成分と第二主成分が張る平面さえ見れば十分であることが判明しました（【図14−21】）．

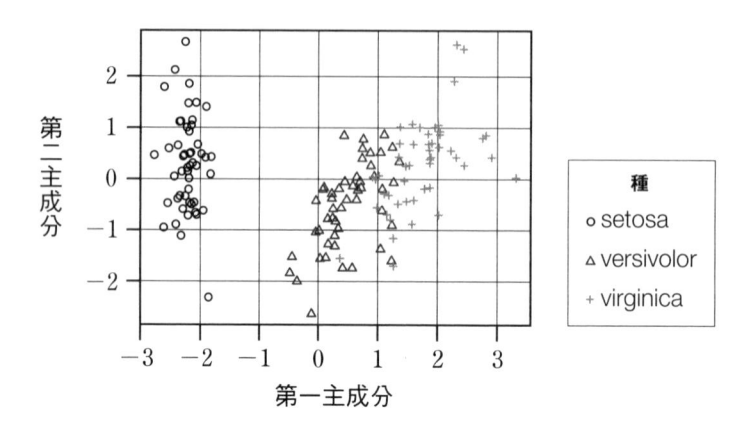

【図14−21】*Iris*データセットの第一主成分と第二主成分の散布図

　本節で説明したように，高次元空間に存在する多変量データを“見る”ためにはクラスター分析や主成分分析のような**多変量解析のツール**を使えばおおいに役に立つこともきっとあるでしょう．ただし，多変量データは“見る”方向が異なれば，ちがった“風景”が眼前に広がることがありますので，くれぐれも注意してください．

エピローグ
統計曼荼羅の下張り
― 過去の産物としての現在

　私は過去およそ30年間にわたっていろいろな場所で生物統計学に関する講義をしてきました．したがって，その内容を一冊の本にまとめた本書は文字通りの「講義録」です．本書のモットーは一貫して「**計算する前によく見よう**」でした．データをよく見たあとで次に進むべき解析の方策をじっくり考えることは統計データ解析の定石となる心得です．単純なデータであったとしても何も考えずに計算してしまうことはとても危険です．ましてや，前講で論じたように，高次元多変量データは見ることさえままならない状況に追い込まれかねないことを，私たちは学びました．

可視化と統計グラフィクス

　マニュエル・リマの近年の著作『ビジュアル・コンプレキシティ』(Lima 2011)，『*The Book of Trees* ── 系統樹大全』(Lima 2014) そして『*The Book of Circles* ── 円環大全』(Lima 2017) は，量的に増大しているだけではなく質的にも複雑になりつつあるデータを**いかに可視化する**かがサイエンスとアートにまたがる領域として広がっていることを私たちにつよく訴えかけます．日々膨れ上がる情報をいかにして "見る" かは単に統計学だけの問題にはとどまらないということです．統計計算やモデリングの前に，生の情報をいかにきちんと "見る" かは**統計グラフィクス**や**インフォグラフィクス**の最前線につながっていきます．私たちはこの領域での研究の進展とその成果を利用しない手はないでしょう．

　私たちは実験や観察の知見から推論を重ね，得られた知識を体系としてまとめあげることにより，初めて前に進むことができます．有史以来，私たち人間は試行錯誤を繰り返しながら**知識の体系化**と**視覚化の技法**を鍛え上げてきました (三中 2017)．統計データ解析もまたその大きな流れの中に身を置いてきました．得られたデータをさまざまなグラフィック・ツールを用いて視覚化することは，私たち人間がもつ直感的な理解力に頼って知識を体系化するという長い

伝統に則っています．けっして原始的な，あるいは未熟な技法ではありません．

　私たち統計ユーザーの多くは手に入る便利なツールをうまく使いこなせれば それでいいじゃないかと安直に考えてしまいがちです．しかし，そういうこと では想像以上に長いデータ解析の歴史に対して正当な敬意を払っているとは私 には思えません．

テューキーと探索的データ解析

　本書にも登場していただいた統計学者ジョン・W・テューキーにふたたび 会いに行きましょう．彼の主著である"オレンジ本"こと『探索的データ解析 (*Exploratory Data Analysis*)』(Tukey 1977) は 700 ページもの大著であるに もかかわらず，その引用文献はテューキー自身の本一冊のほかは欽定訳聖書 のみという型破りな統計学本です．数々の名だたる同時代の統計学者たちに は目もくれず，自らの信念を貫き通したテューキーへの風当たりは当然厳し かったようです．この本が出た直後のある総説記事 (Church 1979) によると， テューキーが提唱する「探索的データ解析」の理論に対して，他の統計学者た ちは関心を向けつつも，同時に推測統計学から記述統計学への事実上の"撤 退"(Church は「pre-Fisher days」p. 439 と書いている) ではないかと警戒され ていたようです．

　しかし，かつての時代の"夜明け前"にテューキーが書いた一連の論文 (Tukey 1962a, b) を読むと，統計数学のパラメトリック理論ではなく，**統計グ ラフィクスの活用**を強く訴えるテューキーをふつうの統計学の文脈で読むのは 実はまちがっているのではないかと感じざるを得ません．たとえばテューキー を支持してきた統計学者フランク・J・アンスコムは，ある論文 (Anscombe 1973) の中で，なぜ統計グラフィクスが軽視されてきたのかについて論じてい ます．「数値計算は正確だがグラフは大雑把だ」とか「複雑な計算はいいことだ がグラフなんてのはごまかしだ」などという偏見が統計学には蔓延していると アンスコムは指摘します．

　そのような統計グラフィクスの価値を見下す偏見への反論としてアンスコム は有名な「Anscombe's quartet」という例を提示しました (【図 15−1】)．

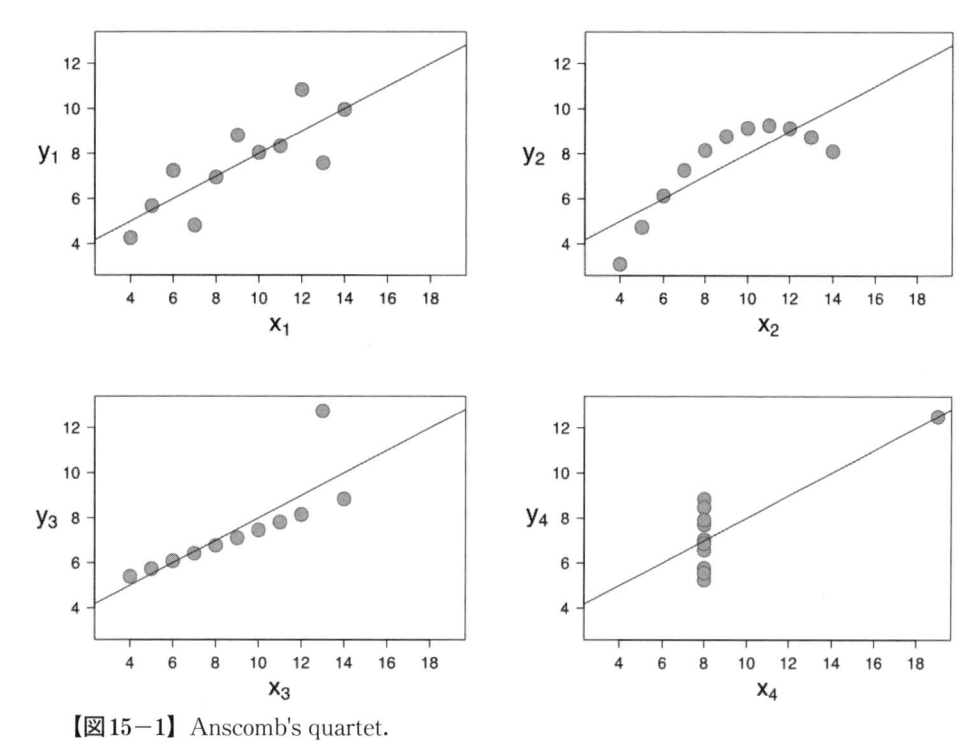

【図15−1】 Anscomb's quartet.
出典：Wikipedia https://en.wikipedia.org/wiki/Anscombe%27s_quartet

　　アンスコムが提示したこの例は，平均や分散あるいは相関係数などの基本統計量だけでなく，回帰直線まで完全に一致するにもかかわらず，データの散布図を描けばまったく異なる複数のデータセットの組です．彼の主張は，データの散布図という，もっとも基本的な統計グラフも描かずにいきなり統計計算してしまうと，たいへんなことになりますよ，という点にありました．

もっと図表を！

　　このように，パラメトリック統計学が支配的だった時代は，グラフの描画は必ずしも日の目を見たわけではありませんでした．しかし，データ可視化と統計グラフィクスの系譜は断絶しそうに見えて，実はそうではありませんでした．テューキーの"オレンジ本"の冒頭には，植物分類学者**エドガー・アンダーソン**（Edgar Anderson）への献辞が掲げられています．このアンダーソンこそ本書でたびたびお世話になった *Iris* 属データセットを取った本人でした．ロナルド・A・フィッシャーが**判別分析**（discriminant analysis）という多変量解析の手法を開発するにあたっては，アンダーソンから *Iris* のデータ（Anderson 1935）の

　提供を受けたという経緯があります．アンダーソンは学問的な出自からいえば当時の実験分類学を実践する植物分類学者でしたが，後年は生物統計学の理論に関するアウトプットが多くなっていきます（Hagen 2003，三中 2017, 2018）．

　フィッシャーは彼の判別分析を用いれば，*Iris*属の四変量形態データセットから"数値的"に種間判別できると考えました．しかし，それは必ずしもデータの"可視化"という点から言えば満足できるものではありません．アンダーソンは，フィッシャーとは逆に，*Iris*データセットの可視化に関心を寄せて研究を進めました．フィッシャーとの共同研究から20年あまり後の1959年のこと，テューキーのもとで研究を続けていたアンダーソンは多変量統計データの新しい視覚化の手法として「**イデオグラフ**（ideograph）」を開発しました（Kleinman 2002）．統計データ可視化の重要性をテューキーに認識させたという点でアンダーソンの貢献はとても大きかったようです．

　フィッシャーとテューキーを結びつけた"偉大なる脇役"**アンダーソンの逸話**は，統計学の歴史をたどる上で私たちにとって大きな教訓でもあります．いま私たちが手にする統計本の多くは論理的にも形式的にもきれいに"洗浄"されています．とりわけ数理統計学はいくら隅をつついてもボロが微塵も出ないほどきびしい"品質管理"が徹底されています．しかし，そのような"統計学産業"になる前のそれぞれの統計手法の黎明期はもっと現場に近い泥臭いものであったはずです．

　たとえば，フィッシャーが活躍したイギリスのロザムステッド農業試験場における農業試験と統計学の関わりを調べた研究（Parolini 2015a, b）によると，実験計画法に基づく分散分析というフィッシャーが確立した理論体系は，ロザムステッドでの農業試験の実施に関する現場での実践あるいは管理システムの再構築があって，はじめて実現したと推測されています．つまり，新しい統計手法はもともと研究現場との強く密接なつながりのもとに形をなしてきたということです．そのときには，統計学者を取り巻くさまざまな交流（人的・組織的・学問的）があったにちがいありません．そのような統計学の過去の歴史の帰結として，現在私たちが使っている統計手法ができてきたということです．

統計曼荼羅をひとりひとりの手に

　本書の最初にみなさんにお見せした「**統計曼荼羅**」は私が見た統計学の"現在"の姿を描いたものです．その現世の構造をあえて要約するならば【図15−2】のようにまとめることができるでしょう．

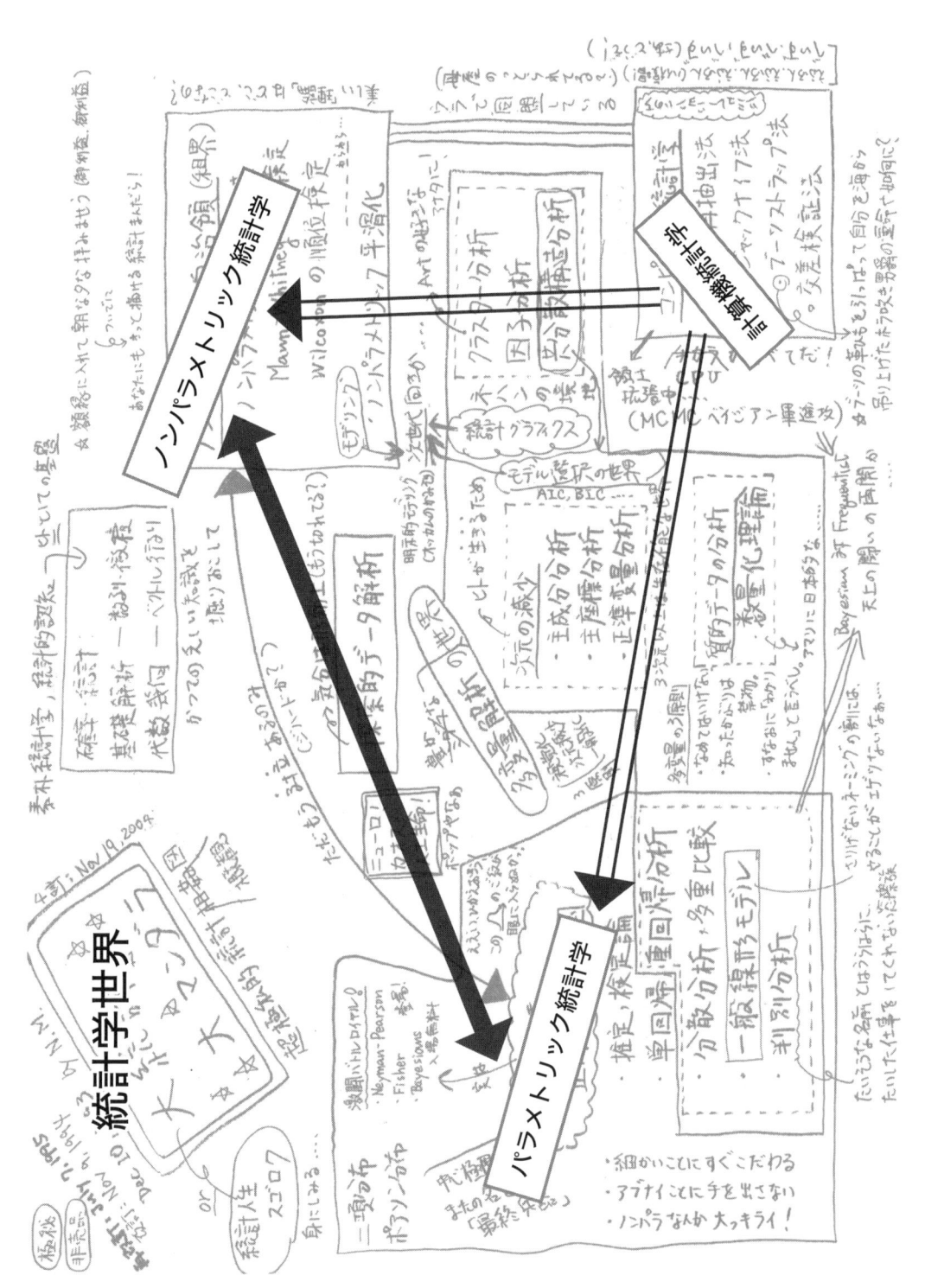

【図15−2】統計曼荼羅に描かれた世界の構造を要約する

　　パラメトリック統計学とノンパラメトリック統計学との対置，そして両者に関わる計算機統計学の影響の強まり――私が四半世紀前に描いた統計曼荼羅のある部分はいまではもう"賞味期限切れ"になっているかもしれません．日々変容する表側では新しい統計手法の流入と古い手法のお蔵入りが絶えません．しかし，そのような表側の様相の裏側では統計曼荼羅を支える歴史が厳然として存在しています．過去一千年に及ぶ知識の体系化の歴史に近代以降の統計学の理論が合流した結果，私たちがいま見ている統計ワールドがあるのです．

　　この講義録を手に取られたみなさんに幸せが訪れますように．合掌．

2016年8月
山の日の上高地帝国ホテルにて．

附録
統計学へのお誘い本リスト

　大学での講義や統計研修の受講生から，「統計学の参考図書を紹介してほしい」との依頼があったので，下記のような「お誘い本リスト」をつくってみた．すべて日本語の本である．"門前"から"門"までの「参道」がやや長い気がするが，そこは気の迷いや逡巡に憑きまとわれる読者のために，ということでご容赦いただきたい．また，いったん"入門"してしまった後は，統計手法ごとにそれぞれ特化したより適切な本（中級書以上）がきっとあると思うが，下のリストはまったく網羅的ではない．個人的に，生物系・農学系の学生や研究員を相手に講義をする機会が多いので，リストの最初の方はできるだけ"数式汚染"されていない統計本を中心に挙げてある．下記の内容についてご意見やご指摘がありましたらご連絡ください．

[1] 門前でまだ迷っている人のための誘惑本
- 結城浩／たなか鮎子 [イラスト]『数学ガールの秘密ノート：やさしい統計』
  （2016年11月刊行，SBクリエイティブ，東京，x+301 pp., ISBN978-4-7973-8712-4）
- 高橋信『マンガでわかる統計学』（2004年7月刊行，オーム社，ISBN4274065707）

[2] 入門する気になった人のための本
- 佐藤俊哉『宇宙怪人しまりす医療統計を学ぶ』（2005年12月刊行，岩波書店［岩波科学ライブラリー114］，本体価格1,200円．ISBN4000074547）
- 佐藤俊哉『宇宙怪人しまりす医療統計を学ぶ：検定の巻』（2012年6月刊行，岩波書店［岩波科学ライブラリー194］，本体価格1,200円．ISBN978-4-00-029594-9）
- 三中信宏『みなか先生といっしょに 統計学の王国を歩いてみよう：情報の海と推論の山を越える翼をアナタに！』（2015年5月刊行，羊土社，東京，本体価格2,300円，ISBN978-4-7581-2058-6）
- 粕谷英一『生物学を学ぶ人のための統計のはなし：きみにも出せる有意差』
  （1998年3月刊行，文一総合出版，ISBN4829921234）
- アレックス・ラインハート［西原史暁訳］『ダメな統計学：悲惨なほど完全なる手引書』（2017年1月刊行，勁草書房，東京，xii+185 pp., 本体価格2,200円，ISBN978-4-326-50433-6）

[3] ヴィジュアル系の統計学入門書
- 市原清志『バイオサイエンスの統計学：正しく活用するための実践理論』
  （1990年2月刊行，南江堂，東京，本体価格4,660円，ISBN978-4-524-22036-6）
- 市原清志・佐藤正一『カラーイメージで学ぶ〈新版〉統計学の基礎［CD-ROM付］』（2014年9月刊行，日本教育研究センター，大阪，本体価格4,200円，ISBN978-4-89026-171-0）

[4] Rを片手に統計修行とプログラミング勤行

- 奥村晴彦『Rで楽しむ統計』(2016年9月刊行，共立出版 [Wonderful R・1]，東京，x+190 pp.，本体価格2,500円，ISBN978-4-320-11241-4)
- 青木繁伸『Rによる統計解析』
(2009年4月刊行，オーム社，x + 322 pp.，本体価格3,800円，ISBN978-4-274-06757-0)
- Jared P. Lander [高柳慎一・牧山幸史・簑田高志訳 | Tokyo.R 協力]
『みんなのR：データ分析と統計解析の新しい教科書』(2015年6月刊行，マイナビ，東京，447 pp.，本体価格3,800円，ISBN978-4-8399-5521-2)
- 石田基広『Rで学ぶデータ・プログラミング入門：RStudioを活用する』(2012年10月刊行，共立出版，東京，viii+278 pp.，本体価格3,200円，ISBN978-4-320-11029-8)
- 大森崇・阪田真己子・宿久洋『R Commander によるデータ解析・第2版』(2014年1月刊行，共立出版，東京，x+221 pp.，本体価格2,800円，ISBN978-4-320-11084-7)
- 嶋田正和・阿部真人『Rで学ぶ統計学入門』(2017年1月刊行，東京化学同人，東京，xii+281 pp.，本体価格2,700円，ISBN978-4-8079-0859-2)
- 逸見功『統計ソフト「R」超入門：実例で学ぶ初めてのデータ解析』(2018年2月刊行，講談社 [ブルーバックス・B2049]，東京，285 pp.，ISBN978-4-06-502049-4)

[5] すでに入門してしまった人のための次なる本 (線形モデルを中心に)

- Michael J. Crawley著 [野間口謙太郎・菊池泰樹訳]『統計学：Rを用いた入門書 改訂第2版』(2016年4月刊行，共立出版，本体価格4,600円，ISBN978-4-320-11154-7)
- 久保拓弥『データ解析のための統計モデリング入門：一般化線形モデル・階層ベイズモデル・MCMC』(2012年5月刊行，岩波書店 [シリーズ：確率と情報の科学・第I期]，東京，xiv+267 pp.，本体価格3,800円，ISBN978-4-00-006973-1)
- 粕谷英一『一般化線形モデル』(2012年7月刊行，共立出版 [Rで学ぶデータサイエンス・10]，東京，本体価格3,500円，ISBN978-4-320-11014-4)
- 鵜飼保雄『統計学への開かれた門』
(2010年2月刊行，養賢堂，東京，本体価格4,200円，ISBN978-4-8425-0463-6)
- 三輪哲久『実験計画法と分散分析』(2015年9月刊行，朝倉書店 [統計解析スタンダード]，東京，viii+216 pp.，本体価格3,600円，ISBN978-4-254-12854-3)

[6] ややイノチ懸け系な数理統計学書

- 中塚利直『応用のための確率論入門』
(2010年6月刊行，岩波書店，東京，ISBN978-4-00-005206-1)
- 竹村彰通『現代数理統計学』(1991年12月刊行，創文社，ISBN4423895080)
- 竹村彰通『多変量推測統計の基礎』(1991年9月刊行，共立出版，ISBN4320014480)
- 渡辺澄夫『ベイズ統計の理論と方法』(2012年4月刊行，コロナ社，東京，本体価格3,000円，viii+226 pp.，ISBN978-4-339-02462-3)
- C・R・ラオ [奥野忠一・長田洋・篠崎信雄・広崎昭太・古河陽子・矢島敬二・鷲尾泰俊訳]『統計的推測とその応用』(1977年11月刊行，東京図書，ISBN4489001746)

[7] たまにはベイズもいかが？

- 伊庭幸人『ベイズ統計と統計物理』(2003年刊行，岩波書店 [岩波講座〈物理の世界〉：物理と情報3]，東京，ISBN4000111582)

- 間瀬茂『ベイズ法の基礎と応用：条件付き分布による統計モデリングとＭＣＭＣ法を用いたデータ解析』（2016年2月刊行，日本評論社，東京，viii+262 pp.，本体価格3,500円，ISBN978-4-535-78785-8）
- 岩波データサイエンス刊行委員会（編）『岩波データサイエンス・Vol. 1：特集〈ベイズ推論とMCMCのフリーソフト〉』（2015年10月刊行，岩波書店［岩波データサイエンス（第I期）］，東京，144 pp.，本体価格1,389円，ISBN978-4-00-029851-3）
- 松浦健太郎『StanとRでベイズ統計モデリング』（2016年10月刊行，共立出版［Wonderful R・2］，東京，xii+264 pp.，本体価格2,500円，ISBN978-4-320-11242-1）
- 奥村晴彦・瓜生真也・牧山幸史『Rで楽しむベイズ統計入門：しくみから理解するベイズ推定の基礎』（2018年1月刊行，技術評論社［Data Science Library］，東京，x+213 pp.，ISBN978-4-7741-9503-2）

[8] 統計学の科学史と科学哲学，そしてこれから

- デイヴィッド・サルツブルグ［竹内恵行・熊谷悦生訳］『統計学を拓いた異才たち：経験則から科学へ進展した一世紀』（2010年4月刊行，日本経済新聞出版社［日経ビジネス人文庫1143］，東京，504 pp.，税込価格1,200円，ISBN978-4-532-19539-7）
- イアン・ハッキング著［広田 すみれ・森元良太訳］『確率の出現』（2013年12月28日刊行，慶應義塾大学出版会，東京，viii+394 pp.，本体価格3,800円，ISBN978-4-7664-2103-3）
- エリオット・ソーバー著［松王政浩訳］『科学と証拠：統計の哲学入門』（2012年10月刊行，名古屋大学出版会，名古屋，本体価格4,600円，ISBN978-4-8158-0712-2）
- シャロン・バーチュ・マグレイン［冨永星訳］『異端の統計学ベイズ』（2013年10月刊行，草思社，本体価格2,400円，ISBN978-4-7942-2001-1）
- 友永雅己・三浦麻子・針生悦子（編）『心理学の再現可能性：我々はどこから来たのか　我々は何者か　我々はどこへ行くのか』（2016年7月刊行，心理学評論刊行会［心理学評論・第59巻1号］，京都，ISSN:0386-1058）

[9] なお余力がある人は統計科学の最前線へどうぞ！

- 甘利俊一・竹内 啓・竹村彰通・伊庭幸人（編）〈シリーズ・統計科学のフロンティア［全12巻］〉（2002年〜2005年［完結］，岩波書店）
- 甘利俊一，麻生英樹，伊庭幸人（編）〈シリーズ・確率と情報の科学［第I期・全15巻］〉（2008年〜［刊行中］，岩波書店）
- 岩波データサイエンス刊行委員会（編）『岩波データサイエンス（第I期・全6巻）』（2015年10月刊行開始，岩波書店，東京）

いささか長めの謝辞—あとがきに代えて

　本書が出版されるまでの経緯を自戒かたがた書き記しておこう．もともと本書の企画案は2009年10月に技術評論社からもちこまれた．もう8年も前のことだ．ちょうどタイミングよく，私が勤務していた独立行政法人農業環境技術研究所（現在は国立研究開発法人農業・食品産業技術総合研究機構農業環境変動研究センター）のウェブマガジン『農業と環境』誌上で，生物統計学に関する農環研ウェブ高座〈農業環境のための統計学〉を開始した．この月刊連載は2012年8月から2013年8月までのまる一年間続き，毎回平均10枚／400字の分量だったので，2013年8月の連載終了時には約120枚分の原稿が蓄積された．これを元手にして書けば楽勝だと油断したのが運の尽きだった．

　【教訓 (1)】過去に書いた分量とこれから書く分量とは無関係.

　ところが，2014年2月から羊土社の連載〈統計の落とし穴と蜘蛛の糸〉が始まり，一年間の連載後すぐに『みなか先生といっしょに統計学の王国を歩いてみよう』（三中 2015）の単行本化の作業になだれ込んだ．この時点で技術評論社本のことは脳裏から消し飛んでいた．

　【教訓 (2)】同じテーマの本は並行して書けない.

　こうして2015年も暮れていった．技術評論社の担当編集者からはときどき加圧メールが届いていたのだが，ずっと放置状態が続いてしまった．忘れもしない2015年の年度末．ついに「立案から6年が経過したので本出版企画の見直しを求められています」との最後通告が届く．

　【教訓 (3)】担当編集者を追い込んではならぬ.

　最後通牒が届いた時点では過去の遺産の120枚を4章に組み直した原稿があるだけだった．しかし幸いなことに私はこの“苦境”の脱し方をそのときまでに会得していた．たまたま前年に：ポール・J・シルヴィア『できる研究者の論文生産術』（Silvia 2007）の原書を読む機会があった．「たくさん書く」ための心得集ともいえるこの本は，執筆の心得として「時間確保」「計画厳守」「弁解無用」とシンプルこの上ない三つのスローガンを掲げる．これだ．これしかない．そして，2016年5月の大型連休後から「〜字だん」という私の自己

加圧ツイートが増えていったことはフォロワーのみなさんだったら知っているにちがいない.

「塵も積もれば山となる」── これを実感できている人は実は少ない. この「整数倍の威力」は騙されたと思って体験してみれば誰にでも実感できる. 毎日少しずつでも書き続ければきっとシアワセになれる. もちろん, もっとたくさん書き続ければもっと早くシアワセになれる (かもしれない). そんなわけで, 『統計思考の世界』の第5〜14講の約500枚はその年のお盆前までのほぼ3ヶ月で書き上げることができた. もっと早くスタートしていれば, こんなに追い込まれることはなかったにちがいないと反省しつつワタクシはハッピーな夏休みを満喫したのだった.

【教訓 (4)】千字の文も一字から始まる.

こうして本書の草稿 (400字詰にして600枚あまり) は2016年8月には書き上がっていたのだが, ことはそううまくは運ばなかった. その年の秋からは, また別の単著『思考の体系学』(三中 2017) の執筆という大波が年越しで押し寄せ, 2016年の年度末までかかってほぼ500枚を書き上げた. そんなわけで, 本書『統計思考の世界』草稿の改訂は当初のスケジュールから大幅に遅延してしまった. それでも, 『思考の体系学』が出版された2017年4月の大型連休前には加筆修正がすべて終わり, 改訂稿を耳を揃えて担当編集者に渡せたのは幸いだった. しかし, 苦難の道はなおも続く. 2017年5月からは, 勁草書房の『系統体系学の世界』(三中 2018) というもう1冊の本の執筆に追われることになり, けっきょく同年12月までの8ヶ月で約1,300枚を書き上げやっと年を越せた. 肝心の『統計思考の世界』の再校ゲラのチェックを開始したのは2018年の年明けからだった. 『系統体系学の世界』のゲラ読みとのマルチタスクはそれはそれはたいへんな日々だった.

【教訓 (5)】複数の本を同時に書くのは身の破滅.

本書のような生物統計学の本は国や都道府県などの農林水産研究機関研究員のみなさんにもおおいに"役立つ"と自負しているのだが, 農林水産省の中での個人業績としてはおそらくたいして評価は高くないだろう. 私の周りを見回しても, 英語での原著論文のほかに, 本書のような日本語の単著を書くような研究者はほとんどいなくなっているのが実情である. 一般への科学の普及あるいはアウトリーチのためにも「本を書く」ことは「論文を書く」のと同等あるい

はそれ以上の意義があると私は確信しているのだが，残念ながらそれは私の周囲では共通認識ではないようだ．

　にもかかわらず，私がほぼ毎年のように，役に立つ立たないに関係なく，日本語の本を出し続けてきたのは，"空気"をまったく読まない"天動説"系の気質が昔からあるせいだろう．世界は私を中心にしてまわっているのだから，とてもシアワセな研究者人生だった．そして，私みたいな研究員を放逐せずに長年居させてくれた旧・農業環境技術研究所に深く感謝したい．法人化される前のかつての農林水産省国立研究所は懐がとても深かったとしみじみ思う．

【教訓（6）】我が亡き後に洪水よ来たれ．

　旧・農林水産省農業環境技術研究所調査計画研究室の選考採用で私を採用してくれた鵜飼保雄室長（当時）は，新任研究員である私に統計研修講師というその後30年に及ぶ"天職"を用意してくれた．本書をもって少しでもかつての恩義に報いることができただろうか．農環研ウェブ高座〈農業環境のための統計学〉の連載にあたっては，旧・独立行政法人農業環境技術研究所の鳥谷均生態系計測研究領域長（当時）と広報情報室の廉沢敏弘室長（当時）にはたいへんお世話になった．最後に，長年にわたって担当編集者として苦労をかけてしまった技術評論社の渡邉悦司さんと伊東健太郎さんには最大級の謝意を表したい．どうもありがとうございました．

2018年弥生3月
乳頭温泉「鶴の湯」にて　三中信宏

- Hirotsugu Akaike 1973. Information theory as an extension of the maximum likelihood principle. Pp. 267-281 in: B. N. Petrov and F. Csáki (eds.), *Proceedings of the Second International Symposium on Information Theory*. Akadémiai Kiadó, Budapest.

- David Aldous 1988. *Probability Approximations via the Poisson Clumping Heuristic*. Springer-Verlag, Berlin.

- Edgar Anderson 1935. The irises of the Gaspé Peninsula. *Bulletin of the American Iris Society*, 59: 2-5.

- Frank J. Anscombe 1973. Graphs in statistical analysis. *The American Statistician*, 27(1):17-21.

- M. Baker 2016. Statisticians issue warning over misuse of *P* values: Policy statement aims to halt missteps in the quest for certainty. *Nature*, 531: 151.

- Vic Barnett 1999. *Comparative Statistical Inference, Third Edition*. John Wiley & Sons, Chichester

- Thomas Bayes and Richard Price 1763. An Essay towards Solving a Problem in the Doctrine of Chances. By the Late Rev. Mr. Bayes, F.R.S. Communicated by Mr. Price, in a Letter to John Canton, A.M. F.R.S. *Philosophical Transactions of the Royal Society of London*, 53: 370−418. http://rstl.royalsocietypublishing.org/content/53/370

- Stephen H. Blackwell and Kurt Johnson 2016. Introduction. Pp. 1-28 in: Stephen H. Blackwell and Kurt Johnson (eds.), *Fine Lines: Vladimir Nabokov's Scientific Art*. Yale University Press, New Haven.

- Joan Fisher Box 1978. *R. A. Fisher: The Life of a Scientist*. John Wiley & Sons, New York.

- Frank Bretz, Torsten Hothorn, and Peter Westfall 2011. *Multiple Comparisons Using R*. Chapman & Hall / CRC, Boca Raton.

- F. Martin Brown 1950a. Measurements and Lepidoptera. *The Lepidopterist's News*, 4: 51-52.

- F. Martin Brown 1950b. In reply to Prof. Nabokov. *The Lepidopterist's News*, 4: 76.

- Kenneth P. Burnham and David R. Anderson 2002. *Model Selection and Multimodel Inference, Second Edition*. Springer-Verlag, New York.

- Russell M. Church 1979. How to look at data: A review of John W. Tukey's Exploratory Data Analysis. *Journal of the Experimental Analysis of Behavior*, 31(3): 433−440.

- William G. Cochran and Gertrude M. Cox 1957. *Experimental Designs, Second Edition*. John Wiley & Sons, New York

- Leda Cosmides and John Tooby 1996. Are humans good intuitive statisticians after all? Rethinking some conclusions from the literature on judgment under uncertainty. *Cognition*, 58(1): 1−73.

- Michael J. Crawley 2007. *The R Book*. John Wiley & Sons, Chichester.

- Alfred W. Crosby 1997. *The Measurement of Reality: Quantification and Western Society, 1250-1600*. Cambridge University Press, New York.（アルフレッド・W・クロスビー［小沢千重子訳］2003. 数量化革命：ヨーロッパ覇権をもたらした世界観の誕生. 紀伊國屋書店）

- Annette J. Dobson 1983 *An Introduction to Statistical Modelling*. Chapman and Hall, London.

- 独立行政法人農業環境技術研究所 2000-2016. 農業と環境. 目次 http://www.naro.affrc.go.jp/archive/niaes/mzindx/magazine.html

- John Earman 1992. *Bayes or Bust? : A Critical Examination of Bayesian Confirmation Theory*. The MIT Press, Massachusetts.

- Umberto Eco 2007. *Dall'albero al labirinto: Studi storici sul segno e l'interpretazione*. Bompiani, Milano.［Anthony Oldcorn 訳 2014. *From the Tree to the Labyrinth: Historical Studies on the Sign and Interpretation*. Harvard University Press, Cambridge］

- Anthony W. F. Edwards 1992. *Likelihood, Expanded Edition*. The Johns Hopkins University Press, Baltimore.

- Bradley Efron 1979. Bootstrap methods: Another look at the jackknife. *Annals of Statistics*, 7: 1-26.

- Bradley Efron 1982. *The Jackknife, the Bootstrap and Other Resampling Plans*. CBMS-NSF Regional Conference Series in Applied Mathematics, Volume 38, SIAM, Philadelphia.

- Bradley Efron and Robert J. Tibshirani 1993. *An Introduction to the Bootstrap*. Chapman and Hall, New York.

- Seymore Epstein 1994. Integration of the cognitive and the psychodynamic unconscious. *American Psychologist*, 49(8): 709-724.

- Julian J. Faraway 2005. *Linear Models with R*. Chapman & Hall / CRC, Boca Raton.

- Julian J. Faraway 2006. *Extending the Linear Model with R: Generalized Linear, Mixed Effects and Nonparametric Regression Models*. Chapman & Hall / CRC, Boca Raton.

- Joseph Felsenstein 2004. *Inferring Phylogenies*. Sinauer Associates, Sunderland.

- Ronald A. Fisher 1921. On the 'probable error' of a coefficient of correlation deduced from a small sample. *Metron*, 1: 3-32.

■ Ronald A. Fisher 1925. *Statistical Methods for Research Workers*. Oliver and Boyd, Edinburgh. [Eleventh Edition: 1950]

■ Ronald A. Fisher 1926. The arrangement of field experiments. *Journal of the Ministry of Agriculture of Great Britain*, 33: 503-513

■ Ronald A. Fisher 1935. *The Design of Experiments*. Oliver and Boyd, Edinburgh.（Eighth Edition: 1966 – R・A・フィッシャー［遠藤健児・鍋谷清治訳］1971. 実験計画法. 森北出版）

■ Ronald A. Fisher 1936. The use of multiple measurements in taxonomic problems. *Annals of Eugenics*, 7(2): 179-188

■ Ronald A. Fisher 1956. *Statistical Methods and Scientific Inference, Revised Edition*. Oliver and Boyd, Edinburgh.（R・A・フィッシャー［渋谷政昭・竹内啓訳］1962. 統計的方法と科学的推論. 岩波書店）

■ Malcolm Forster and Elliott Sober 1994. How to tell when simpler, more unified, or less ad hoc theories will provide more accurate predictions. *The British Journal for the Philosophy of Science*, 45(1): 1-36.

■ Malcolm Forster and Elliott Sober 2004. Why likelihood? Pp. 153-190 in: Mark L. Taper and Subhash R. Lele (eds.), *The Nature of Scientific Evidence: Statistical, Philosophical, and Empirical Considerations*. The University of Chicago Press, Chicago.

■ Andrew Gelman, John Carlin, Hal Stern, David Dunson, Aki Vehtari, and Donald Rubin 2014. *Bayesian Data Analysis, Third Edition*. CRC Press / Chapman & Hall, London. http://www.stat.columbia.edu/~gelman/book/

■ Gerd Gigerenzer 1991. How to make cognitive illusions disappear: Beyond "heuristics and biases." *European Review of Social Psychology*, 2(1): 83−115.

■ Nicholas Wright Gillham 2001. *Sir Francis Galton: From African Exploration to the Birth of Eugenics*. Oxford University Press, Oxford.

■ Donald Gillies 2000. *Philosophical Theories of Probability*. Routledge, London.（ドナルド・ギリース［中山智香子訳］2004. 確率の哲学理論. 日本経済評論社）

■ Carlo Ginzburg 1979. Spie. Radici di un paradigma indiziario. Pp. 59-106 in: Aldo G. Gargani (ed.), *Crisi della ragione: Nuovi modelli nel rapporto tra sapere e attività umane. Giulio Einaudi Editore*, Torino. [Reprint: Carlo Ginzburg 1986. *Miti, emblemi, spie: morphologia e storia*. Giulio Einaudi Editore, Torino（カルロ・ギンズブルグ［竹山博英訳］1988. 神話・寓意・徴候. せりか書房）

■ Carlo Ginzburg 2000. *Rapporti di forza: Storia, retorica, prova*. Giangiacomo Feltrinelli editore, Milano.（カルロ・ギンズブルグ［上村忠男訳］2001. 歴史・レトリック・立証. みすず書房）

■ Carlo Ginzburg（カルロ・ギンズブルグ）［上村忠男編訳］2003. 歴史を逆なでに読む. みすず書房.

■ Carlo Ginzburg 2006. *Il filo e le tracce*. Giangiacomo Feltrinelli Editore, Milano.（カルロ・ギンズブルグ［上村忠男編訳］2008. 糸と痕跡. みすず書房）

■ Kwanchai A. Gomez and Arturo A. Gomez 1984. *Statistical Procedures for Agricultural Research, Second Edition*. John Wiley & Sons, New York.

■ Ian Hacking 1965. *Logic of Statistical Inference*. Cambridge University Press, Cambridge.

■ Ian Hacking 2006. *The Emergence of Probability: A Philosophical Study of Early Ideas about Probability, Induction and Statistical Inference, Second Edition*. Cambridge University Press, Cambridge（イアン・ハッキング［広田すみれ・森元良太訳］2013. 確率の出現. 慶應義塾大学出版会）

■ Joel B. Hagen 2003. The statistical frame of mind in systematic biology from *Quantitative Zoology* to *Biometry*. *Journal of the History of Biology*, 36(2): 353-384.

■ Masazumi Hanazawa, Hiroshi Narushima, and Nobuhiro Minaka 1995. Generating most parsimonious reconstructions on a tree: A generalization of the Farris-Swofford-Maddison method. *Discrete Applied Mathematics*, 56(2-3): 245-265.

■ Yosef Hochberg and Ajit C. Tamhane 1987. *Multiple Comparison Procedures*. John Wiley & Sons, New York.

■ Colin Howson 2002. Bayesianism in Statistics. *Proceedings of the British Academy*, 113: 39-69.

■ Colin Howson and Peter Urbach 2006. *Scientific Reasoning: The Bayesian Approach, Third Edition*. Open Court, Chicago.

■ David L. Hull 1988. *Science as a Process: An Evolutionary Account of the Social and Conceptual Development of Science*. The University of Chicago Press, Chicago.

■ Hurlbert, S. H. (1984). Pseudoreplication and the design of ecological field experiments. *Ecological Monographs*, 54(2): 187-211.

■ 石田正次 1960. 統計推論に関するフィッシャーとネイマンの論争について. 科学基礎論研究, 5(1): 17-31.

■ 岩波データサイエンス刊行委員会（編）2015. 岩波データサイエンス・Vol. 1. 岩波書店.

■ トゥプテン・ジンパ（Thupten Jinpa）監修 2000. マンダラ・コスモロジー：チベット仏教の知恵と心の芸術》，デジタローグ／トランスアート．

■ John R. Josephson and Susan G. Josephson (eds.) 1994. *Abductive Inference: Computation, Philosophy, Technology*. Cambridge University Press, Cambridge.

■ Daniel Kahneman and Amos Tversky 1982. On the study of statistical intuitions. *Cognition*, 11(2): 123-141.

■ 粕谷英一 1998. 生物学を学ぶ人のための統計のはなし．文一総合出版．

■ 粕谷英一 2012. 一般化線形モデル．共立出版．

■ Kim Kleinman 2002. How graphical innovations assisted Edgar Anderson's discoveries in evolutionary biology. *Chance*, 15(3): 17-21.

■ John Kruschke 2014. *Doing Bayesian Data Analysis, Second Edition: A Tutorial with R, JAGS, and Stan*. Elsevier / Academic Press, Amsterdam.

■ 久保拓弥 2003. 樹木・森林生態学「よく出る」誤用統計学の基本わざ．生物科学, 54(3): 188-192.

■ 久保拓弥 2012. データ解析のための統計モデリング入門：一般化線形モデル・階層ベイズモデル・MCMC. 岩波書店，東京．

■ George Lakoff 1987. *Women, Fire, and Dangerous Things: What Categories Reviel about the Mind*. The University of Chicago Press, Chicago（ジョージ・レイコフ［池上嘉彦・川上誓作・辻幸夫・西村義樹・坪井栄治郎・梅原大輔・大森文子・岡田禎之訳］1993. 認知意味論：言語から見た人間の心．紀伊國屋書店，）

■ Rachel Laudan 1992. What's so special about the past？ Pp. 55-67 in: Matthew H. Nitecki and Doris V. Nitecki (eds.), *History and Evolution*. State University of New York Press, Albany.

■ Lawrence M. Leemis and Jacquelyn T. McQueston 2008. Univariate Distribution Relationships. *The American Statistician*, 62(1): 45-53.

■ Erich L. Lehmann 1959. *Testing Statistical Hypotheses*. John Wiley & Sons, New York.

■ Manuel Lima 2011. *Visual Complexity: Mapping Patterns of Information*. Princeton Architectural Press, New York.（マニュエル・リマ［久保田晃弘監修・奥いずみ訳］2012. ビジュアル・コンプレキシティ：情報パターンのマッピング．ビー・エヌ・エヌ新社）

■ Manuel Lima 2014. *The Book of Trees: Visualizing Branches of Knowledge*. Princeton Architectural Press, New York.（マニュエル・リマ［三中信宏訳］2015. The Book of Trees — 系統樹大全：知の世界を可視化するインフォグラフィックス．ビー・エヌ・エヌ新社）

■ Manuel Lima 2017. *The Book of Circles: Visualizing Spheres of Knowledge*. Princeton Architectural Press, New York.（マニュエル・リマ［三中信宏監訳・手嶋由美子訳］2018. The Book of Circles — 円環大全：知の輪郭を体系化するインフォグラフィックス．ビー・エヌ・エヌ新社）

■ Everett F. Lindquist 1940. *Statistical Analysis in Educational Research*. Houghton Mifflin, Boston.

■ Peter Lipton 2004. *Inference to the Best Explanation, Second Edition*. Routledge, London.

■ Peter MuCullagh and John A. Nelder 1983. *Generalized Linear Models*. Chapman and Hall, London.

■ Sharon Bertsch McGrayne 2011. *The Theory That Would Not Die: How Bayes' Rule Cracked the Enigma Code, Hunted Down Russian Submarines, and Emerged Triumphant from Two Centuries of Controversy*. Yale University Press, New Haven（シャロン・バーチュ・マグレイン［冨永星訳］2013. 異端の統計学ベイズ．草思社）

■ Rupert G. Miller 1974. The jackknife — A review. *Biometrika*, 61(1): 1-15.

■ 三中信宏 1995. コンピュータ集中型統計学に基づく誤差推定（付録：大統計大曼荼羅プロトタイプ）．日本動物行動学会ニュースレター No.27, pp. 4-15.

■ 三中信宏 1997. 生物系統学．東京大学出版会．

■ 三中信宏 2006. 系統樹思考の世界：すべてはツリーとともに．講談社．

■ 三中信宏 2009. 分類思考の世界：なぜヒトは万物を「種」に分けるのか．講談社．

■ 三中信宏 2010. 進化思考の世界：ヒトは森羅万象をどう体系化するか．日本放送出版協会．

■ 三中信宏 2012-2013. 農環研ウェブ高座「農業環境のための統計学」．独立行政法人農業環境技術研究所，つくば．目次：http://leeswijzer.org/R/R-top.html#niaes_stat_kouza

■ 三中信宏 2013. 南方曼陀羅：世界を体系化するある思惟の図像的背景．科学（岩波書店），2013年8月号, pp. 906-909

■ 三中信宏 2014-2015. 連載「統計の落とし穴と蜘蛛の糸」．羊土社．目次：https://www.yodosha.co.jp/smart-lab-life/statics_pitfalls/index.html

■ 三中信宏 2015. みなか先生といっしょに 統計学の王国を歩いてみよう：情報の海と推論の山を越える翼をアナタに！羊土社．

■ 三中信宏 2016. 統計学の現場は一枚岩ではない．心理学評論, 59(1): 123-128

文献リスト

■ 三中信宏 2017. 思考の体系学：分類と系統から見たダイアグラム論. 春秋社.

■ 三中信宏 2018. 系統体系学の世界：生物学の哲学とたどった道のり. 勁草書房.

■ 三中信宏・杉山久仁彦 2012. 系統樹曼荼羅：チェイン・ツリー・ネットワーク. NTT出版.

■ 三輪哲久 2015. 実験計画法と分散分析. 朝倉書店.

■ 宮崎興二（編）2005. 高次元図形サイエンス. 京都大学学術出版会，京都.

■ Donald F. Morrison 1990. *Multivariate Statistical Methods, Third Edition*. McGraw-Hill, New York.

■ Vladimir Nabokov 1949. The nearctic members of the genus *Lycaeides* Hübner (Lycaenidae, Lepidoptera). *Bulletin of the Museum of Comparative Zoology at Harvard College*, 101(4): 477-541.

■ Vladimir Nabokov 1950. Remarks on F. Martin Brown's 'Measurements and Lepidoptera'. *The Lepidopterist's News*, 4(6-7): 75-76.

■ Vladimir Nabokov［Brian Boyd and Robert M. Pyle］2000. *Nabokov's Butterflies: Unpublished and Uncollected Writings*. Beacon Press, Boston.

■ 永田靖・吉田道弘 1997. 統計的多重比較法の基礎. サイエンティスト社.

■ 中村雄祐 2009. 生きるための読み書き：発展途上国のリテラシー問題. みすず書房.

■ Hiroshi Narushima and Masazumi Hanazawa 1997. A more efficient algorithm for MPR problems in phylogeny. *Discrete Applied Mathematics*, 80(2-3): 231-238.

■ Jerzy Neyman and Egon S. Pearson 1928a. On the use and interpretation of certain test criteria for purposes of statistical inference. Part I. *Biometrika*, 20A(1-2): 175-240

■ Jerzy Neyman and Egon S. Pearson 1928b. On the use and interpretation of certain test criteria for purposes of statistical inference. Part II. *Biometrika*, 20A(3-4): 263-94

■ Jerzy Neyman and Egon S. Pearson 1933a. On the problem of the most efficient tests of statistical hypotheses. *Philosophical Transactions of the Royal Society of London, Series A*, 231: 289-337

■ Jerzy Neyman and Egon S. Pearson 1933b. The testing of statistical hypotheses in relation to probabilities a priori. *Proceedings of the Cambridge Philosophical Society*, 24(4): 492-510

■ Jerzy Neyman and Egon S. Pearson 1936a. Contributions to the theory of testing statistical hypotheses. *Statistical Research Memorandum*, 1: 1-37

■ Jerzy Neyman and Egon S. Pearson 1936b. Sufficient statistics and uniformly most powerful tests of statistical hypotheses. *Statistical Research Memorandum*, 1: 113-37

■ Giuditta Parolini 2015a. The emergence of modern statistics in agricultural science: Analysis of variance, experimental design and the reshaping of research at Rothamsted Experimental Station, 1919-1933. *Journal of the History of Biology*, 48(2): 301-335.

■ Giuditta Parolini 2015b. In pursuit of a science of agriculture: The role of statistics in field experiments. *History and Philosophy of the Life Sciences*, 37(3): 261−281.

■ Karl Pearson 1894. Contributions to the mathematical theory of evolution. *Philosophical Transactions of the Royal Society of London, Series A*, 185: 71-110.［Pp. 1-40 with 5 plates in: Egon S. Pearson (ed.) 1948. *Karl Pearson's Early Statistical Papers*. Cambridge University Press, Cambridge］

■ Karl Pearson 1901. On lines and planes of closest fit to systems of points in space. *Philosophical Magazine, Series 6*, 2 (11): 559-572.

■ Theodore M. Porter 2004. *Karl Pearson : The Scientific Life in a Statistical Age*. Princeton University Press, Princeton.

■ 間瀬茂 2016. ベイズ法の基礎と応用：条件付き分布による統計モデリングとMCMC法を用いたデータ解析. 日本評論社.

■ Robert Michael Pyle 2015. Foreword — Headbone and hormones: Adventures in the arithmetic of life. Pp. xiii-xviii in: Scott Slovic and Paul Slovic (eds.), *Numbers and Nerves: Information, Emotion, and Meaning in a World of Data*. Oregon State University Press, Corvallis.

■ Alexander M. Mood, Franklin A. Graybill, and Duane C. Boes 1974. *Introduction to the Theory of Statistics, Third Edition*. McGraw-Hill, Tokyo.

■ Calyampudi Radhakrishna Rao 1973. *Linear Statistical Inference and Its Applications, Second Edition*. John Wiley & Sons, New York.（C・R・ラオ［奥野忠一・長田洋・篠崎信雄・広崎昭太・古河陽子・矢島敬二・鷲尾泰俊訳］1977. 統計的推測とその応用. 東京図書）

■ Calyampudi Radhakrishna Rao 1997. *Statistics and Truth: Putting Chance to Work, Second Edition*. World Scientific, River Edge.（C・R・ラオ［藤越康祝・柳井晴夫・田栗正章訳］2010. 統計学とは何か：偶然を生かす. 筑摩書房）

■ Richard Royall 1997. *Statistical Evidence: A Likelihood Paradigm*. Chapman & Hall / CRC, Boca Raton.

236

■ 坂元慶行・石黒真木夫・北川源四郎. 1983. 情報量統計学. 共立出版.

■ David Salsburg 2001. *The Lady Tasting Tea: How Statistics Revolutionalized Science in the Twentieth Century.* Henry Holt and Company, New York（デイヴィッド・サルツブルグ［竹内惠行・熊谷悦生訳］2006. 統計学を拓いた異才たち：経験則から科学へ進展した一世紀. 日本経済新聞社）

■ 芝村良 2004. R. A. フィッシャーの統計理論：推測統計学の形成とその社会的背景　九州大学出版会, 福岡.

■ Paul J. Silvia 2007. *How to Write a Lot: A Practical Guide to Productive Academic Writing.* American Psychological Association , Washington DC.（ポール・J・シルヴィア［髙橋さきの訳］2015. できる研究者の論文生産術：どうすれば「たくさん」書けるのか. 講談社サイエンティフィク）

■ Scott Slovic and Paul Slovic 2015. Introduction — The psychophysics of brightness and the value of a life. Pp. 1-22 in: Scott Slovic and Paul Slovic (eds.), *Numbers and Nerves: Information, Emotion, and Meaning in a World of Data.* Oregon State University Press, Corvallis.

■ Elliott Sober 1988. *Reconstructing the Past: Parsimony, Evolution, and Inference.* The MIT Press., Massachusetts.（エリオット・ソーバー［三中信宏訳］2010. 過去を復元する：最節約原理, 進化論, 推論. 勁草書房）

■ Elliott Sober 2002. Bayesianism − Its scope and limits. *Proceedings of the British Academy*, 113: 21-38.

■ Elliott Sober 2008. *Evidence and Evolution: The Logic Behind the Science.* Cambridge University Press, Cambridge.（エリオット・ソーバー［松王政浩訳］2012. 科学と証拠：統計の哲学入門. 名古屋大学出版会）

■ Elliott Sober 2015. *Ockham's Razors: A User's Manual.* Cambridge University Press, Cambridge.

■ Robert R. Sokal and Charles D. Michener 1958. A statistical method for evaluating systematic relationships. *University of Kansas Science Bulletin*, 38: 1409-1438.

■ Robert R. Sokal and Peter H. A. Sneath 1963. *Principles of Numerical Taxonomy.* W. H. Freeman, San Fransisco.

■ 竹村彰通 1991. 現代数理統計学. 創文社.

■ 田中公明 1987. 曼荼羅イコノロジー. 平川出版社.

■ 戸田浩 1990. 次元の中の形たち［増補版］. 日本評論社.

■ 友永雅己・三浦麻子・針生悦子（編）2016. 特集〈心理学の再現可能性：我々はどこから来たのか　我々は何者か　我々はどこへ行くのか〉. 心理学評論, 59(1): 1-141.

■ 鶴見和子 1981. 南方熊楠：地球志向の比較学. 講談社.

■ Avezier Tucker 2004. *Our Knowledge of the Past: A Philosophy of Historiography.* Cambridge University Press, Cambridge.

■ Edward R. Tufte 1990. *Envisioning Information.* Graphic Press, Cheshire.

■ Edward R. Tufte 1997. V*isual Explanations: Images and Quantities, Evidence and Narrative.* Graphic Press, Cheshire.

■ Edward R. Tufte 2001. *The Visual Display of Quantitative Information, Second Edition.* Graphic Press, Cheshire.

■ Edward R. Tufte 2006. *Beautiful Evidence.* Graphic Press, Cheshire.

■ John W. Tukey 1958. Bias and confidence in not-quite large samples. *Annals of Mathematical Statistics*, 29(2): 614.

■ John W. Tukey 1962a. The future of data analysis. *Annals of Mathematical Statistics*, 33(1):1-67.

■ John W. Tukey 1962b. Correction. *Annals of Mathematical Statistics*, 33(2):812.

■ John W. Tukey 1977. *Exploratory Data Analysis.* Addison−Wesley, Reading.

■ John W. Tukey 1990. Data-based graphics: visual display in the decades to come. *Statistical Science*, 5(3): 327-339.

■ Amos Tversky and Daniel Kahneman 1974. Judgment under uncertainty: Heuristics and biases. *Science*, 185: 1124-1131.

■ 上村忠男 1986. 訳者解説 — ギンズブルグの意図と方法について —. Pp. 347-369 所収：カルロ・ギンズブルグ［上村忠男訳］1986. 夜の合戦：16-17世紀の魔術と農耕信仰. みすず書房.

■ Douglas Walton 2005. *Abductive Reasoning.* The University of Alabama Press, Tuscaloosa.

■ Ronald L. Wasserstein and Nicole A. Lazar 2016. The ASA's statement on *p*-values: context, process, and purpose. The American Statistician, 70(2): 129-133.［佐藤俊哉訳 2017. 統計的有意性とP値に関するASA声明. 日本計量生物学会. http://biometrics.gr.jp/news/all/ASA.pdf [pdf]］

■ Ziheng Yang 2014. *Molecular Evolution: A Statistical Approach.* Oxford University Press, Oxford.

■ Carol Kaesuk Yoon 2009. *Naming Nature: The Clash between Instinct and Science.* W. W. Norton, New York.（キャロル・キサク・ヨーン［三中信宏・野中香方子訳］2013. 自然を名づける：なぜ生物分類では直感と科学が衝突するのか. NTT出版）

著者プロフィール

三中 信宏（みなか・のぶひろ）

国立研究開発法人農研機構・農業環境変動研究センター専門員／東京農業大学客員教授。1958年、京都市生まれ。東京大学大学院農学系研究科修了。農学博士。専門は生物統計学および生物体系学。著書：『系統体系学の世界』（勁草書房、2018）、『思考の体系学』（春秋社、2017）、『みなか先生といっしょに統計学の王国を歩いてみよう』（羊土社、2015）、『系統樹曼荼羅』（NTT出版、2012）、『文化系統学への招待』（共編、勁草書房、2012）他、訳書：マニュエル・リマ『The Book of Circles ― 円環大全』（監訳、ビー・エヌ・エヌ新社、2018）、『The Book of Trees ― 系統樹大全』（ビー・エヌ・エヌ新社、2015）、キャロル・キサク・ヨーン『自然を名づける』（共訳、NTT出版、2013）、エリオット・ソーバー『過去を復元する』（勁草書房、2010）他。

装丁	●新井大輔
本文	●BUCH$^+$
確率分布曼荼羅図（カバー）	●Leemis and McQueston 2008, p. 47, figure 1

統計思考の世界（とうけいしこうのせかい）
～曼荼羅で読み解くデータ解析の基礎（まんだらよとかいせききそ）

2018年 6月 1日　初版　第1刷発行
2023年 2月18日　初版　第2刷発行

著　者　三中信宏
発行者　片岡　巌
発行所　株式会社技術評論社
　　　　東京都新宿区市谷左内町 21-13
電　話　03-3513-6150　販売促進部
　　　　03-3267-2270　書籍編集部
印刷・製本　昭和情報プロセス株式会社

定価はカバーに表示してあります。

本書の一部または全部を著作権法の定める範囲を超え、無断で複写、複製、転載、テープ化、ファイル化することを禁じます。

© 2018　三中信宏

造本には細心の注意を払っておりますが、万一、乱丁（ページの乱れ）や落丁（ページの抜け）がございましたら、小社販売促進部までお送りください。送料小社負担にてお取り替えいたします。

ISBN978-4-7741-9753-1 C3041

Printed in Japan

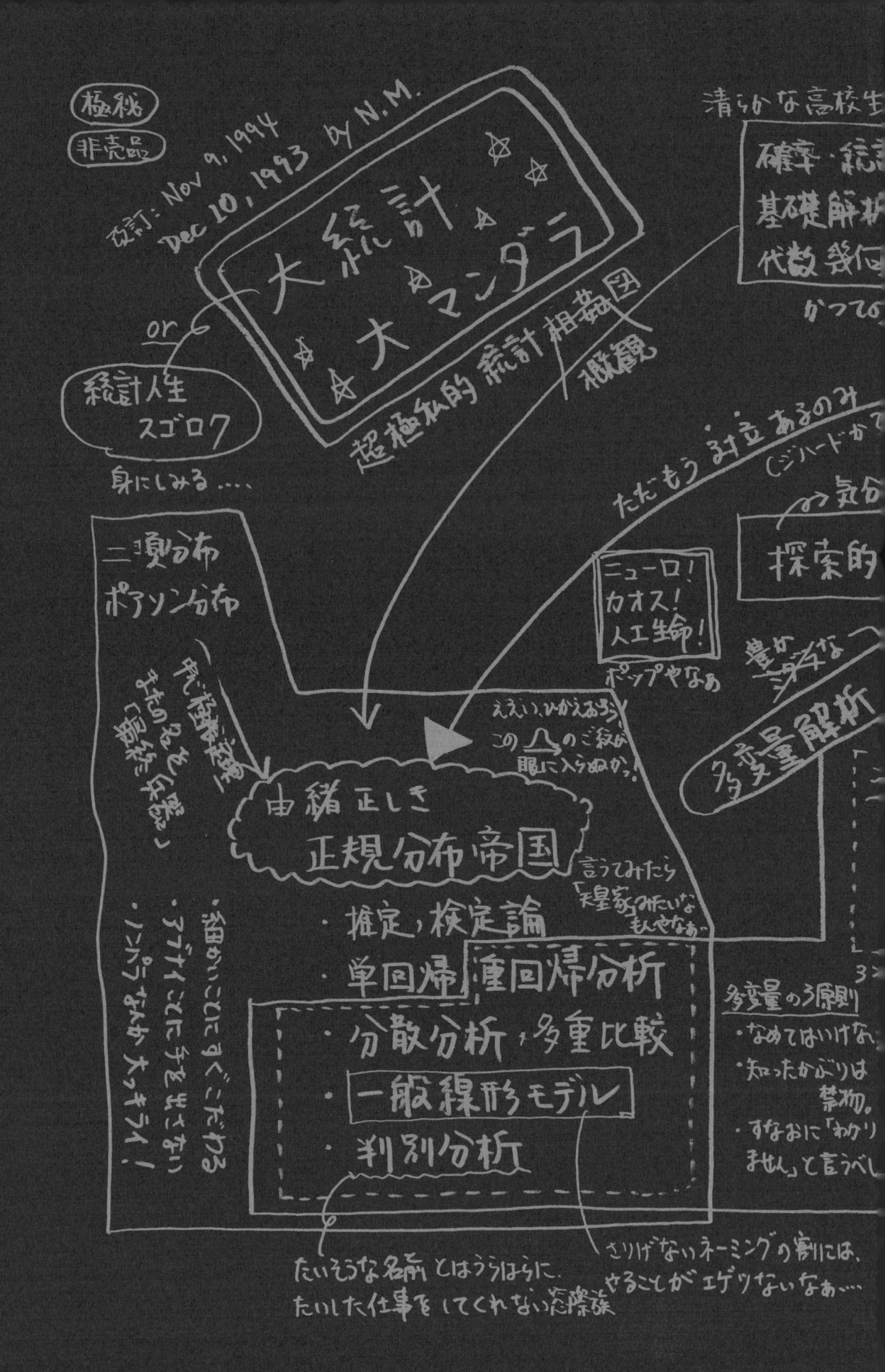